Linux
创新人才培养系列　微课版

Linux
操作系统基础教程 第2版

安俊秀 万里浪 田茂云 ◎ 主编
毛柯 李雨航 潘益民 高燕 ◎ 副主编

人民邮电出版社
北京

图书在版编目（ＣＩＰ）数据

Linux操作系统基础教程：微课版 / 安俊秀，万里浪，田茂云主编. -- 2版. -- 北京：人民邮电出版社，2025.4
（Linux创新人才培养系列）
ISBN 978-7-115-62982-1

Ⅰ.①L… Ⅱ.①安… ②万… ③田… Ⅲ.①Linux操作系统－高等学校－教材 Ⅳ.①TP316.89

中国国家版本馆CIP数据核字(2023)第193429号

内 容 提 要

本书循序渐进地讲解 Linux 系统的体系架构和使用方法。全书共 9 章，从 Linux 的含义和出现开始讲述，介绍 CentOS 7 的安装、配置和 Linux 系统的基本交互方法，并详细讲解 Linux 体系的各组成部分，包括文件系统、用户及权限机制、文本处理、重定向、管道、Shell 编程、进程管理和设备管理等相关知识。本书仅讲解 Linux 基础知识，旨在引导读者了解 Linux 并掌握 Linux 的基本功能。

本书可以作为普通高等院校计算机类、电子信息类等专业 Linux 相关课程的教材，也可作为 Linux 爱好者的入门教程或自学参考书。

◆ 主　　编　安俊秀　万里浪　田茂云
　　副 主 编　毛　柯　李雨航　潘益民　高　燕
　　责任编辑　孙　澍
　　责任印制　王　郁　胡　南

◆ 人民邮电出版社出版发行　　北京市丰台区成寿寺路 11 号
　　邮编　100164　电子邮件　315@ptpress.com.cn
　　网址　https://www.ptpress.com.cn
　　三河市君旺印务有限公司印刷

◆ 开本：787×1092　1/16
　　印张：15.5　　　　　　　　　　　　2025 年 4 月第 2 版
　　字数：322 千字　　　　　　　　　2025 年 7 月河北第 2 次印刷

定价：59.80 元

读者服务热线：(010)81055256　印装质量热线：(010)81055316
反盗版热线：(010)81055315

　　Linux是一个开源、免费的操作系统，其稳定性、安全性和处理多并发的能力得到业界广泛认可。目前很多公司（如百度、腾讯、阿里巴巴、搜狐等）的中型、大型甚至巨型项目都在使用Linux，并且越来越多的中小型企业也开始使用Linux。随着云计算与大数据的迅猛发展，Linux系统作为其基础架构，在高等院校计算机相关专业的日常教学中逐渐占据重要的地位。在计算机相关专业学生的培养过程中，Linux几乎是所有高校的必修课程。产业的高速发展使企业对Linux人才的需求量呈井喷式增长，但目前Linux的实用型人才培养数量和质量还不能满足人才市场的需要，在大数据时代这一矛盾更加突出。

　　本书面向普通高校学生群体，注重实用性，讲解Linux系统的体系架构及基本命令。在明晰基本理论的前提下，本书注重Linux基础知识的讲解而不陷入对技术原理的挖掘，以使学生对Linux体系架构有全局认识，并通过动手执行命令对主要的Linux操作有直观的认识，同时教授学生Linux编程的基础知识。在内容编排上，本书汲取了Linux教学和实践的新成果，尤其是加强了对学生应用能力的培养。在保证具有一定学术深度的同时，本书又具有较强的可读性。本书使用CentOS 7作为教学版本，贯彻素质教育的原则，主张引导学生自己解决问题。

　　另外，本书也适合对Linux系统感兴趣的软件开发人员。在学习本书之前，读者需要具备一定的计算机体系结构和C语言程序设计知识。需要注意的是，书中的例子只起抛砖引玉的作用，读者应该在掌握基本知识体系的基础上，充分发挥自己的主观能动性，将Linux系统知识和操作系统理论融会贯通。

　　为了尽量完整地介绍基本的 Linux 操作方法和原理，又考虑到教程应精简、凝练，我们最终将本书划分为 9 章。

　　第 1 章是 Linux 概述，主要介绍 Linux 的含义、出现、体系架构、特点、发行版本和主要应用领域。

　　第 2 章介绍 Linux 的基本操作，包括 Linux 的安装和日常使用、命令的基础知识和一些简单的系统配置，本次修订增加了 Linux 端口配置。

　　第 3 章介绍 Linux 文件系统与磁盘管理，主要对 Linux 目录、文件及文件管理操作中的一些重要命令进行较为详细的介绍，并简单介绍 Linux 文件系统的概念及磁盘管理的基本方法。

第4章介绍Linux用户及权限机制，主要包括用户与用户组的管理，文件的读、写和执行权限，并对umask属性和特殊权限进行简单介绍。

第5章介绍Linux文本处理，主要包括Vim文本编辑器、文本切片、文本比较和格式化输出，以及awk文本分析工具。

第6章详细讲解Linux多命令协作，主要包括重定向和管道。

第7章全面讲解Shell编程，帮助读者掌握日常的编程方法并提高系统的使用效率。

第8章全面介绍在Linux系统中安装软件，如JDK、MySQL、Tomcat，以及在安装之前进行的一系列yum配置，并详细介绍了yum常用命令。

第9章介绍进程与设备管理，包括进程和设备的概念、进程管理、进程间通信，以及设备管理结构和设备管理技术。

此外，本书的附录部分还提供了5个实验，分别围绕磁盘分区与挂载、Linux用户及权限机制、综合编程应用、在虚拟机中创建多节点Linux环境、Linux下Docker的安装及使用等主题展开，以帮助读者在实际操作中进一步灵活运用所学知识。

经过对这些内容的学习和实践，读者应该能对Linux操作系统有比较全面的理解和认识，还能具备一定的Linux编程开发能力。

本书由成都信息工程大学安俊秀和并行计算与大数据研究所的成员共同编写而成。其中第1章、第3章、第8章由万里浪、安俊秀编写；第2章、第7章由田茂云、安俊秀编写；第4章由高燕、安俊秀编写；第5章由毛柯、安俊秀编写；第6章由李雨航、安俊秀编写；第9章由潘益民、安俊秀编写。万里浪、田茂云参与了本书的审阅工作。同时，本书的出版得到了国家社会科学基金项目（22BXW048）的支持。

尽管在本书的编写过程中，我们力求严谨、仔细，但由于技术的发展日新月异，加之我们水平有限，书中难免存在不妥之处，敬请广大读者批评指正。

安俊秀

2024年12月于成都信息工程大学

目 录 CONTENTS

04 第4章　Linux 用户及权限机制 82

05 第5章　Linux 文本处理 100

01 第1章 Linux概述

　　本章主要介绍 Linux 的基本知识，包括 Linux 的含义与出现、Linux 的体系架构及特点、Linux 的发行版本及主要应用领域。通过本章的学习，读者可初步了解 Linux，为后续学习 Linux 做好准备，进而为掌握整个操作系统打好基础。

1.1 什么是Linux

Linux 是一款足以和微软公司的 Windows 相抗衡的开源操作系统，在学习它之前，需要简单了解其含义、出现的契机等。

1.1.1 Linux的含义

严格意义上讲，Linux 是在 GNU GPL（GNU General Public License，GNU 通用公共许可协议）下发行的遵循 POSIX（Portable Operating System Interface，可移植操作系统接口）标准的操作系统内核。但通常所说的 Linux 是基于 Linux 内核，并且使用 GNU（GNU's not UNIX）工程的各种工具和数据库的操作系统。也就是说 Linux 包含内核（Kernel）和建立在内核基础上的各种系统工具程序（Utility）与应用软件（Application），而不仅指 Linux 系统内核。

Linux 是一套可以免费使用和自由传播的类 UNIX 操作系统，由世界各地成千上万的程序员设计实现，是不受任何商品化软件的版权制约、全世界都能自由使用的 UNIX 兼容产品。Linux 以高效性和灵活性著称，它是 UNIX 的"克隆"。在源代码级上，它兼容绝大部分的 UNIX 标准（如 IEEE POSIX、System V、BSD 等），具有支持多任务、多用户、多线程和多 CPU 的能力。

GNU/Linux 有多种发行版本。发行版本是指某些公司、机构或者个人把 Linux 内核、源代码以及相应的应用程序组织在一起发行的版本。经典的 Linux 发行版本有 CentOS、Red Hat、Debian、Ubuntu、Slackware、红旗 Linux、SUSE、Fedora 等。本书介绍的发行版本是 CentOS。选择 CentOS 作为本书主讲发行版本的原因主要有 3 个：一是 CentOS 是开源的，使用 CentOS 不用付费；二是在真正的生产实践环境中，目前主流的操作系统是 CentOS 和 Red Hat，而这两者从本质上说没有太大的区别，CentOS 实际上是 Red Hat 的克隆版本；三是在选择系统时，我们希望找到一个可靠、可预测，并且有强大的软件供应商或能够从开源项目中获得强有力支持的系统，CentOS 正好满足条件。

1.1.2 Linux的出现

Linux 诞生于 1991 年 10 月 5 日，是由芬兰人林纳斯·本纳第克特·托瓦兹（Linus Benedict Torvalds）（见图 1-1）创造的一款开源、免费的操作系统。Linux 的诞生、发展和成长过程始终依赖 5 个重要支柱：UNIX 操作系统、MINIX 操作系统、GNU 计划、POSIX 标准和 Internet。

20 世纪 80 年代，IBM 公司推出了享誉世界的微型计算机（IBM PC）。随着 PC 的出现，在 PC 上建立 UNIX 系统成为可能。林纳斯·本纳第克特·托瓦兹

图1-1 林纳斯·本纳第克特·托瓦兹

创造 Linux 的目的是设计一个代替 MINIX[一位名叫安德鲁·坦内鲍姆（Andrew

Tannebaum）的计算机教授在 1987 年为了方便教学而自行设计的一个简化的 UNIX 系统]的操作系统，由此开始了 Linux 雏形的设计。1991 年 10 月 5 日，林纳斯·本纳第克特·托瓦兹首次对外宣布 Linux 内核诞生。

　　Linux 的历史是和 GNU 紧密联系在一起的。GNU 从 1983 年开始致力于开发一个自由并且完整的类 UNIX 操作系统，包括软件开发工具和各种应用程序。到 1991 年 Linux 内核发布的时候，GNU 几乎已经完成了除系统内核之外的各种必备软件的开发。在 Linus 和其他开发人员的共同努力下，GNU 组件可以运行于 Linux 内核之上。Linux 整个内核基于 GNU 通用公共许可协议，也就是 GPL，但是 Linux 内核并不是 GNU 计划的一部分。

　　1994 年，在北卡罗来纳州的一个程序员发布 Red Hat，它以 GNU/Linux 为核心，集成了 400 多个源代码开放的程序模块。1996 年，Linux 系统开始在世界范围内广泛应用，其创始人 Linus 选择用企鹅图案来组成 Linux 的 Logo，如图 1-2 所示。其含义为开源的 Linux 为全人类共同所有，任何公司无权将其私有。1998 年，小红帽高级研发实验室成立。目前很多门户网站（如新浪、搜狐、腾讯等）均在 Linux 下运行，同时 Android 和 iOS 也是基于 Linux 内核的操作系统。

图1-2　Linux的Logo

Linux 发展介绍

1.2　Linux的体系架构及特点

　　Linux 系统是真正的多用户、多任务、多平台的操作系统，提供具有内置安全措施的分层文件系统，支持数十种文件系统。Linux 系统的源代码是开放的，任何人都能修改和重新发布。此外，Linux 系统还提供了非常强大的管理功能。

1.2.1　Linux的体系架构

　　Linux 系统一般由 4 个主要部分组成：内核、Shell、文件系统和应用程序。内核、Shell 和文件系统一起构成基本的操作系统结构，用户可以运行程序、管理文件和使用系统。Linux 层次结构如图 1-3 所示。硬件是指计算机系统的物理组成部分。库函数则是指一组在软件开发中使用的函数或例程的集合，这两部分内容读者简单了解即可，后文中不赘述。

1. Linux 内核

　　Linux 内核是操作系统的核心，具有很多基本功能，它负责管理系统的进程、内存、设备驱动程序、文件和网络系统，决定系统的性能和稳定性。Linux 内核的组成如图 1-4 所示。概括来说，Linux 内核的主要组成部分有内存管理器、进程管理器、设备驱动程序、虚拟文件系统（Virtual File System，VFS）和网络管理等。

3

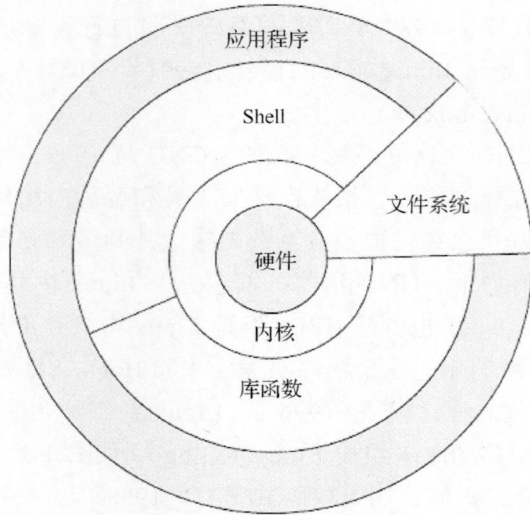

图1-3　Linux层次结构

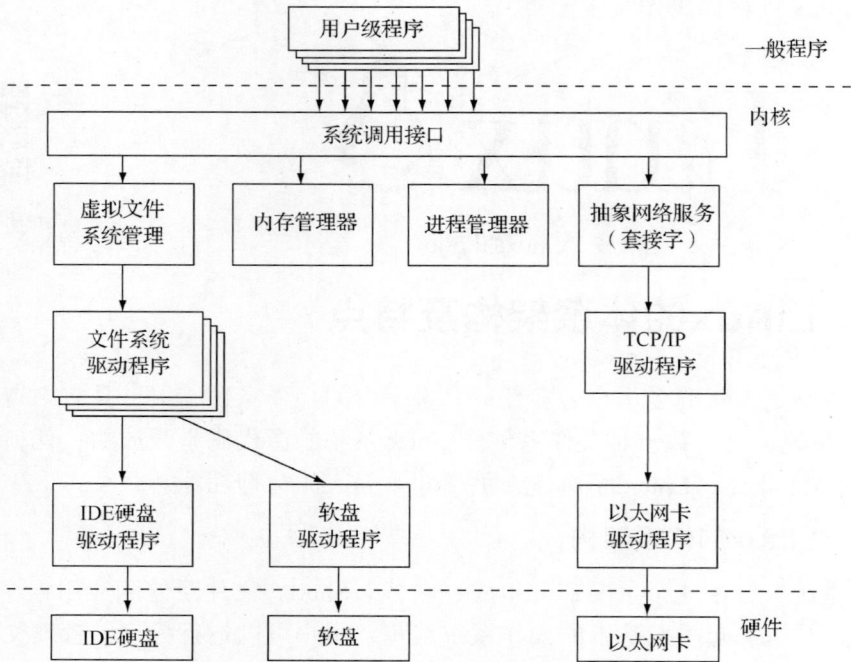

图1-4　Linux内核的组成

（1）内存管理器：内存管理器主要提供对内存资源的访问控制。Linux系统会在硬件物理内存和进程使用的内存（称作虚拟内存）之间建立一种映射关系。这种映射以进程为单位，不同的进程可以使用相同的虚拟内存，而这些相同的虚拟内存可以映射到不同的物理内存上。

（2）进程管理器：进程是特定应用程序的运行实体。Linux系统中能够同时运行多个进程，Linux通过在短时间间隔内轮流运行这些进程实现"多任务"。其中短时间间隔称为"时间片"，让进程轮流运行的方法称为"进程调度"，完成调度的程序称为"调度程序"。进程调度主要提供对 CPU 的访问控制。在计算机中，CPU 资源是有限的，而众多的应用程序都要使用 CPU 资源，因此需要"进程调度子系统"对 CPU 进行调度管理。进程管理的重点是创建进程和停止进程，并控制它们之间的通信（signal 或者 POSIX机制）。

（3）设备驱动程序：设备驱动程序是 Linux 内核的主要组成部分。设备驱动程序控制操作系统和硬件设备之间的交互，并且提供一组操作系统可理解的抽象接口，完成和操作系统之间的交互，与硬件相关的具体操作细节也由设备驱动程序完成。图 1-4 中的文件系统驱动程序和 IDE 硬盘驱动程序等都属于设备驱动程序，它们是不同类型的设备驱动程序。

（4）虚拟文件系统（VFS）：VFS 隐藏各种文件系统的具体细节，为文件操作提供统一的接口。

（5）网络管理：在 Linux 内核中网络管理主要负责管理各种网络设备，并实现各种网络协议栈，最终实现通过网络连接其他系统的功能。图 1-4 中的抽象网络服务是网络管理的一部分，是在网络上提供相应功能的应用程序。

2．Linux Shell

Shell 是 Linux 系统的用户界面，提供了一种用户与内核进行交互操作的接口。Shell也是一个程序，它接收从键盘输入的命令，并传递给操作系统执行。用户输入的命令交由 Shell 处理，Shell 再与操作系统内核取得通信，调用完成用户命令所需执行的程序。由 Shell 的字面意思可以很自然地把它和操作系统内核（Kernel）联系在一起。如果把操作系统想象成坚果，内核就是坚果的种子部分，Shell 就是坚果的外壳部分，用户命令需要通过 Shell 的传递才能到达内核并调用相应的程序，如图 1-5 所示。由此可以把Shell 视为一种命令解析器，它解释由用户输入的命令并将它们送到内核，在用户命令和系统内核之间建立桥梁。这种在用户和系统之间建立交互的方式与图形用户界面（Graphical User Interface，GUI）非常相似，实际上 GUI 就是一种 Shell，只是习惯上我们仅把命令行称为 Shell。另外，Shell 编程语言具有普通编程语言的很多特点，用这种编程语言编写的 Shell 程序与其他应用程序具有相同的效果。在没有特别说明的情况下，本书提到的 Shell 特指命令行形式的 Shell。

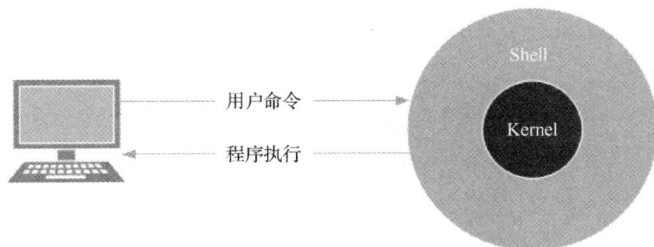

图1-5　Shell、Kernel和用户命令的关系

Shell 分为两种。一种是命令行界面（Command Line Interface，CLI），它是指可在

用户提示符下输入可执行指令的用户界面，通常不支持鼠标。用户通过键盘输入命令，然后由 Shell 解释用户输入的命令并将它们送到内核。另一种是 GUI，它是指采用图形方式显示的操作用户界面。第 2 章会对其进行详细解释。

另外，Shell 还是一个脚本语言解析器，可以将多条命令写入一个脚本文件中，然后一次性执行这些命令（详见第 7 章）。在 Linux 下可用的 Shell 有很多种，最常见的几种是 Bourne Shell、bash、C Shell 和 K Shell。

（1）Bourne Shell：最初的 UNIX Shell 是由史蒂夫·R. 伯恩（Stephen R. Bourne）于 20 世纪 70 年代中期在新泽西的 AT&T 贝尔实验室编写的，即 Bourne Shell。Bourne Shell 是一个交换式的命令解释器和命令编程语言。Bourne Shell 可以运行为 login shell 或者 login shell 的子 Shell（Subshell）。只有在用户通过 login 方式连接到系统时，才能将 Bourne Shell 作为默认的 Shell。Shell 先读取/etc/profile 文件和$HOME/.profile 文件，/etc/profile 文件为所有的用户定制环境，$HOME/.profile 文件为本用户定制环境，最后，Shell 会等待读取输入。

（2）bash：bash（Bourne Again Shell）是 Bourne Shell 的一个免费版本。bash 是大多数 Linux 系统默认使用的 Shell，也是 GNU 计划为了改善 Bourne Shell 用户交互方面的不足而创建的。它具有很多优秀的功能，如命令补全、命令历史记录、可用 help 命令查看帮助信息等。本书使用的 Shell 就是 bash。注意：若书中未特别声明，那么提到的 Shell 均为 bash。

（3）C Shell（包括 csh、tcsh）：一种非常适合编程的 Shell，由比尔·乔伊（Bill Joy）于 20 世纪 80 年代早期开发，其语法风格与 C 语言接近。后来出现的 Tc Shell 是 C Shell 的增强版本，与 C Shell 完全兼容。Tc Shell 功能十分强大，具有命令行编辑、补全代码、拼写校正、作业控制等功能。

（4）K Shell（Korn Shell）：由 AT&T 贝尔实验室的戴维·科恩（David Korn）开发。K Shell 继承了 C Shell 和 Bourne Shell 的优点。与 bash 一样，它不仅是命令解析器，还是一种命令编程语言。K Shell 具有支持任务控制、进程协作、行内编辑、后台执行等功能。

（5）其他 Shell：z Shell（简称 zsh），它是 Korn Shell 的增强版本，具备 bash 的许多功能及特色，同时也是较大的 Shell 之一，由保罗·弗斯塔德（Paul Falstad）完成，共有 84 个内部命令。如果只是一般的用途，没有必要安装这样的 Shell。POSIX Shell 是 Korn Shell 的一个变种，当前提供 POSIX Shell 的最大卖主是 Hewlett-Packard（HP）公司。

3. Linux 文件系统

Linux 具有"一切皆文件"的特点。文件系统是文件存放在磁盘等存储设备上的组织方法。Linux 系统支持目前流行的多种文件系统，例如 Ext2、Ext3、Ext4、FAT、FAT32、VFAT 和 ISO 9660 等，但不支持 Windows 的主流文件系统 NTFS。

（1）Linux 文件结构。

文件结构是指文件在存储设备中的组织方式，主要体现在对文件和目录的组织上，目录提供了管理文件有效且方便的途径。

Linux 使用倒立的树形目录结构，在安装系统时，安装程序已经为用户创建了文件系统和完整且固定的目录组成形式，并指定了每个目录的作用和其中的文件类型，如图 1-6 所示。每个目录的详细功能将在第 3 章介绍。

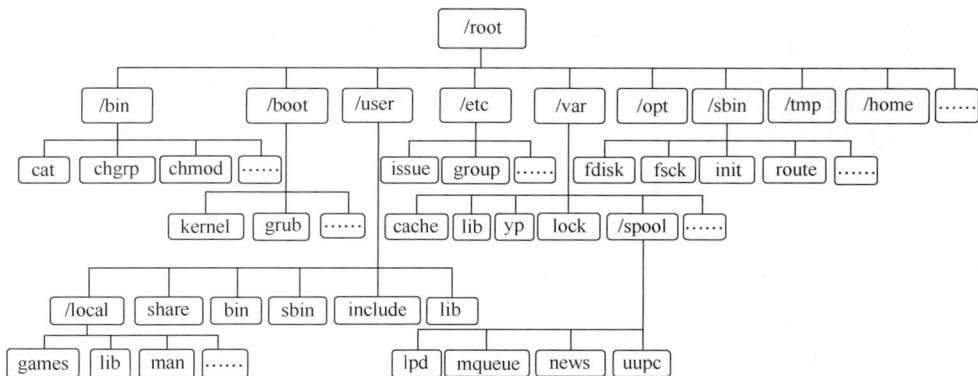

图1-6　Linux系统的目录结构

该结构的最上层是根目录，其他所有目录都是从根目录出发生成的。Windows 也采用树形目录结构，但是 Windows 树形结构的根目录是磁盘分区的盘符，有几个分区就有几个树形结构，它们之间的关系是并列的。而在 Linux 系统中，根目录只有一个，这是两种操作系统在文件结构上的主要不同。

（2）Linux 文件系统。

文件系统是指文件存在的物理空间。使用文件系统，用户可以管理各种文件及目录资源。Linux 系统中的每个分区都是一个文件系统，都有自己的目录层次。Linux 将这些属于不同分区的单独文件系统按照一定的组织方式，形成一个系统的总的目录层次结构。一个操作系统的运行离不开对文件的操作，因此必须拥有并维护自己的文件系统。

4. Linux 应用程序

经过 30 余年的发展和积累，在自由软件世界中不断努力的软件开发人员为源码开发领域贡献了无数优秀的应用程序。Linux 操作系统下的应用程序已经非常丰富，不仅功能全面，而且性能卓越。Windows 操作系统中的大多数常用应用程序，在 Linux 平台中都可以找到对应的软件，而且 Linux 部分软件的功能和性能甚至已经超越了 Windows 平台的同类产品。

标准的 Linux 系统一般都有一套称为应用程序的程序集，它包括文本编辑器、编程语言、X Window、办公套件、Internet 工具和数据库等。

1.2.2　Linux的特点

Linux 源于 UNIX，从一开始就继承了 UNIX 的先进性，但 Linux 是一个真正免费、开源的操作系统。它充分利用现行 CPU 的任务切换功能，创造了多任务、多用户环境，允许多个用户同时使用一个计算机系统。同时，多个用户可以从相同或不同的终端上用同一个应用程序的副本工作，真正实现了多用户的并行操作。与以往其他操作系统的不同之处在于，它采用了抢先式多任务的机制，保证每一个应用程序都有机会运行，每个应用程序一直运行到操作系统抢占 CPU 让其他应用程序运行为止，这种机制让 CPU 的功能发挥出最大的作用。Linux 的每个进程都运行在自己的虚拟地址空间中，并且不会损坏其他进程或内核使用的地址空间。

Linux 系统是单内核，这种内核比微内核复杂。在这种内核中，大量的功能放在内核中直接实现。而在微内核系统中，许多功能是采用服务进程的形式放在内核外实现的。Linux 的任务与内核之间也是相互隔离的，即使行为不良或程序编写不良，也不会损坏系统。

Linux 具有严密的文件及目录结构。文件都是按照作用或者性质来存放的，其目录结构是标准的倒立的树状结构。此外，Linux 将所有硬件设备都作为文件来处理，要使用某一设备时，只需要简单读写该设备文件即可，极大地方便了设备的使用。

Linux 完全支持 POSIX 规范，所以可以很容易地将 UNIX 下的应用程序移植到 Linux 下。可移植性使 Linux/UNIX 与其他任何机器进行通信成为可能，而不需要增加通信接口。

Linux 采取了许多安全技术，包括对读/写的控制、带保护的子系统、审计跟踪、核心授权等，这为网络多用户环境中的用户提供了必要的安全保障。

Linux 系统具有很强的适应性。Windows 操作系统只能运行在 Intel 处理器上，各厂商的 UNIX 只能运行在各自的处理器上，但是 Linux 系统几乎能运行在所有常见的处理器上。Linux 还支持广泛的外部设备，因此在 Linux 中几乎可以找到所有的设备驱动程序。

Linux 平台下拥有大量的应用软件，如电子表格、数据库、联网工具和游戏等。此外，Linux 使用 RPM（RPM Package Manager，RPM 软件包管理器）包来包装软件，用 RPM 命令可以很方便地查询、安装、卸载软件。Linux 还支持一系列的开发工具，几乎所有的主流程序设计语言都可以移植到 Linux 上。

归结起来，Linux 操作系统主要具有以下特点：开放性、多任务和多用户、支持多种硬件平台、高可靠性、良好的用户界面、强大的网络功能、设备独立、支持多种文件系统、良好的可移植性。Linux 的成本优势也是毋庸置疑的，但是稳定性、可靠性才是其得到广泛使用的主要原因。

1.3　Linux的发行版本

Linux 的主要发行版本

Linux 从创立至今已有 30 余年，一直倡导开放与自由，因此拥有许多发行版本。Linux 的软件遍布整个互联网，需要用户自行寻找、收集和下载。为了更加方便地安装 Linux 软件，有人将各种软件集合起来，与操作系统的核心包装在一起作为 Linux 的发行版本。这些发行版本由个人、松散组织的团队、商业机构和志愿者组织编写，目前有超过 300 个发行版本被成功开发。一个典型的 Linux 发行版本包括 Linux 内核、一些 GNU 程序库和工具、命令行 Shell、采用图形用户界面的 X Window 系统和相应的桌面环境等。下面简单介绍常见的 Linux 发行版本。

1. Red Hat

Red Hat Linux 由 Red Hat 公司发行，是最著名的 Linux 发行版本，诞生于 1994 年。Red Hat 系列的包管理方式采用基于 RPM 包的 yum（Yellow dog Updater, Modified, Shell 前端软件包管理器）包管理方式。包分发方式使用编译好的二进制文件，此管理方式长期以来都是业界的事实标准（事实标准是指由非标准化组织、处于技术领先地位的企业集团等制定，由市场实际接纳的技术标准）。Red Hat 可以说是国内使用最多的 Linux 版本，这个版本的特点就是使用人数多、资源多，而且网上的许多 Linux 教程也都以 Red Hat 为例进行讲解。2003 年 9 月 22 日，原来合并在一起的 Fedora 和 Red Hat 开始分开发行，并形成两个分支：开源免费的 Fedora 和商业版本的 RHEL（Red Hat Enterprise Linux）。Red Hat 与 Fedora 的 Logo 如图 1-7 所示。

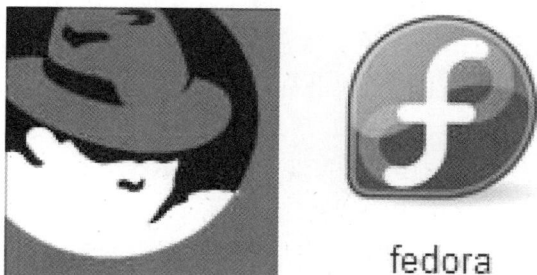

图1-7　Red Hat与Fedora的Logo

2. CentOS

CentOS（Community Enterprise Operating System，社区企业操作系统）在 2004 年推出，它由 RHEL 依照开放源代码规定释出的源代码编译而成。由于出自同样的源代码，因此有些要求高度稳定性的服务器用 CentOS 代替商业版的 RHEL。两个发行版本之间唯一的区别是品牌，CentOS 是一个基于 Red Hat 提供的可自由使用源代码的企业级 Linux 发行版本，不需要任何服务费用；RHEL 是很多企业采用的 Linux 发行版本，企业需要向 Red Hat 付费才可以使用、得到相应的服务和技术支持、升级版本。CentOS 的 Logo 如图 1-8 所示。

图1-8　CentOS的Logo

CentOS 继承了稳定的 Linux 内核和软件，和 Red Hat Linux 基本相同。同时 CentOS

也是适合企业的桌面解决方案，特别是在稳定性、可靠性和长期支持方面优势明显，并且 CentOS 支持 5 年以上的安全更新，因此本书使用 CentOS 进行讲解。

3. Debian

Debian 首次公布于 1993 年，它的目标是提供一个稳定容错的 Linux 版本。其创始人为当时美国普渡大学的一名学生伊恩·默多克（Ian Murdock）。伊恩·默多克最初把他的系统称为 "Debian Linux Release"。Debian 基于 Linux Kernel，并且大部分基础的操作系统工具来自 GNU 工程，因此又称为 GNU/Linux。Debian GNU/Linux 附带了 29000 多个软件包，所以获得了开源社区的普遍支持。目前采用的 deb 包和 Red Hat Linux 的 RPM 包是 Linux 中最为重要的两个软件包管理系统。Debian 的 Logo 如图 1-9 所示。

4. Ubuntu

Ubuntu 于 2004 年 10 月首次公布，是以桌面应用为主的 Linux 操作系统。Ubuntu 是基于 Debian 的 unstable 版本加强而来，形成了完善的、近乎完美的 Linux 桌面系统。其运作主要依靠 Canonical 公司的支持。根据不同的桌面系统，有 3 个版本可供选择：基于 Gnome 的 Ubuntu、基于 KDE 的 Kubuntu 和基于 Xfc 的 Xubuntu。Ubuntu 的特点是界面友好、容易上手、对硬件的支持非常全面，是最适合做桌面系统的 Linux 发行版本。目前，Ubuntu 是世界范围内影响力非常大的 Linux 发行版本。2006 年发布的 Linux Mint 版本的成功也是源于 Ubuntu 强大社区的支持。Ubuntu 的 Logo 如图 1-10 所示。

图1-9　Debian的Logo

图1-10　Ubuntu的Logo

5. Gentoo

Gentoo 是 Linux 较为"年轻"的发行版本，因此吸取了之前发行版本的优点，这也是 Gentoo 被称为完美的 Linux 发行版本的原因之一。Gentoo 最初由 Daniel Robbins——Stampede Linux 和 FreeBSD 的开发者之一创建。由于开发者熟识 FreeBSD，所以 Gentoo 拥有媲美 FreeBSD 的广受美誉的 ports 系统——Portage 包管理系统。Gentoo 是一个十分特殊的 Linux 发行版本，虽然它是一种基于源代码的发行版本，可以使用编译好的二进制软件，但是大部分使用 Gentoo 的用户都选择自己动手编译软件管理系统。Gentoo 是所有 Linux 发行版本中安装最复杂的，但又是安装完成后最便于管理的版本，也是在相同硬件环境下运行速度最快的版本。Gentoo 的 Logo 如图 1-11 所示。

图1-11　Gentoo的Logo

6. Slackware

Slackware Linux 由帕特里克·沃尔克丁（Patrick Volkerding）创建于 1993 年，是现存最古老的 Linux 发行版本之一。Slackware Linux 是一个高度技术性的、"干净"的发行版本，只有少量非常有限的个人设置。它使用简单，只有基于文本的系统安装和比较原始的包管理系统，没有解决软件的依赖关系（Linux 中的软件依赖关系是拓扑树结构，如 A 直接或间接依赖 B，B 就不可能直接或间接依赖 A。试想在时间上，A、B 必然有一个先出现，而先出现的不可能依赖于后出现的，因此必然有一个先出现而另一个依赖于先者）。因此，Slackware 被认为是最"纯净"和最不稳定的发行版本。Slackware 的 Logo 如图 1-12 所示。

图1-12　Slackware的Logo

7. Mandriva

Mandriva Linux 由盖尔·杜瓦尔（Gaël Duval）于 1998 年 7 月在 Mandrake Linux 的基础上创建。起初，它只是重新优化了包含更友好 KDE 桌面的 Red Hat Linux 版本，但后续版本提供了更友好的体验，如新的安装程序、改进的硬件检测等。由于这些改进，Mandriva Linux 得以蓬勃发展。Mandriva Linux 偏向于桌面版本。其最大特点在于它是高级软件，拥有一流的系统管理套件（DrakConf）和优秀的 64 位版本支持，并且得到广泛的国际支持。Mandriva 的 Logo 如图 1-13 所示。

图1-13　Mandriva的Logo

1.4　Linux的主要应用领域

Linux 开放源代码，减少了封闭源代码软件潜在的安全性隐患，这使得 Linux 操作系统拥有广泛的应用领域。目前，Linux 的应用领域主要包括以下几个方面。

1. 桌面应用领域

目前，Windows 操作系统在桌面应用中一直占据绝对的优势，但是随着 Linux 操作系统在图形用户界面和桌面应用软件方面的发展，Linux 在桌面应用方面也有了显著的提高，越来越多的桌面用户转而使用 Linux。事实证明，Linux 已经能够满足用户办公、娱乐和信息交流的基本需求。不过，Linux 在桌面应用市场上的占有率不高。如今新版本的 Linux 系统在桌面应用方面进行了改进，达到了更高的水平，完全可以作为一种集办公应用、多媒体应用、网络应用等多方面功能于一体的图形界面操作系统。

2. 高端服务器领域

Linux 在服务器领域扮演领军者角色，这在很大程度上得益于它具有稳定性、安全性、开放源代码、总体拥有成本较低等优点。根据调查，Linux 操作系统在服务器市场上的占有率已超过 50%。由于 Linux 可以提供企业网络环境所需的各种网络服务，并且 Linux 服务器可以提供虚拟专用网络（VPN）或充当路由器（Router）与网关（Gateway），因此在不同操作系统相互竞争的情况下，企业只需要掌握 Linux 技术并配合系统整合与网络等技术，便能够享有低成本、高可靠性的网络环境。

3. 嵌入式应用领域

在通常情况下，嵌入式及信息家电（IA）的操作系统支持所有的运算功能，但是需要根据实际应用对其内核进行定制和裁剪，以便为专用的硬件提供驱动程序，并在此基础上开发应用。目前，常见的支持嵌入式的操作系统有 Palm OS、嵌入式 Linux、Android 和 Windows CE 等。虽然 Linux 在嵌入式领域刚刚起步，但是 Linux 的特性正好符合 IA（基于 Intel 架构）产品的操作系统对于稳定、实时与多任务等的需求，而且 Linux 开放源代码，不必支付许可证费用。许多世界知名厂商包括 IBM、索尼等纷纷在其 IA 中采用 Linux 开发视频电话和数字监控系统等。

由于 Linux 系统开放源代码，功能强大、可靠、灵活而且具有伸缩性，支持大量的微处理器体系结构、硬件设备、图形支持和通信协议，因此在嵌入式应用领域，从 Internet 设备到专用的控制系统，Linux 系统的应用前景一片光明。

Android 是以 Linux 为基础的开源移动设备操作系统。其基于 Linux 开放性内核，是 Google 公司在 2007 年 11 月 5 日公布的操作系统。随着科技的迅猛发展，以智能手机为代表的 Android 设备如雨后春笋般迅速发展壮大。Android 系统自推出以来，就以显著的优势逐渐扩大市场份额，尤其在国外，其呼声日高，可谓如日中天，正处于蓬勃发展的开拓阶段。在国内，Android 系统的应用不再局限于手机产业，已迅速扩张到其他相关产业，如平板电脑、车载系统、电视 STB、智能电器、智能会议系统等。

4. 文件服务器系统

网络文件系统（Network File System，NFS）是由 SUN 公司制定的一种文件服务标准，它能实现基于 Linux/UNIX 的网络文件共享服务。应用 Linux 的 NFS 服务，可以很好地解决企业的 Linux/UNIX 环境文件共享问题。

Linux 提供了安全高效的 Windows 文件服务器系统——Samba，可以将 Windows 和 Linux 有效地整合到一起。Samba 基于 SMB（Server Message Block，服务器信息块）协议，可提供不同计算机之间的打印共享、文件共享、域管理等服务。

5. 企业门户网站

所谓企业门户网站，就是为企业提供全面信息资讯和服务的行业性网站。在 Linux 下组建企业的门户网站，可以选择的方案很多，如著名的 LAMP（Linux-Apache-MySQL-PHP）方案。LAMP 网站架构是目前国际流行的 Web 框架，该框架包括 Linux 操作系统、Apache 网络服务器、MySQL 数据库、Perl、PHP 或者 Python 编程语言，其所有组成产品均是开源软件，是国际上成熟的架构框架，很多流行的商业应用都是采用的此架构。与 Java/J2EE 架构相比，LAMP 具有 Web 资源丰富、轻量、开发快速等特点；与微软公司的.NET 架构相比，LAMP 具有通用、跨平台、高性能、低价格的优势。因此 LAMP 无论从性能、质量还是价格上看都是企业搭建网站的首选框架。

6. 数据备份

对企业来说，数据就是财产，因此数据备份的重要性不言而喻。

Linux 是非常安全的操作系统。Linux 最新版本广泛采用日志文件系统，如 Ext3。它可以有效降低服务器在突然断电、死机等情况下，对数据可能造成的损害。

在 Linux 下，也支持高性能的独立磁盘冗余阵列（Redundant Arrays of Independent Disks，RAID）、磁盘阵列等物理设备。应用 RAID 或者磁盘阵列，可以有效降低因物理存储介质失效带来的数据损失。

在 Linux 下，还有许多高效率的数据备份工作，如 tar、cpio 还原备份和 dump 转储。同时，Linux 还有大量的第三方软件包（包括自由软件和商业软件）可以提供数据备份的功能。

习　题

1. Linux是在_____版本协议下发行的遵循_____标准的操作系统内核。
2. Linux常见的发行版本有哪些（至少回答5个）？
3. 简述Linux的系统特点。
4. Linux系统一般由哪4个部分组成？
5. 简述Linux内核的组成。

02

第 2 章　Linux 的基本操作

　　与目前流行的 Windows 和 macOS 相比，Linux 系统既有相同点又有不同点。在学习 Linux 时，需要了解 Linux 的基本使用方式和相关概念。本章介绍 Linux 的安装方法、Linux 的交互方式和 Linux 常用的系统配置。这些知识对深入学习 Linux 至关重要，读者在学习完本章内容后，可以独立完成 Linux 的安装和一些基本操作。

2.1 Linux的安装

第 1 章介绍了目前流行的几种 Linux 发行版本，由于所有 Linux 发行版本的基本原理及操作都是类似的，因此掌握了其中任意一种都可以顺畅使用其余的发行版本。为了叙述方便，本书将统一使用目前企业广泛使用的 CentOS 7 来讲解 Linux 的体系结构与编程等知识。虽然目前最新版本为 CentOS 9，但目前国内各大云服务器的默认 CentOS 版本还是 7，且 CentOS 8 已于 2021 年底停止更新与维护，所以更推荐使用 CentOS 7。下面将介绍 Linux 的两种安装方式：虚拟机内安装和生产实践安装。在此之前，读者需要前往 CentOS 官网获取 CentOS 7 镜像文件。

2.1.1 虚拟机内安装Linux

1. 认识虚拟机

虚拟机是一种抽象的计算机，和现实世界的计算机一样具有指令集并使用不同的存储区域。利用虚拟机技术，可以从原有系统中分割

常见虚拟机的介绍

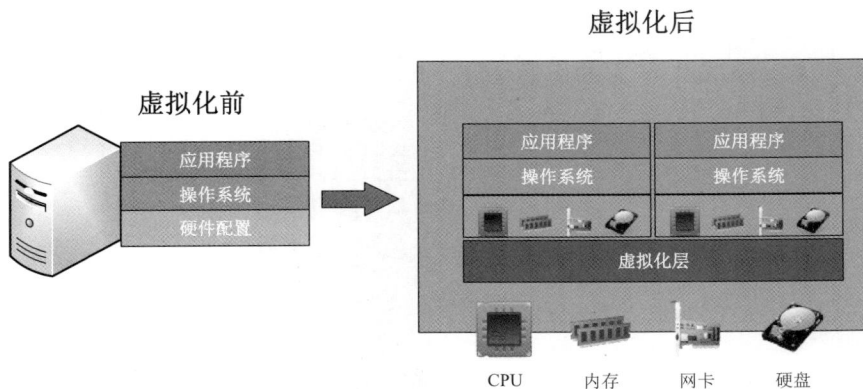

出一部分硬盘空间和内存容量，虚拟出"新机器"，这些"新机器"拥有独立的 BIOS（Basic Input/Output System，基本输入输出系统）和硬盘等硬件资源，可以像使用实际的机器那样进行分区、格式化、安装操作系统和软件等操作，而不会对原有主机产生任何影响。使用虚拟机可以更合理地利用资源，充分发挥计算机的高效率优势。

虚拟机的实现依赖虚拟化技术，虚拟化是指在物理服务器上部署特定的虚拟化软件，通过该软件将物理资源逻辑化，实现逻辑上的隔离。同时，在虚拟化层面部署相应的虚拟机，每个虚拟机类似于一个物理服务器，它们会通过虚拟化层（虚拟化层是由 VMware 公司设计用来运行虚拟机的内核，它控制 ESXServer 3i 主机使用的硬件，并调度虚拟机之间的硬件资源分配）得到相应的虚拟化硬件资源，如 CPU、内存、网卡、磁盘等资源。虚拟化过程如图 2-1 所示。

图2-1 虚拟化过程

常用的虚拟机软件有以下 3 种。

15

（1）VMware Workstation。

VMware Workstation 是 VMware 公司开发的一款功能强大的桌面虚拟机软件，提供了可在单一桌面上同时运行不同操作系统的解决方案，并可开发、测试、部署新的应用程序。VMware Workstation 可在一部实体机器上模拟完整的网络环境和便于携带的虚拟机器，其高度的灵活性与先进的技术胜过了市面上其他的虚拟计算机软件。

（2）Virtual Box。

Virtual Box 是一款开源虚拟机软件。Virtual Box 由德国 Innotek 公司开发，由 Sun Microsystems 公司出品。Virtual Box 不仅具有丰富的特色，而且性能卓越。可虚拟的操作系统包括所有的 Windows 版本、macOS X、Linux、OpenBSD、Solaris、IBM OS2 甚至 Android 等。

（3）Virtual PC。

Virtual PC 是微软公司最新的虚拟机软件。Virtual PC 允许在一个工作站上同时运行多个 PC 操作系统。当用户转向一个新操作系统时，可以为运行传统应用提供安全的环境以保持兼容性。

在初次使用 Linux 时，将其安装在虚拟机中是个很好的选择。这样不会覆盖原有的操作系统，并与原有操作系统完全隔离，因此可以在虚拟机中进行各种尝试，而不必担心破坏计算机。本节选择目前广泛使用的 VMware Workstation 安装 Linux 系统，读者可前往 VMware 官网获取 VMware Workstation 软件。

2. 安装镜像 CentOS 7

下面将在 Windows 环境下使用 VMware Workstation 12 演示 CentOS 7 的安装。

CentOS 7 的安装

（1）打开 VMware Workstation 12，选择菜单栏中的"文件"→"新建虚拟机"，如图 2-2 所示，弹出安装向导对话框。为简单起见，不对虚拟机的高级选项进行配置，即在弹出的对话框中选择"典型"，然后单击"下一步"按钮，如图 2-3 所示。

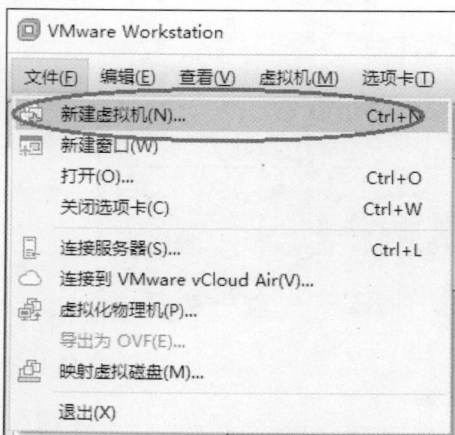

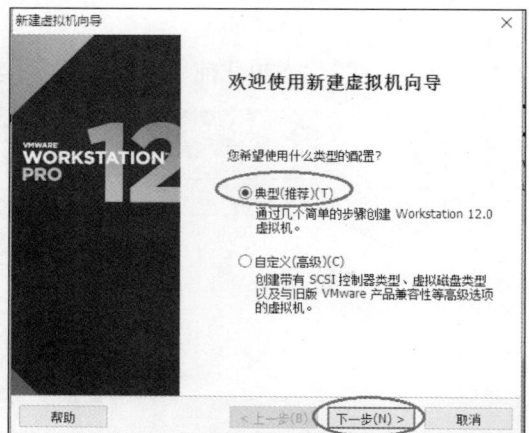

图2-2　新建虚拟机　　　　　图2-3　安装向导对话框

（2）在弹出的对话框中选择事先准备好的 CentOS 7 镜像文件，单击"下一步"按钮，如图 2-4 所示。

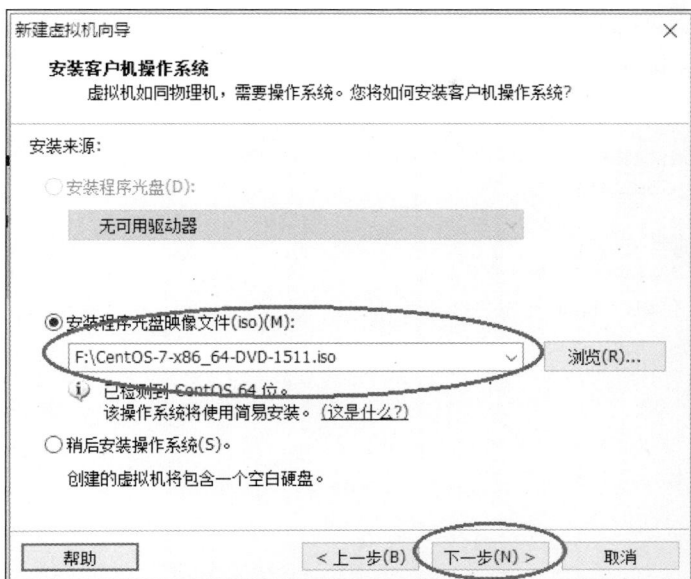

图2-4 选择CentOS 7镜像文件

（3）在弹出的对话框中设置虚拟机的基本信息，如图 2-5 所示。其中"全名"是为 Linux 系统起的别名，相当于 Windows 系统中的计算机名，如 My CentOS；"用户名"为登录 Linux 系统的用户唯一标识，如 user。要注意的是，此时设置的密码必须与超级管理员的登录密码相同。

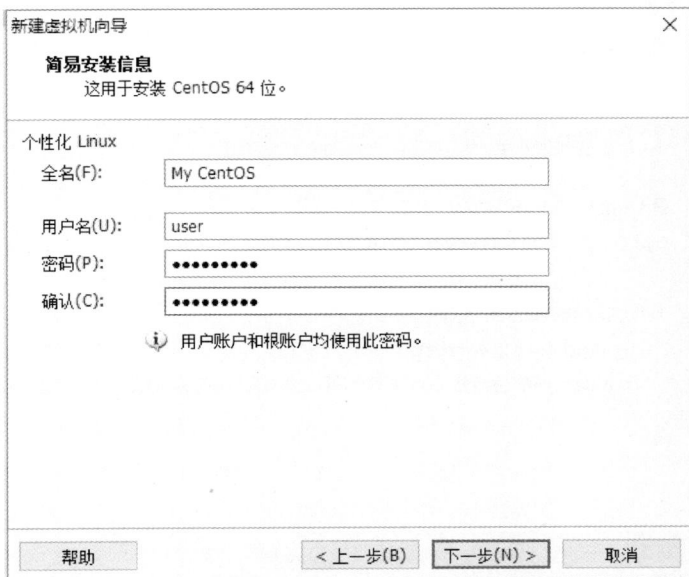

图2-5 设置虚拟机的基本信息

（4）设置好以上信息后，单击"下一步"按钮，在弹出的对话框中设置 CentOS 7 在 VMware 中的名称和在物理机上的安装位置，然后单击"下一步"按钮，如图 2-6 所示。

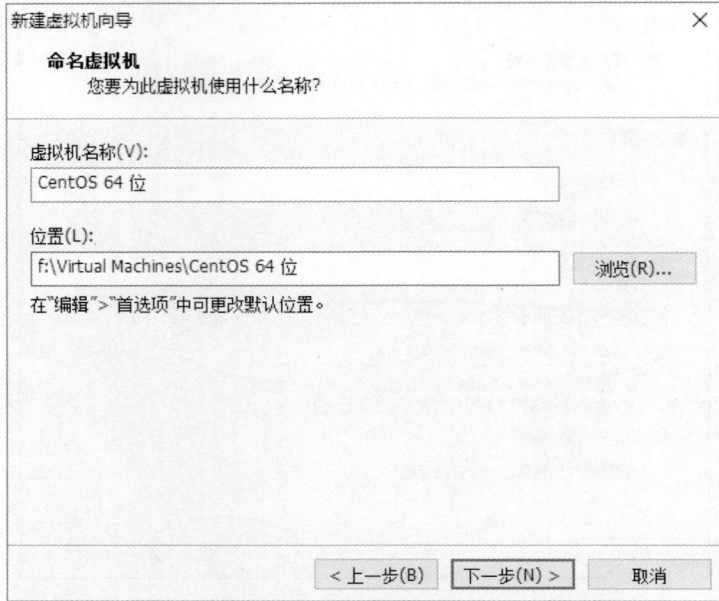

图2-6　设置虚拟机名称和安装位置

（5）在弹出的对话框中设置虚拟机磁盘，如图 2-7 所示。虚拟机的磁盘将在物理机中以文件的形式存在，读者可以根据自己的喜好选择是否将磁盘拆分为多个文件。本书为性能着想，将虚拟机磁盘存储为单个文件。

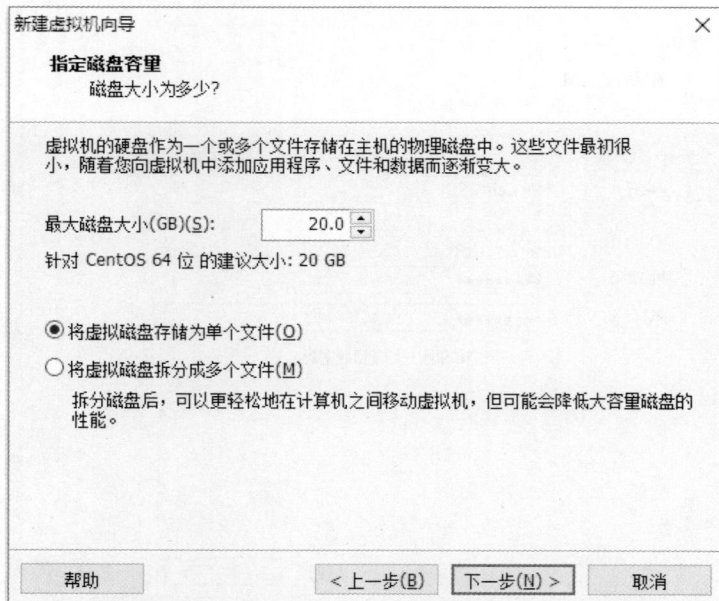

图2-7　设置虚拟机磁盘

（6）单击"下一步"按钮后，弹出对话框提示虚拟机已准备好安装，并显示虚拟机信息，如图 2-8 所示。读者可以单击"自定义硬件"按钮，根据自己机器的性能详细设置硬件。这里使用默认设置，关于 Linux 的配置会在 2.4 节中详细介绍。一切就绪后，单击"完成"按钮，CentOS 7 便开始安装，如图 2-9 所示。等待安装完成后，系统重新引导启动，如图 2-10 所示。

图2-8　安装前的信息确认界面

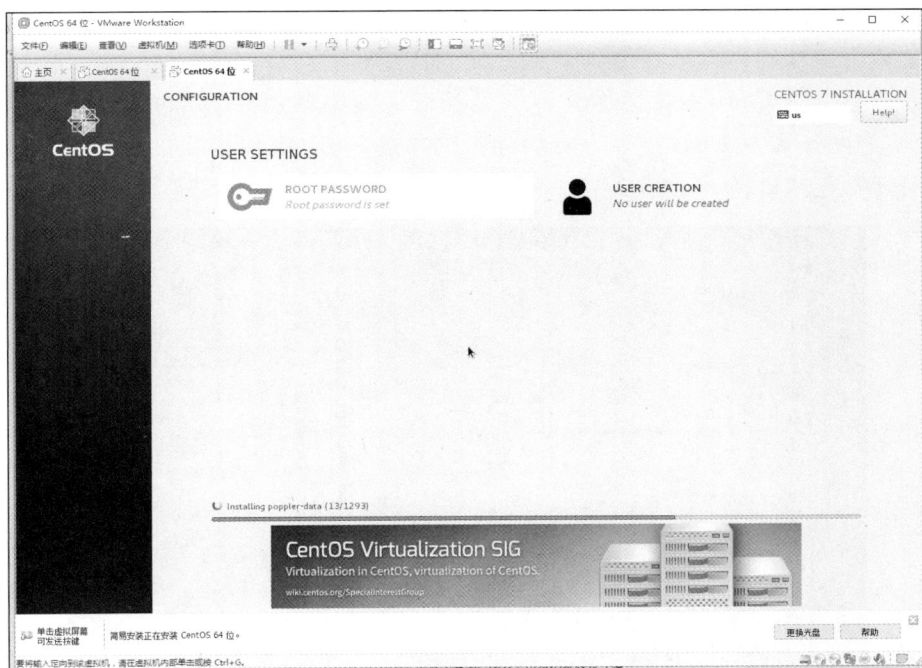

图2-9　开始安装CentOS 7

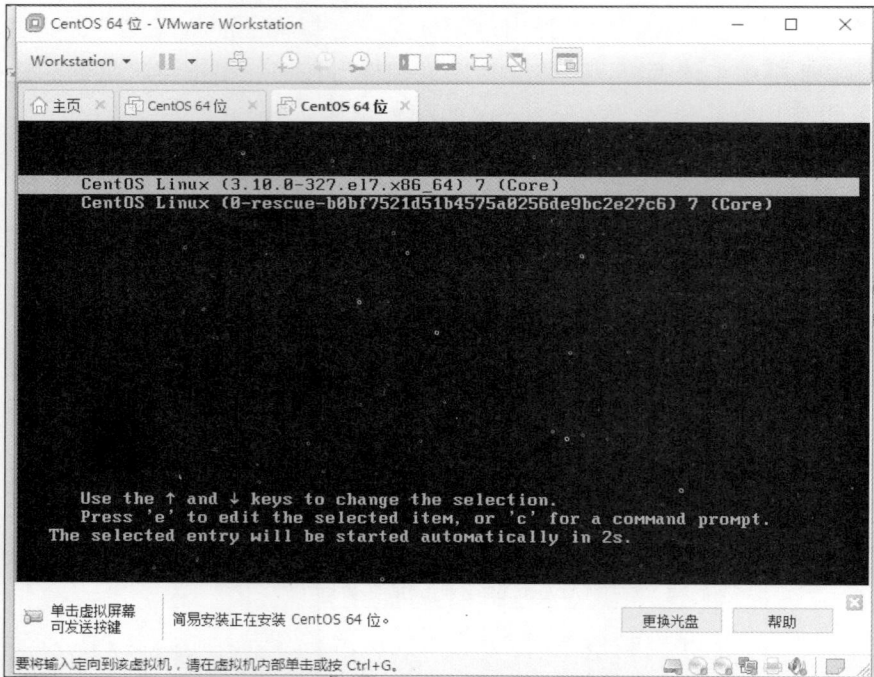

图2-10　CentOS 7重新引导启动

2.1.2　生产实践安装Linux

在虚拟机中安装 Linux 仅仅是为了便于初学者学习，在实际生产环节中，通常是直接把 Linux 安装在服务器硬盘中。为了在硬盘中安装 Linux，需要将事先准备好的 Linux 系统镜像文件刻录到光盘或存储到其他存储介质里。

（1）将刻录了 CentOS 7 镜像文件的光盘插入光驱或将存储有 CentOS 7 镜像文件的 USB 存储设备插入 USB 接口，启动计算机并进入 BIOS 设置界面，将第一启动设备设置为相应的存储设备，如图 2-11 所示。

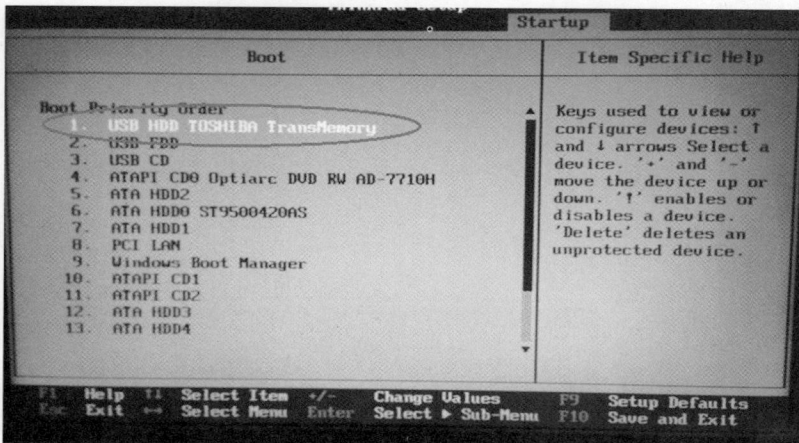

图2-11　修改BIOS设置

（2）保存并重启计算机后，进入 CentOS 7 的安装提示界面，如图 2-12 所示。

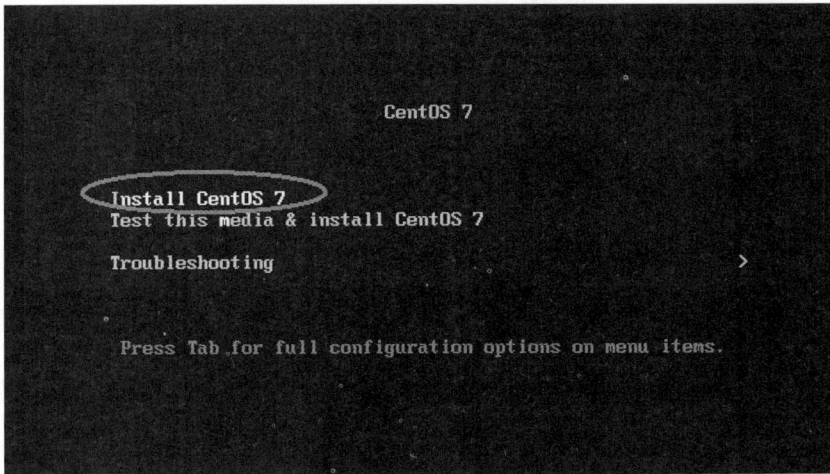

图2-12　CentOS 7的安装提示界面

（3）选择 Install CentOS 7，按 Enter 键后，进入安装前的配置界面，首先需要选择语言与键盘类型，如图 2-13 所示。这里选择的语言决定了之后的安装界面及 Linux 系统界面的语言，由于编程语言及大部分技术文档都使用英语，为了培养良好的习惯，建议选择英语。

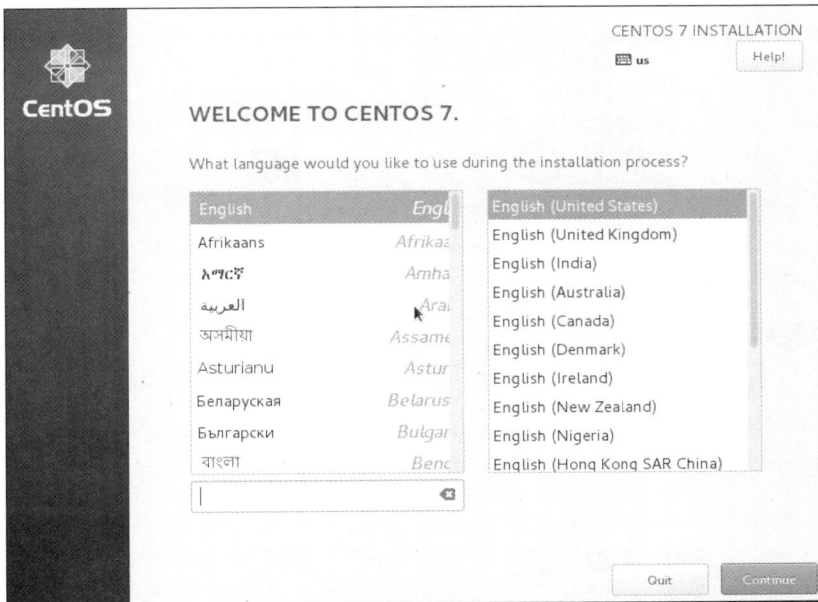

图2-13　选择语言与键盘类型

（4）下一步进入配置安装汇总界面，在这个界面中可以设置大部分与安装有关的信息，如图 2-14 所示。下面介绍一些重要的设置。

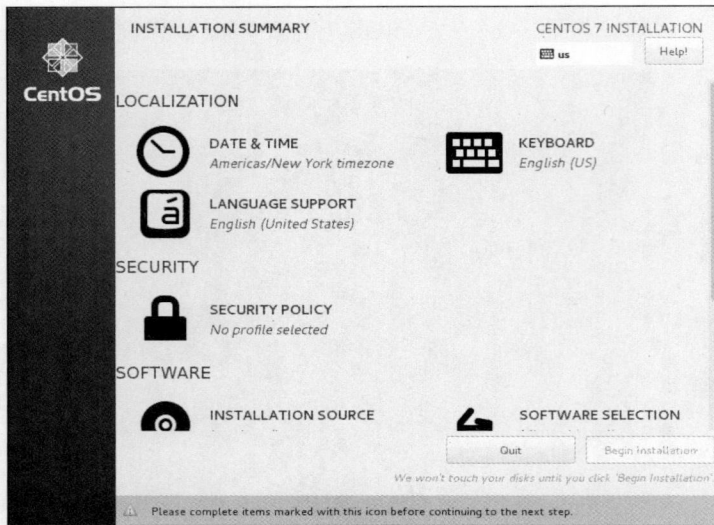

图2-14　配置安装汇总界面

1. 日期和时间设置

在 LOCALIZATION 栏下，语言（LANGUAGE SUPPORT）和键盘类型（KEYBOARD）已经设置过了，现在设置日期和时间。选择 DATE & TIME，如图 2-15 所示，然后选择所在的时区、日期和时间。若此时已经连接网络，系统将会使用 NTP 服务自动设置日期与时间，否则需要仔细手动设置，因为时间同步在服务器通信中十分重要。

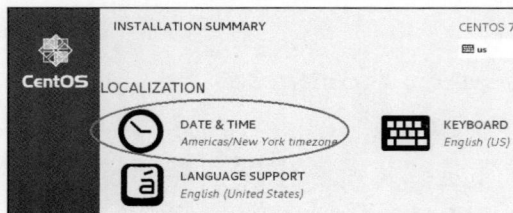

图2-15　设置日期与时间

2. 安全策略设置

在最新的 CentOS 7（1511）版本中，新增了一个可供用户选择的安全策略设置。选择 SECURITY POLICY，如图 2-16 所示，可以看到系统提供了一系列有关服务器安全的应用场景，这里只需选择默认策略，然后单击 Select profile 按钮，如图 2-17 所示。更详细的 Linux 安全配置见 2.4 节。

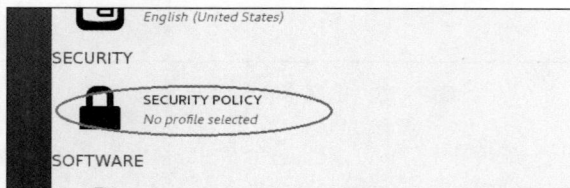

图2-16　新增的安全策略设置1

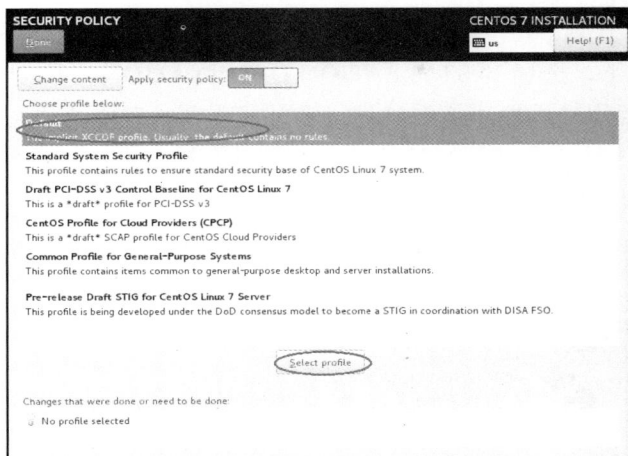

图2-17　新增的安全策略设置2

3. 选择需要安装的软件

在 SOFTWARE 栏下，选择 SOFTWARE SELECTION 后可以选择随 CentOS 7 操作系统一起安装的软件和工具，如图 2-18 所示。默认情况下是最小化安装（Minimal Install），而实际上我们需要一些能提高效率的工具和桌面环境，因此这里选择安装 GNOME 或 KDE 中的一种桌面环境，如图 2-19 所示。

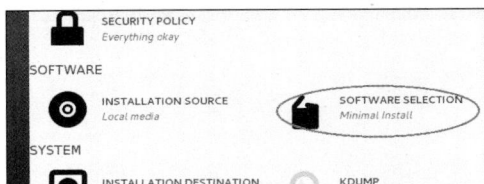

图2-18　选择需要安装的软件

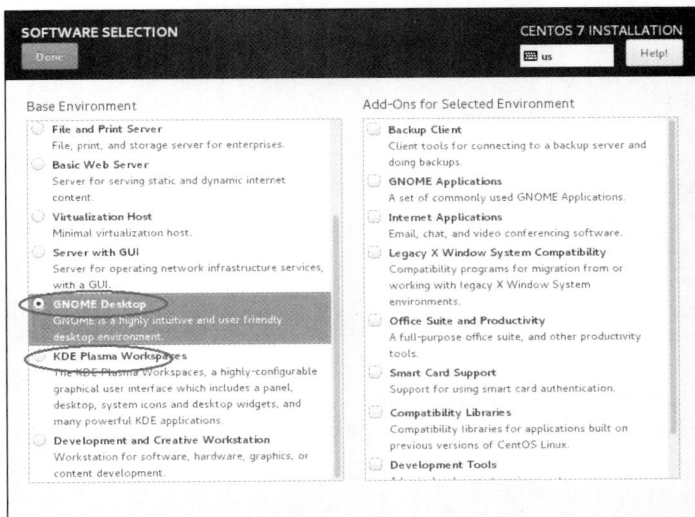

图2-19　选择需要的桌面环境

4. 磁盘划分

在 SYSTEM 栏下，选择 INSTALLATION DESTINATION 可以划分磁盘，如图 2-20 所示。这是唯一需要用户设置才能继续进行安装的步骤。为何设计人员希望磁盘划分得到用户的重视呢？这是因为其他的各种设置都可以在操作系统安装完成后再次设置，而磁盘的划分是不可更改的，可见这一步在安装过程中的重要性。

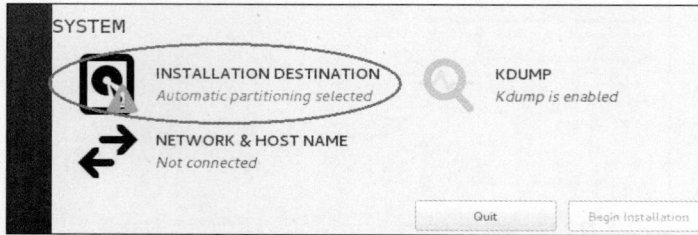

图2-20　磁盘划分选项

具体的磁盘划分有两种方案：自动配置分区（Automatically configure partitioning.）和手动配置分区（I will configure partitioning.），如图 2-21 所示。在没有特殊需求的情况下，可以选择自动配置分区，然后单击左上角的 Done 按钮。

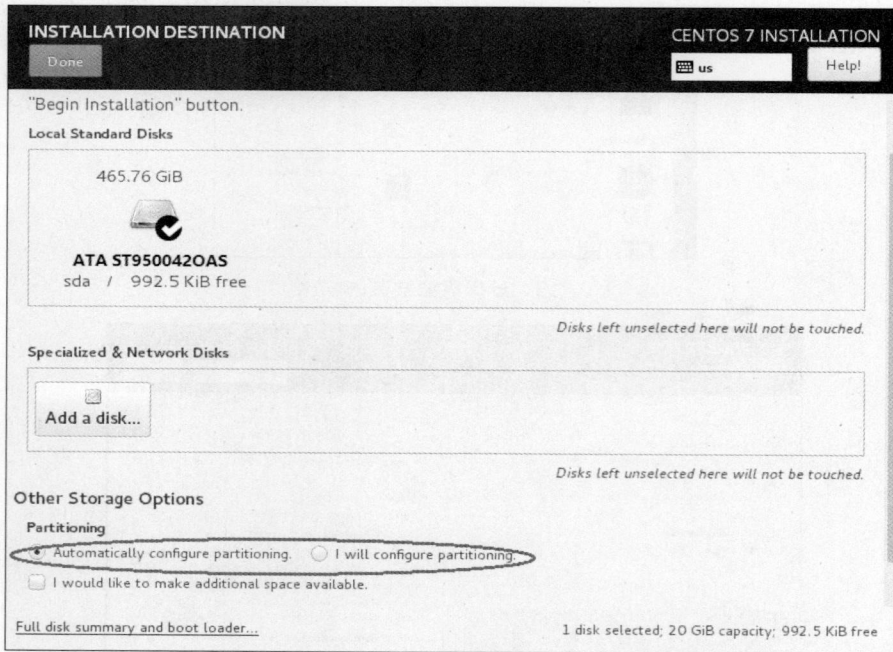

图2-21　选择磁盘划分方式

若需要手动分配空间，则选择 I will configure partitioning.，单击 Done 按钮，进入手动划分磁盘和分配空间的界面，如图 2-22 所示。在这个界面中可以自由地为各系统目录分配空间。

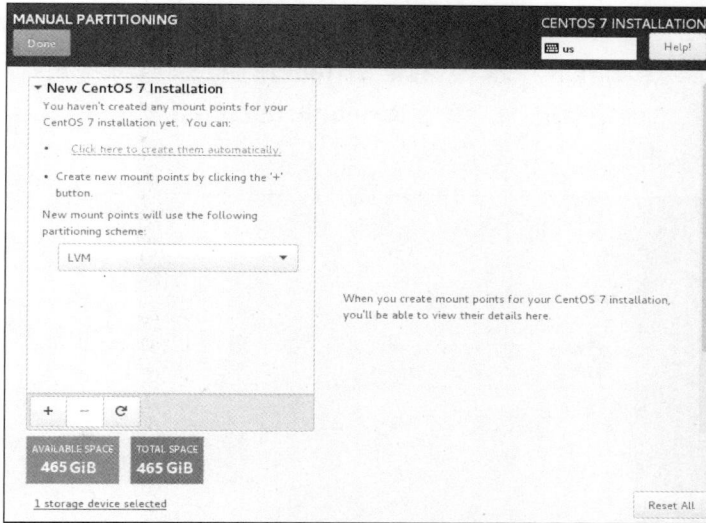

图2-22 手动划分磁盘和分配空间

5. 网络设置

在 SYSTEM 栏下，选择 NETWORK & HOST NAME 可以设置网络连接和主机名，如图 2-23 和图 2-24 所示。详细的网络配置见 2.4 节。

图2-23 网络设置1

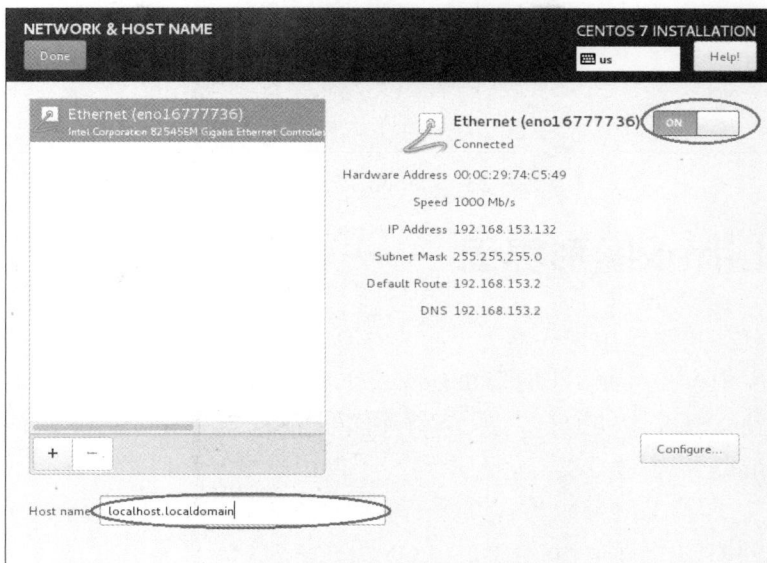

图2-24 网络设置2

当所有安装配置完成后，单击图 2-14 右下角的 Begin Installation 按钮，CentOS 7 便开始安装，如图 2-25 所示。此时可以进行 root 密码设置和新增用户等操作。等待安装完成后，系统会给出相应提示，单击 Reboot 按钮系统将重新引导启动，如图 2-26 所示。至此 CentOS 7 的安装便完成了。

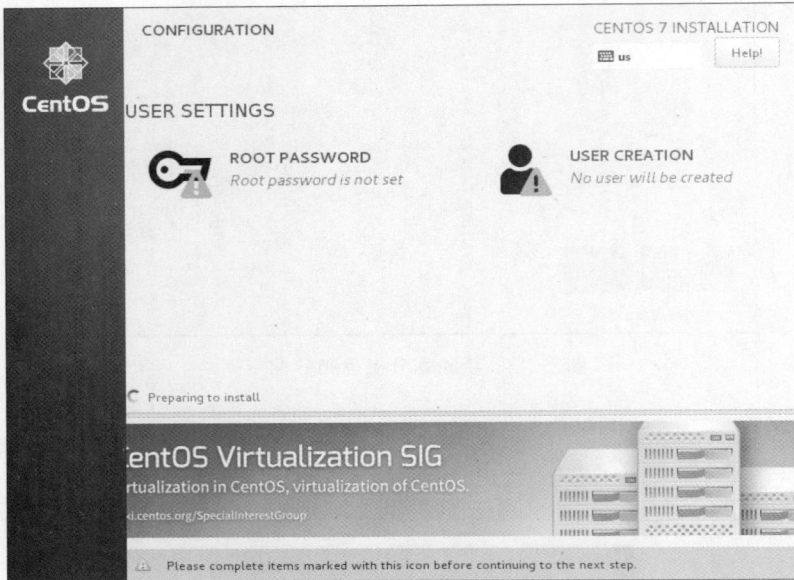

图2-25　开始安装CentOS 7

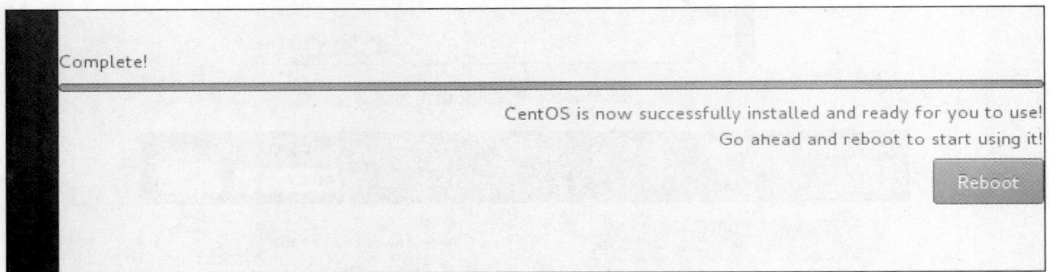

图2-26　CentOS 7安装完成

2.2　Linux图形界面

在早期的计算机系统中，人们为了多人共享一台主机，将多套由显示器、键盘等组成的设备与主机相连，这种处于计算机外围的交互设备称为终端（terminal）。在与 Linux 交互时同样要使用终端，用户可以使用字符终端（character terminal）和图形终端（graphic terminal）与 Linux 系统进行交互。图形终端不仅可以像字符终端那样输入和输出字符，还能使用 GUI 在屏幕上显示线条、颜色、图形、窗口等。本节将介绍 GUI 的实现原理，以及两种流行的 GUI 桌面环境：KDE 和 GNOME。

2.2.1　GUI与X Window

如今，几乎所有计算机用户都在知情或不知情的情况下使用了 GUI。Windows 或 macOS 一启动就会进入一个图形界面，人们大部分的办公和娱乐都是在这个图形界面上进行的，这个图形界面就是 GUI。那么 GUI 究竟是什么呢？GUI 或者图形用户界面是一个将计算机的输出直接以图形形式显示在屏幕上，并可以使用键盘、鼠标等设备直接与计算机进行交互的程序。这里需要注意的是，GUI 是一种程序，在实现图形化交互时，必须与计算机硬件（如屏幕、键盘、鼠标等）通信，因此 GUI 依赖于各种设备驱动程序和底层系统，X Window 便是其中重要的一项。

X Window 是麻省理工学院于 1984 年提出的一个为程序提供图像数据服务的系统。X Window 提出了一个独立于硬件的图形界面标准，可以将大量异构的计算机硬件连接到同一个网络中。目前，X Window 几乎是所有操作系统 GUI 的基础。就 X Window 本身来说，它提供了 GUI 和硬件之间通信的协议，而图形界面最终是什么样，用户如何与之交互，X Window 并没有参与，这由另一个程序——窗口管理器（Window Manager）实现。窗口管理器控制窗口以及其他所有图形元素的外观和特征。当 GUI 需要显示图形界面时，窗口管理器会自动定义好各种图形（如图标、按钮、窗体等）的各项特征（颜色、形状、大小等），然后 X Window 与实际绘制图像的硬件进行通信，最后将图形界面输出在屏幕上。这样就形成了一种层次调用的关系，如图 2-27 所示。

图2-27　绘制图形界面的层次关系

2.2.2　KDE桌面和GNOME桌面

几乎所有的 Linux 发行版本都默认包含两种 GUI 桌面环境：KDE 和 GNOME。它们有各自的特点。

1. KDE 桌面环境

KDE 是 1996 年一位名叫马蒂亚斯·埃特里奇（Matthias Ettrich）的德国学生启动的 Kool Desktop Environment 项目的缩写，如今已更名为 K Desktop Environment。KDE 项目的创建是为了在当时混乱的 UNIX GUI 环境下，提出一个完整、统一的应用程序界面。1997 年，KDE 项目吸引了全世界大量程序员的关注，Ettrich 在开发 KDE 桌面环境时使用了 Qt 程序库（Qt 是由 Trolltech 公司开发的编程工具套件）。KDE 桌面环境如图 2-28 所示。

图2-28　KDE桌面环境

KDE 中包含的应用程序多以 K 开头，如文本编辑器 Kate、即时通信软件 Kopete、计算器 KCalc、媒体播放器 Kaffeine 等，甚至终端模拟器 Console 在 KDE 中都变成了 Konsole。

2. GNOME 桌面环境

GNOME（GNU Network Object Model Environment）是 1997 年由 Miguel de Icaza 和 Federico Mena 两人发起的项目，用于替代 KDE 桌面环境。KDE 使用的 Qt 程序库的软件许可方式不允许用户将其用于商业用途，GNOME 的意义在于独立于 Qt 程序库并可以自由发行。GNOME 桌面环境如图 2-29 所示。

图2-29　GNOME桌面环境

与 KDE 的情况如出一辙，GNOME 中的应用程序多以 G 开头，如图像编辑器 Gimp、即时通信软件 Gaim、计算器 Gcalctool、电子表格软件 Gnumeric 等。

2.2.3　图形界面的基本操作

计算机操作系统的界面风格都很相似，熟悉 Windows 系统的读者很容易掌握 Linux 系统图形界面的操作。这里以 GNOME 为例，介绍 Linux 图形界面与 Windows 界面不同的地方，方便读者使用。

从图 2-29 可以看出，GNOME 与 Windows 一样拥有一个桌面环境，桌面上可以放置图标。默认情况下，GNOME 有两个图标"home"和"Trash"，分别类似于 Windows 的"我的电脑"和"回收站"，双击图标即可进入相应的目录或应用。双击 home 图标后进入的用户目录如图 2-30 所示。

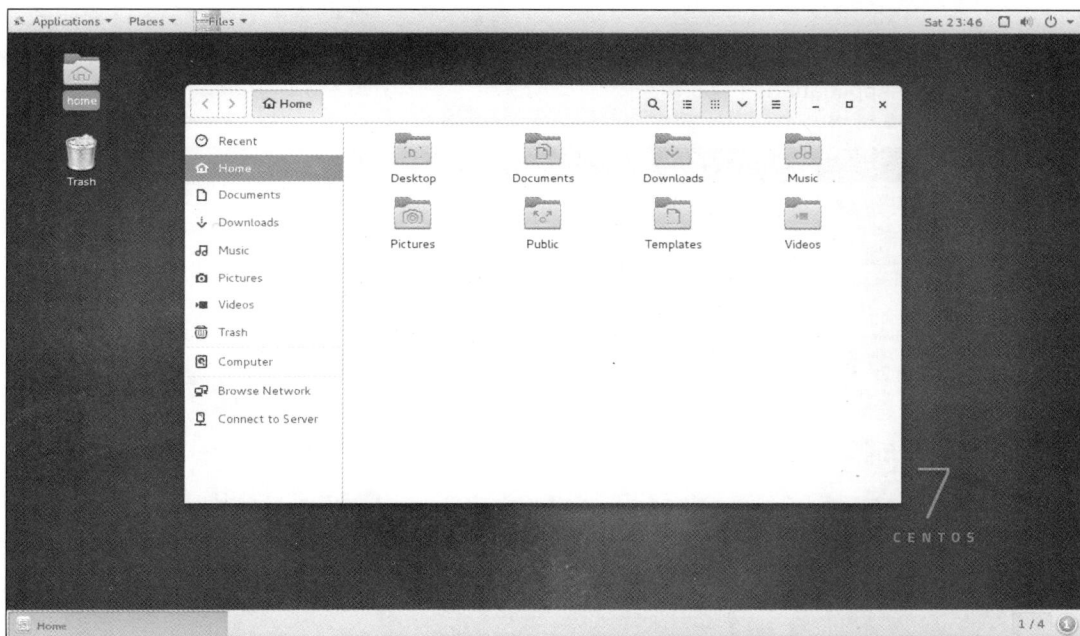

图2-30　用户目录图形界面

GNOME 的任务栏分为上下两部分，屏幕上方的任务栏中显示当前激活的应用程序，屏幕下方的任务栏中显示已经被打开的窗口，如图 2-30 中的 Home 窗口。任务栏中的 Applications 下拉菜单类似于 Windows 的"开始"菜单，包含许多应用程序，并以分类的方式显示，如图 2-31 所示。Places 下拉菜单则包含当前用户的相关目录，如用户根目录（Home）、用户文档（Documents）、用户下载目录（Downloads）等，如图 2-32 所示。

在上方任务栏最右侧的下拉菜单中，可以设置音量、网络，还可以切换/注销用户等，单击扳手形状的按钮可以进入类似于 Windows 控制面板的设置总览界面，如图 2-33 所示。

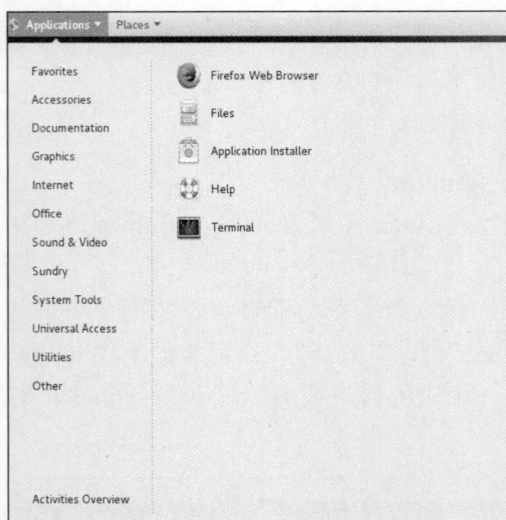

图2-31　Applications下拉菜单

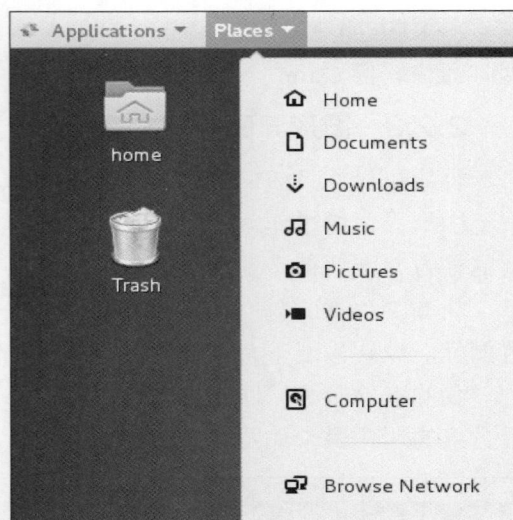

图2-32　Places下拉菜单

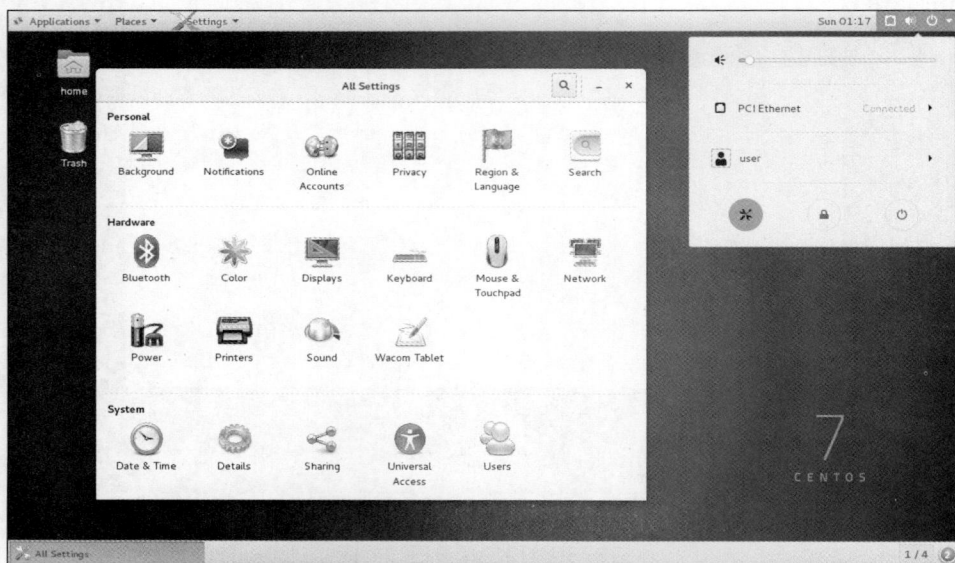

图2-33　设置总览界面

最后介绍一种 Windows 10 新增的功能——多工作空间。试想一下，当你在计算机上同时做许多不同的事情时需要打开很多窗口，你需要在这些窗口之间不停地切换，当窗口数量较多并且内容复杂时，这种切换就变成了很麻烦的事情。Linux 桌面环境提供了多工作空间的功能（或称为 Workspase），可以在一个操作系统上打开许多桌面，不同桌面上的窗口相互独立。这样一来用户就可以将众多的窗口进行分类，然后在不同的桌面中打开特定用途的窗口。在 GNOME 中，可以单击任务栏右侧按钮，然后在桌面右侧切换工作空间。如在 Workspace1 中进行文件目录操作、在 Workspace2 中进行命令行操作、在 Workspace3 中浏览网页，使用 Windows 键可以查看各工作空间的情况，如图 2-34 所示。

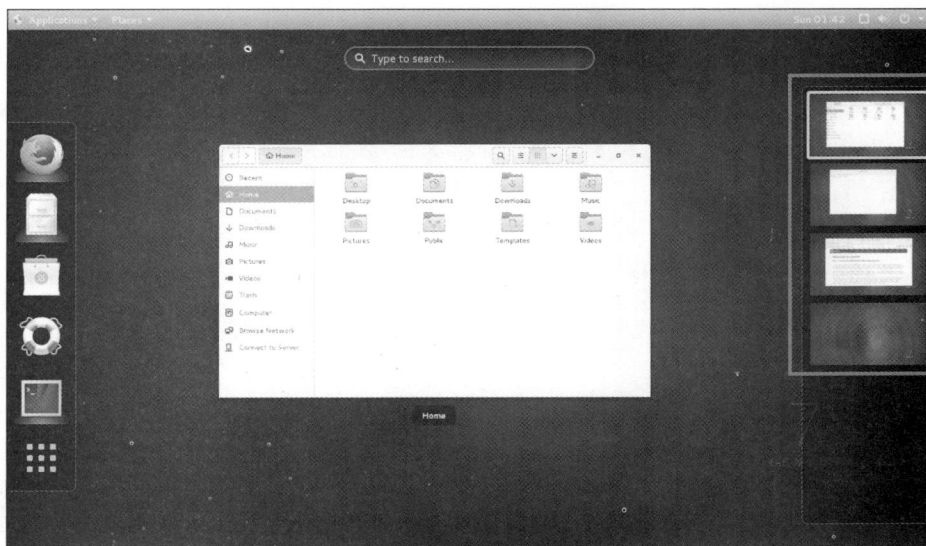

图2-34　多工作空间

2.3　Linux命令基础

除了上一节介绍的图形操作界面，Linux 还提供了另一种重要的交互方式——命令行界面（Command Line Interface，CLI）。虽然没有图形界面那样华丽，但命令行界面占用更少的计算机资源。Linux 的管理与操作大多是在命令行下完成的，因此命令行是学习 Linux 非常重要的环节。下面将介绍 Linux 命令行的基本使用方法。

2.3.1　进入Linux CLI

如果 Linux 系统本来就以命令行模式引导，则系统启动完成后将自动进入命令行模式，如图 2-35 所示。如果以图形桌面的方式启动系统，需要从桌面环境中进入终端仿真器，或按 Ctrl+Alt+F2 组合键切换到命令行模式，图形界面中的终端仿真器如图 2-36 所示。

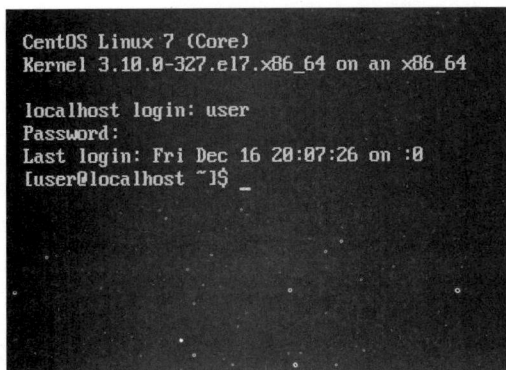

图2-35　命令行模式

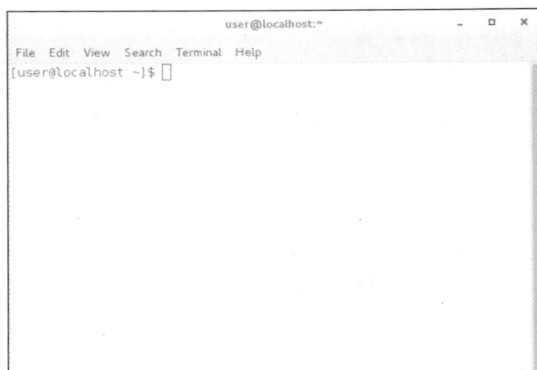

图2-36　终端仿真器

在命令行模式或终端仿真器中可以看到如下字符。

```
[user@localhost ~]$
```

这表示系统已经准备好接收用户的命令，其中 user 为当前用户名，localhost 为主机名。"～"符号为当前工作目录，"$"符号为命令提示符。关于它们的知识将在后面的内容中介绍，这里只需明白"$"符号后是用户输入命令的地方即可。我们先尝试输入一个简单的 date 命令。

```
[user@localhost ~]$ date
Tue Nov 22 05:09:37 PST 2016
[user@localhost ~]$
```

当输入 date 并按 Enter 键时，date 这条命令交由 Shell 处理，经过一系列程序调用后，屏幕上输出了当前系统的时间。可以说 CLI 为用户提供了使用命令与 Shell 进行交流的环境。

2.3.2 Linux命令格式

在 Linux 中关于命令的格式有明确的定义，使用 Linux 命令时，必须严格按照命令的格式输入。通常命令由命令名（command）、选项（option）和参数（argument）3 部分组成，从左往右依次排列并以空格分隔，格式如下。

Linux 命令格式
讲解

```
command option argument
```

命令名是命令的标识，表示命令的基本功能。Linux 命令都是一个个程序，命令名是程序所在的脚本名。用户输入命令时，Shell 会根据命令名到相应的位置搜索并执行程序。选项是命令执行的方式，参数是命令作用的对象，下面分别介绍它们，最后给出帮助文档的获取方式。

1. 选项

通常情况下，选项直接位于命令名之后，用连字符"-"后跟一个字母表示。顾名思义，选项是可选的，并且不一定需要设置。不设置选项时，命令将采用默认的方式执行，如在 2.3.1 小节中使用 date 命令显示当前时间。一旦设置了选项，命令将按照选项的设置执行，如使用 date 的-u 选项显示当前的协调世界时（Universal Time Coordinated，UTC）。

```
[user@localhost ~]$ date -u
Thu Nov 24 14:15:08 UTC 2016
```

或者使用 date 的-R 选项把当前时间按 RFC-822 格式显示。

```
[user@localhost ~]$ date -R
Thu, 24 Nov 2016 06:30:31 -0800
```

另外，选项是可以同时使用多个的，如以 RFC-822 格式显示当前协调世界时。

```
[user@localhost ~]$ date -u -R
Thu, 24 Nov 2016 14:39:40 +0000
```

当使用多个单符号选项时，可以将它们组合在一个连字符"-"后，选项的顺序是可以任意指定的。例如，以下 4 种选项格式都是等价的，秉承高效、简洁的理念，更推荐使用组合式的选项格式。

```
[user@localhost ~]$ date -u -R; date -R -u; date -uR; date -Ru
```

```
Thu, 24 Nov 2016 14:44:09 +0000
Thu, 24 Nov 2016 14:44:09 +0000
Thu, 24 Nov 2016 14:44:09 +0000
Thu, 24 Nov 2016 14:44:09 +0000
```

> 注
> 意　　　在上面的命令中，使用了多命令的执行方式。每条命令用分号隔开，系统将一并执行此行所有命令。可以看出，4种不同的选项格式执行结果相同。

通常选项用一个字母表示，但有时候设计人员希望选项能更好地表达其功能，会使用单词或数个字母来表示，此时"-"符号不再适用。例如，很多命令都有选项 help，如果使用-help 的形式将被解释为-h、-e、-l 和-p 这 4 个选项的组合。为了消除这样的歧义，Linux 提供了长选项的连接符"--"，如--help。另外，许多命令的选项都提供了长、短两种形式，如前面提到的用 date 命令显示协调世界时，也可以使用--utc 选项实现。

```
[user@localhost ~]$ date -u; date --utc
Fri Nov 25 02:55:17 UTC 2016
Fri Nov 25 02:55:17 UTC 2016
```

2．参数

某些时候需要使用参数指定命令的作用对象，或为命令提供数据。仍然以 date 命令为例，使用-d 选项可以显示用户指定的时间，指定的时间将以参数的形式给出。例如，下面的命令显示了中华人民共和国成立的时间。

```
[user@localhost ~]$ date -d '1949-10-01 15:00:00'
Sat Oct  1 15:00:00 PST 1949
```

文件也可以作为命令的参数，此时的文件为命令的执行提供数据。例如，date -r 命令可以查看文件的最后修改时间，目标文件名以参数的形式出现。假设当前目录下有一个名为 file 的文件，查看其最后修改时间。

```
[user@localhost ~]$ date -r file
Thu Nov 24 18:59:06 PST 2016
```

另一个例子是使用标准输出命令 cat 输出文件内容。假设当前目录下的 file 文件的内容为 hello linux，使用 cat 命令输出 file 文件。

```
[user@localhost ~]$ cat file
hello linux
```

和选项一样，一些命令的参数可以有多个。例如，用 cat 命令输出多个文件。

```
[user@localhost ~]$ cat file file
hello linux
hello linux
```

试想一下，如果某文件的名称包含空格，如"fi le"，因为空格是 Linux 命令的分隔符，那么当文件"fi le"作为参数时，将被解释为两个文件 fi 和 le，引起歧义。这就是 Linux 中文件名不能包含空格的原因。但这并不意味着 Linux 就不能处理名字中包含空格的文件了。假如从 Windows 系统中复制了一个名字包含空格的文件到 Linux 系统中，在参数中只需将文件名用单引号引起来就可以了，或在每个空格前添加"\"。

```
[user@localhost ~]$ cat 'fi le'
[user@localhost ~]$ cat fi\ le
```

3. 获取帮助

选项和参数的使用非常灵活，上面例子中的两个命令可以有 0 个或多个选项和参数。另外，某些命令规定必须有参数，如 cp 命令规定至少要有两个参数（详见第 3 章）；某些命令则可以没有任何选项和参数，如 clear 命令。Linux 中有数千个命令，读者没必要也不可能掌握每一个命令的使用，只需在使用某些命令时查阅相关帮助文档或手册即可。man 命令可以查询某个命令的帮助信息。

man 命令的格式为：man [option] filename。

其中，option 选项可以省略，常用的 option 选项如表 2-1 所示；filename 是操作对象的文件名称。

表 2-1   man 命令中常用的 option 选项

选项	功能描述
-a	在所有的 man 帮助手册中搜索
-f	等价于 whatis 指令，显示给定关键词的简短描述信息
-P	指定内容时使用分页程序
-M	指定 man 帮助手册搜索的路径

例如，查询 cat 命令的帮助信息，具体如下。

```
[user@localhost Desktop]$ man cat
```

截取上面命令的部分输出信息，具体如下。

```
CAT (1)                          User Commands                          CAT (1)

NAME
      cat - concatenate files and print on the standard output

SYNOPSIS
      cat [OPTION]... [FILE]...

DESCRIPTION
      Concatenate FILE(s), or standard input, to standard output.

      -A, --show-all
              equivalent to -vET

      -b, --number-nonblank
              number nonempty output lines, overrides -n
```

其中 NAME 下介绍了命令的基本功能，SYNOPSIS 下是命令的格式，这个格式解释了选项和参数的使用方法。需要解释的是：方括号[]中的内容是可选的，如这里的选项和参数都是可选的，即可有可无；省略号"…"表示前面的内容可以重复任意多次，如这里的选项和参数都可以有多个。DESCRIPTION 下是各选项的介绍。再往下是一些其他信息。

为了形成对比，下面给出 man cp 命令的格式。

```
SYNOPSIS
      cp [OPTION]... [-T] SOURCE DEST
      cp [OPTION]... SOURCE... DIRECTORY
      cp [OPTION]... -t DIRECTORY SOURCE...
```

可以看到，cp 命令的 3 种格式中参数都没有使用方括号，即 cp 命令至少需要 2 个参数。在第三个格式中，选项-t 也没有使用方括号，所以使用第三个格式时，必须带有 -t 选项。或者当使用-t 选项时，将第一个参数视为 DIRECTORY，剩下的参数视为 SOURCE。

学习 Linux 命令不是要把每一个命令的用法死记硬背下来，而是能根据需要查阅帮助相关文档。以上介绍了 man 查询命令的使用方法。

2.3.3 命令行技巧

命令行技巧

在使用命令行时，可能会遇到一些复杂的参数，或者需要多次输入较长的命令。许多时候，我们需要一些技巧来提升命令行的使用效率。这些技巧可能是 Linux 系统内置的，也可能是 bash 专门提供的功能，以下将介绍一些常用的技巧。

1. Tab 键自动补全

bash 提供了自动补全的功能，在输入命令时，按 Tab 键，可以自动补全未输入的命令字符。下面的例子演示了它是如何工作的。假设用户目录如下。

```
[user@localhost ~]$ ls
Desktop  Documents Downloads file Music Pictures Public Templates Videos
```

现在要使用 cat 命令输出 file 文件的内容，输入如下命令，但不要按 Enter 键。

```
[user@localhost ~]$ cat f
```

此时按 Tab 键。

```
[user@localhost ~]$ cat file
```

可以看到，bash 根据"file"的第一个字母自动补全了完整的文件名。在一些较长参数的输入中，自动补全功能十分常用。需要注意的是，当输入的字符不足以精确定位到某一文件名时，自动补全功能无法使用。例如，输入下面的命令，但不要按 Enter 键。（关于 ls 命令的知识详见第 3 章。）

```
[user@localhost ~]$ ls D
```

此时按 Tab 键，bash 并没有实现自动补全，这是因为当前目录下以字母 D 开头的文件不止一个，匹配文件名时出现了混淆。此时再按 Tab 键，出现如下提示。

```
[user@localhost ~]$ ls D
Desktop/   Documents/ Downloads/
```

可以看到，bash 为用户列出了所有可能的匹配选项以供选择，输入足够区分不同选项的字符后，自动补全功能才会生效。例如，继续输入文件名。

```
[user@localhost ~]$ ls De
```

按 Tab 键。

```
[user@localhost ~]$ ls Desktop/
```

自动补全功能生效了。

以上例子只是文件或路径名的自动补全。自动补全功能也可用于变量、用户名、命令和主机名，使用方式和文件名的自动补全相似。

2. 命令历史记录

bash 会自动保存使用过的命令的历史记录。按↑键时，会发现上一次输入过的命令再次出现在命令提示符后，这些就是命令的历史记录，使用↑键或↓键可以在命令历史记录中来回移动。运用好这些历史记录，可以大大地减少用户使用键盘的次数，从而提高命令行的使用效率。

命令的历史记录保存在用户主目录的.bash_history 文件中，默认会保存用户最近输入的 500 个命令。可以通过 history 命令查看历史记录的内容。

```
[user@localhost ~]$ history
```

bash 也有历史记录的搜索功能，按 Ctrl+R 组合键，进入历史记录搜索模式，此时命令提示符变成如下格式。

```
(reverse-i-search)'':
```

输入要查找的内容，就可以开始搜索。这里的搜索以逆向递增的方式进行，其中逆向是指搜索是从最新的记录开始向更早的记录进行，递增是指随着输入字符数的增加，bash 会相应地改变搜索范围。例如，要搜索最新出现的 man 命令，在搜索模式中输入"man"。

```
(reverse-i-search)'man': man cat
```

这时搜索结果显示最近一次使用 man 时执行的命令是"man cat"。若需要继续搜索更早的记录，再次按 Ctrl+R 组合键即可。当搜索到需要的命令时，按 Enter 键可以立即执行此命令。按 Ctrl+J 组合键可以把搜索到的命令复制到当前命令行。若要退出搜索，按 Ctrl+C 或 Ctrl+G 组合键即可。

3. 命令历史记录的扩展

假设命令历史记录中的第 85 行内容如下。

```
[user@localhost ~]$ history|grep -w '85'
  85  date -d '1949-10-01 15:00:00'
```

观察以下命令执行的结果。

```
[user@localhost ~]$ !85
date -d '1949-10-01 15:00:00'
Sat Oct  1 15:00:00 PST 1949
```

Linux 常用命令

从结果可以看到，历史记录中第 85 行的命令和该命令执行的结果都显示在了终端。此时按↑键。

```
[user@localhost ~]$ date -d '1949-10-01 15:00:00'
```

刚才执行的就是历史记录中的第 85 行命令，这就是 bash 中的命令历史记录的扩展用法。使用叹号"!"后跟数字的方式，可以将历史记录中的命令扩展到命令行中。bash 还提供了更多的扩展功能，如表 2-2 所示。因为这些扩展用法在日常使用的命令行中并不常见，所以这里不再详细讨论。

表 2-2　历史记录的扩展用法

扩展用法	说明
!!	重复最后一个输入的命令，效果与按↑键相同
!<s>	重复最后一个以字符 s 开头的命令
!?<string>	重复最后一个包含字符串 string 的命令
!<number>	重复历史记录中第 number 行的命令
!-<number>	重复之前的第 number 个命令

2.4　Linux系统配置

在本章的前几节中，介绍了 Linux 的安装、图形界面以及命令的基本格式，这些是 Linux 最基础的知识。在进一步学习 Linux 之前，还需要了解 Linux 的系统配置，如配置文件的作用、网络配置、网络安全及系统日志等，这些知识对于理解 Linux 体系有很大的帮助。本节会涉及文件、目录和权限等内容，若读者没有掌握也无妨，后续章节中会陆续介绍，本节读者只需关注各种系统配置在 Linux 系统下发挥的作用即可。

2.4.1　配置文件

大多数 Linux 程序或软件都会有配置文件，配置文件中包含程序运行时所需的信息，通过编辑配置文件可以定制程序。在 Linux 系统中存在一些特定的配置文件，这些配置文件在系统引导时被调用，用来构建系统工作的基础环境。表 2-3 所示为系统引导时需要读取的一些配置文件。

表 2-3　系统引导时需要读取的部分配置文件

配置文件	说明
/boot/grub/menu.lst	存储计算机上可用的操作系统信息，由 Bootloader 读取并引导操作系统
/etc/inittab	设定 Linux 的运行级别
/etc/profile	适用于所有用户的全局配置文件。当第一次登录系统时，该文件被读取
/etc/bashrc	适用于所有用户的全局配置文件。当 bash 被打开时，该文件被读取
~/.bash_profile	用户用于自定义信息的配置文件，可扩展或重写/etc/profile 中的配置信息
~/.bashrc	用户用于自定义信息的配置文件，可扩展或重写/etc/bashrc 中的配置信息

以上配置文件可能会因为 Linux 发行版本的不同而有所区别，这里以 CentOS 7 为例。当然，Linux 引导时需要读取的配置文件远不止表 2-3 中列出的这些，这里仅选取其

中重要的几个来解释配置文件的作用。从我们按下计算机电源到 Linux 准备好为用户工作的这一段时间，系统发生了以下一系列事情。

（1）当按下电源时，启动 BIOS，BIOS 检测计算机各硬件。

（2）检测完成后，执行一个叫作 Bootloader 的程序，该程序读取了包括/boot/grub/menu.lst 在内的各种配置文件，用来加载 Linux 内核。

（3）Linux 内核加载完成后，第一个运行的进程是/sbin/init，我们将它称为 1 号进程。1 号进程读取了/etc/inittab 中的内容，以确定系统运行级别。表 2-4 所示为大多数 Linux 的运行级别。通常 Linux 的运行级别为 3 或 5，其他运行级别是管理员有特定维护需要时使用的。

表 2-4　Linux 的运行级别

运行级别	说明
0	关机
1	单用户的命令行模式
2	无网络的多用户命令行模式
3	有网络的多用户命令行模式
4	未使用的级别
5	有网络的多用户 GUI 模式
6	重新启动

（4）为了完成系统的启动，1 号进程创建了许多子进程。最后执行/bin/login 程序等待用户登录。用户登录后，首先读取/etc/profile 和/etc/bashrc 文件，建立一个所有用户共享的初始环境；然后读取用户目录下的~/.bash_profile 和~/.bashrc 文件，用于建立用户自定义的个人环境。

2.4.2　Linux网络配置

网络连接是操作系统中十分重要的一环。如今互联网高速发展，网络的使用和配置方面的知识显得尤为重要。由于计算机网络涉及的领域很广，完全可以成为一个单独的专业领域，其中的内容足以再写一本书，所以本小节只着重讲解在 Linux 环境下网络配置的一些常用命令。在学习本小节的内容前，读者需具备基本的网络知识，包括 IP 地址（IP Address）、DNS（Domain Name System，域名系统）、路由等概念。

Linux 网络配置

默认情况下，在 VMware 中安装 Linux 时使用 NAT（Network Address Translation，网络地址转换）网络连接模式。在这种模式下，不需要进行任何配置就可以通过物理机的网络访问公网，用户也可以进行具体的网络配置。在 Linux 桌面环境中单击任务栏右侧的下拉菜单按钮，选择 PCI Ethernet 下的 Wired Settings 选项，弹出网络信息窗口，如图 2-37 所示。

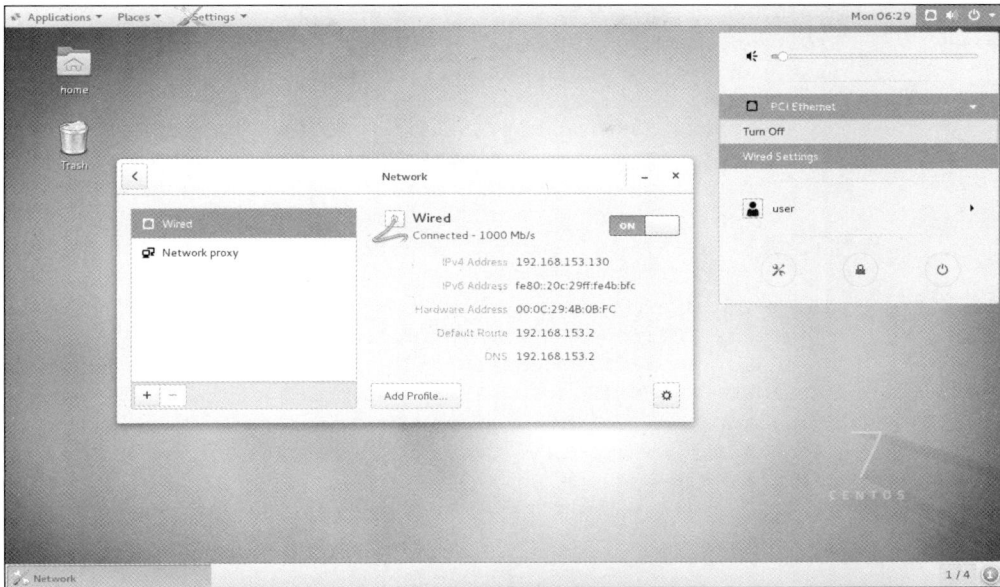

图2-37 网络信息窗口

在网络信息窗口中可以查看当前网络的基本信息，单击右下角的齿轮按钮进入网络配置窗口，选择左侧的 IPv4 选项卡，默认使用 DHCP 服务自动分配 IP 地址，将其改为 Manual 后就可以自由配置 IP 地址、DNS、网关等内容，如图 2-38 所示。

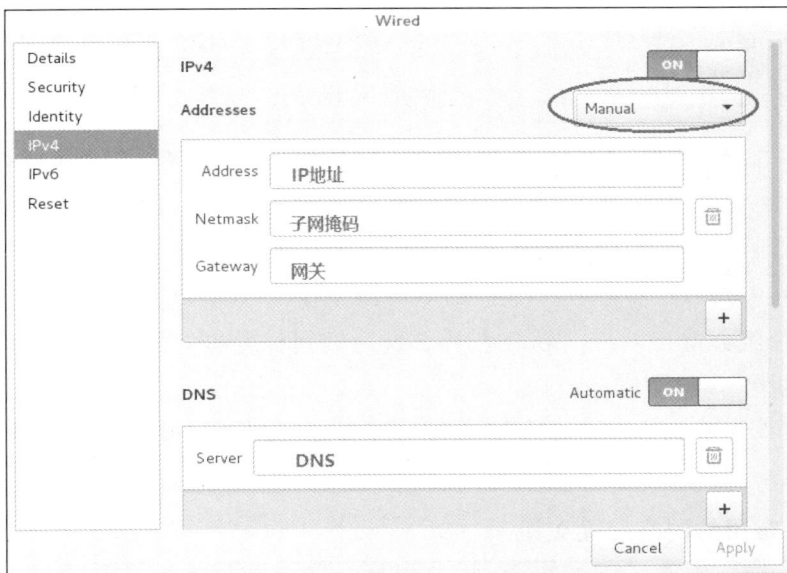

图2-38 配置网络

配置好 IP 等信息后，使用 service network restart 命令重启网络服务以使配置生效，期间会要求输入 root 用户密码，然后使用 ifconfig 命令查看当前网络配置情况，如下所示。

```
[user@localhost ~]$ ifconfig
eth0      Link encap:Ethernet  HWaddr 00:0c:29:98:62:56
          inet addr:192.168.153.128 Bcast:192.168.153.255 Mask:255.255.255.0
          inet6 addr: fe80::20c:29ff:fe98:6256/64 Scope:Link
          UP BROADCAST RUNNING MULTICAST  MTU:1500  Metric:1
          RX packets:239 errors:0 dropped:0 overruns:0 frame:0
          TX packets:115 errors:0 dropped:0 overruns:0 carrier:0
          collisions:0 txqueuelen:1000
          RX bytes:33557 (33.5 KB)  TX bytes:14474 (14.4 KB)

lo        Link encap:Local Loopback
          inet addr:127.0.0.1  Mask:255.0.0.0
          inet6 addr: ::1/128 Scope:Host
          UP LOOPBACK RUNNING  MTU:65536  Metric:1
          RX packets:184 errors:0 dropped:0 overruns:0 frame:0
          TX packets:184 errors:0 dropped:0 overruns:0 carrier:0
          collisions:0 txqueuelen:0
          RX bytes:16169 (16.1 KB)  TX bytes:16169 (16.1 KB)
```

eth0 和 lo 分别为以太网网卡和本地网卡，可以在其中查看配置好的 IP 地址（inet addr）、网关（Bcast）、子网掩码（Mask）等信息。为了测试网络是否畅通，可以使用 ping 命令。ping 命令会向指定的网络主机发送数据包，多数网络设备收到该数据包后会做出回应，从而验证网络连接是否正常。以 Linux 开源社区主页为连接目标，验证网络是否正常。

```
[user@localhost ~]$ ping www.*****.org
PING linux.org (192.243.104.10) 56(84) bytes of data.
64 bytes from *******.iqnection.com (192.243.104.10): icmp_seq=1 ttl=128
time=248 ms
64 bytes from *******.iqnection.com (192.243.104.10): icmp_seq=2 ttl=128
time=246 ms
64 bytes from *******.iqnection.com (192.243.104.10): icmp_seq=3 ttl=128
time=245 ms
64 bytes from *******.iqnection.com (192.243.104.10): icmp_seq=4 ttl=128
time=248 ms
^C
--- linux.org ping statistics ---
4 packets transmitted, 4 received, 0% packet loss, time 3193ms
rtt min/avg/max/mdev = 245.316/247.163/248.343/1.227 ms
```

按 Ctrl+C 组合键可以终止 ping 程序，此时向目标主机发送的 4 个数据包都被接收了，丢包率为 0%，说明网络一切正常。

Linux 的网络配置可以通过修改配置文件完成，与在图形界面中配置的效果完全相同。表 2-5 所示为常用的网络配置文件。

表 2-5　常用的网络配置文件

配置文件	说明
/etc/sysconfig/network-scripts/ifcfg-?	网卡配置文件，其中?为网卡名
/etc/resolv.conf	DNS 配置文件
/etc/sysconfig/network	主机名配置文件
/etc/hosts	静态主机名配置文件

2.4.3　Linux防火墙设置

介绍了网络配置的相关知识后，不得不提及网络安全的问题。在使用任何计算机系统时，都应该考虑如何在安全的环境下建立网络连接。

稍微有点计算机基础的人都听说过防火墙。关于防火墙的作用，一个例子就可以解释。假设网络中有两台相连主机 A 和 B，并且没有使用防火墙。当主机 A 向主机 B 发送数据时，无论发送的是什么数据，主机 B 都将全部接收。若这些数据中包含大量的垃圾信息或是某种具有攻击性的数据包，那么主机 B 将受到严重的安全威胁，如图 2-39 所示。

图2-39　无防火墙的网络环境

使用防火墙，可以有效避免上述情况。当主机 A 向主机 B 发送数据时，只有那些符合防火墙规则的数据才能通过并到达主机 B，不符合规则的数据将被过滤掉，如图 2-40 所示。

图2-40　有防火墙的网络环境

从上面的例子可以看出，防火墙可以视为一种过滤器或路由器。在防火墙上设置规则来决定哪些数据应该被放行，哪些数据应该被禁止，从而保护防火墙后的主机。在 Linux 中，最常见的防火墙是 Netfilter，而防火墙的规则由 iptables 设置。

Netfilter 是早期防火墙 ipfwadm 和 ipchains 的替代品，Netfilter 集成了它们的优点并具有自己的特性，现在作为 Linux 的默认防火墙。Netfilter 和 Linux 是由两个不同的组织开发的，但 Netfilter 运行在 Linux 内核中。得益于 Netfilter 的开源，每一个 Linux 内核版本都可以将 Netfilter 编译到内核中。由于用户在使用防火墙时，最常用的命令是 iptables，所以人们一度认为 Linux 的防火墙就是 iptables。其实 iptables 只是一个规则编辑工具，用户通过 iptables 将过滤规则写入 Netfilter 的规则数据库中。因此，Linux 防火墙应该称为 Netfilter/iptables。

从 CentOS 7 开始，默认不安装 iptables，而使用一个基于 iptables 核心的新组件 firewalld，因此对防火墙的操作命令会与以往的 CentOS 版本有所不同。如果读者更习惯使用旧版本的命令，可以自行安装 iptables 组件。为了有所侧重，本书不讨论 Netfilter/iptables 的原理，只列举几个常用的防火墙命令。

查看防火墙状态：firewall-cmd --state。

```
[user@localhost ~]$ firewall-cmd --state
not running
```

从输出信息可以看出防火墙是否激活，此时处于 not running 状态。

开启/关闭防火墙：systemctl start/stop firewalld.service。

```
[user@localhost ~]$ systemctl start firewalld.service;firewall-cmd --state
running
[user@localhost ~]$ systemctl stop firewalld.service;firewall-cmd --state
not running
```

在防火墙的开启和关闭过程中都需要输入 root 用户的密码。

其他常用的 firewall-cmd 命令如表 2-6 所示。

表 2-6　其他常用的 firewall-cmd 命令

配置文件	说明
firewall-cmd [--zone=<zone>] --add-port=<port>[-<port>]/<protocol> [--timeout=<seconds>]	开放某端口
firewall-cmd [--zone=<zone>] --remove-port=<port>[-<port>]/<protocol>	禁用某端口
firewall-cmd [--zone=<zone>] --add-service=<service> [--timeout=<seconds>]	启用某服务
firewall-cmd [--zone=<zone>] --remove-service=<service>	禁用某服务

2.4.4　Linux端口配置

端口是英文 port 的意译，是设备与外界通信交流的出入口。端口可以分为物理端口和虚拟端口两类。物理端口又称为接口，是可见的端口，如计算机背板的 RJ45 网口、USB 接口、HDMI 端口等。虚拟端口是指计算机内部或交换机路由器内的端口，不可见，如计算机中的 80 端口（HTTP）、21 端口（FTP）、22 端口（SSH）等。

物理端口在日常生活中经常见到，大家也清楚地知晓物理端口的作用，但是虚拟端口究竟是个什么东西呢？有什么用呢？为什么需要虚拟端口呢？下面举一个例子来说明以上问题。

假设计算机 A 的 IP 地址为 192.168.88.88，计算机 B 的 IP 地址为 192.168.88.128，两台计算机之间想要通信的话，通过查找对方计算机的 IP 地址即可实现。但是计算机 A 和计算机 B 上面都运行着各自的程序，假设计算机 A 里面的微信想要访问计算机 B 里面的微信，只通过查找 IP 地址的方式来访问是不够精确的。IP 地址只能代表其中的一台计算机，代表不了计算机中具体的某个程序，遇到这种情况，我们可以给程序分配一个端口号，通过 IP 地址加端口号的方式就可以进行精确定位了。如果把计算机 IP 地址看成一个小区的地址，端口号就是住户具体的门牌号，外人想要进行访问就必须知道 IP 地址和端口号，这便是端口存在的意义。

Linux 操作系统可以看成一个超大的小区，里面有 65536 个端口，而这 6 万多个端

口可以分为 3 类进行使用，分别是公认端口、注册端口和动态端口。公认端口占用 0～
1023 位置，通常预留给一些系统内置或知名程序使用，如 SSH 服务的 22 端口、HTTPS
服务的 443 端口，非特殊需要不要占用这个范围的端口。注册端口占用 1024～49151 位
置，通常可以随意使用，用于松散地绑定一些程序或者服务。动态端口占用 49152～65535
位置，通常不会固定绑定程序，而是当程序对外进行网络连接时临时使用。

在 Linux 中，可以使用 nmap 命令查看当前系统的端口占用情况。安装 nmap 的命
令如下。

```
yum -y install nmap
```

nmap 命令的语法如下。

```
nmap <target ip address>
```

示例如下。

```
[tmy@centos ~]$ nmap 127.0.0.1

Starting Nmap 6.40 ( http://****.org ) at 2022-11-11 20:43 CST
Nmap scan report for localhost (127.0.0.1)
Host is up (0.00049s latency).
Not shown: 997 closed ports
PORT    STATE SERVICE
22/tcp  open  ssh
25/tcp  open  smtp
631/tcp open  ipp

Nmap done: 1 IP address (1 host up) scanned in 0.04 seconds
```

127.0.0.1 代表本机 IP 地址，可以看出本机 IP 占用了 22、25 和 631 端口。

除此之外，通过 netstat 命令，也可以查看指定端口的占用情况。安装 netstat 的命
令如下。

```
yum -y install net-tools
```

netstat 命令的语法如下。

```
netstat [-acCeFghilMnNoprstuvVwx][-A<网络类型>][--ip]
```

参数说明如下。

```
-a 或--all 显示所有连线中的 Socket。
-A<网络类型>或 -<网络类型> 列出该网络类型连线中的相关地址。
-c 或--continuous 持续列出网络状态。
-C 或--cache 显示路由器配置的快取信息。
-e 或--extend 显示网络的其他相关信息。
-F 或--fib 显示 FIB。
-g 或--groups 显示多重广播功能群组的组员名单。
-h 或--help 显示在线帮助信息。
-i 或--interfaces 显示网络界面信息表单。
-l 或--listening 显示监控中的服务器的 Socket。
-M 或--masquerade 显示伪装的网络连线。
-n 或--numeric 直接使用 IP 地址，而不通过域名服务器。
-N 或--netlink 或--symbolic 显示网络硬件外围设备的符号连接名称。
-o 或--timers 显示计时器。
```

```
-p 或 - programs 显示正在使用 Socket 的程序识别码和程序名称。
-r 或 - route 显示 Routing Table。
-s 或 - statistics 显示网络工作信息统计表。
-t 或 - tcp 显示 TCP 传输协议的连线状况。
-u 或 - udp 显示 UDP 传输协议的连线状况。
-v 或 - verbose 显示指令执行过程。
-V 或 - version 显示版本信息。
-w 或 - raw 显示 RAW 传输协议的连线状况。
-x 或 - unix 此参数的效果和指定 "-A unix" 参数相同。
- ip 或 - inet 此参数的效果和指定 "-A inet" 参数相同。
```

示例如下。

```
[root@centos ~]# netstat -ntulp |grep 22
tcp    0      0 192.168.122.1:53     0.0.0.0:*      LISTEN    1839/dnsmasq
tcp    0      0 0.0.0.0:22           0.0.0.0:*      LISTEN    1145/sshd
tcp6   0      0 :::22                :::*           LISTEN    1145/sshd
udp    0      0 192.168.122.1:53     0.0.0.0:*                1839/dnsmasq
```

此命令为查看 22 端口的使用情况，0.0.0.0 代表本机的 IP 地址，从 0.0.0.0:22 和 1145/sshd 可以看到，代表本机的 22 端口和 1145 号进程绑定了，状态为 LISTEN（监听）。

端口并不是独立存在的，它是依附于进程的。某个进程开启，那么相应的端口也开启了；进程关闭，则相应端口也会关闭。下次若再次开启某个进程，则相应的端口也会再次开启。

2.4.5 系统日志

Linux 系统以及运行在其上的应用程序都会产生日志，这些日志记录了程序的运行状态，包括各种错误信息、警告信息和其他的提示信息。当系统发生故障时，可以通过系统日志快速定位故障发生的位置和原因。另外查看日志还可以发现一些潜在的威胁，如试图破解登录口令的动作。

通常 Linux 的日志文件存放在/var/log 目录下，如/var/log/boot.log 日志文件记录了系统启动和重启的信息，/var/log/messages 日志文件中是整体系统信息的汇总。常见的日志文件如表 2-7 所示。

表 2-7 常见的日志文件

日志文件	说明
/var/log/dmesg	记录系统启动时的硬件信息
/var/log/boot.log	记录系统启动和重启的信息
/var/log/cron	记录与 cron 服务有关的信息
/var/log/maillog	记录电子邮件服务的日志信息
/var/log/messages	记录系统整体信息，包含系统启动信息和 cron、mail 等服务的信息

续表

日志文件	说明
/var/log/firewalld	记录防火墙的运行信息
/var/log/lastlog	记录所有用户的最近信息
/var/log/secure	记录登录验证和授权方面的信息

下面以/var/log/secure 日志文件为例，介绍如何通过查看日志文件排查系统问题。
/var/log/secure 日志文件记录了所有登录验证信息，如果有人试图通过 SSH 远程登录系统，就会在日志中留下记录。使用 grep "sshd" /var/log/secure | grep "Failed"命令可以输出/var/log/secure 日志文件中所有 SSH 登录失败的记录，如下所示。关于 grep 和管道的知识会在后续的内容中详细介绍。

```
[root@localhost log]# grep "sshd" /var/log/secure | grep "Failed"
  Nov 30 01:34:11 localhost sshd[38520]: Failed password for root from ::1 port
50141 ssh2
  Nov 30 01:34:15 localhost sshd[38520]: Failed password for root from ::1 port
50141 ssh2
  Nov 30 01:34:18 localhost sshd[38520]: Failed password for root from ::1 port
50141 ssh2
  Nov 30 01:34:24 localhost sshd[38538]: Failed password for root from ::1 port
50142 ssh2
  Nov 30 01:34:27 localhost sshd[38538]: Failed password for root from ::1 port
50142 ssh2
  Nov 30 01:34:31 localhost sshd[38538]: Failed password for root from ::1 port
50142 ssh2
  Nov 30 01:34:36 localhost sshd[38548]: Failed password for root from ::1 port
50143 ssh2
  Nov 30 01:34:39 localhost sshd[38548]: Failed password for root from ::1 port
50143 ssh2
  Nov 30 01:34:42 localhost sshd[38548]: Failed password for root from ::1 port
50143 ssh2
  Nov 30 01:36:33 localhost sshd[38584]: Failed password for user from ::1 port
50144 ssh2
  Nov 30 01:36:36 localhost sshd[38584]: Failed password for user from ::1 port
50144 ssh2
  Nov 30 01:36:43 localhost sshd[38584]: Failed password for user from ::1 port
50144 ssh2
```

从以上信息可以看出，在 root 和 user 用户上有多条失败的登录记录，原因都是登录密码错误，这种情况极有可能是有人试图破解登录密码。因为以上是在本机上的一个测试例子，所以来源 IP 地址显示的都是 "::1"，在实际情况中可通过此处的 IP 地址定位入侵者。

进一步，还可以通过以下命令统计登录失败次数最多的用户，从而发现那些最容易被攻击的高危用户。

```
[root@localhost log]# grep "sshd" /var/log/secure | grep "Failed" | cut -d
' ' -f 9 | sort | uniq -c | sort -nr
     9 root
     3 user
```

习　题

1．Linux在虚拟机内的安装和在生产实践中的安装各有什么优点？

2．与Linux进行交互有哪两种方法？它们各自有什么特点？

3．Linux命令由哪几部分组成？使用一个具体的命令介绍各部分的含义。

4．浏览表2-5中配置文件的内容，试着修改相关配置文件，满足下面的要求，并说明具体的修改内容。

（1）主机名为：centos。

（2）IP地址为：192.168.1.100。

（3）子网掩码为：255.255.255.254。

（4）网关为：192.168.1.1。

03 第 3 章 Linux 文件系统 与磁盘管理

　　文件管理是学习和使用 Linux 的基础，也是 Linux 系统管理中的重要部分；磁盘作为存储数据的重要载体，在如今日渐庞大的软件资源面前显得格外重要。本章将详细介绍 Linux 目录与文件的基本知识以及文件管理操作中的一些重要或者常见的命令，并简单介绍 Linux 文件系统的概念以及磁盘管理的基本方法。

3.1 Linux文件系统简介

理解 Linux "一切都是文件"的特点

Linux 文件系统（File System）是 Linux 系统的核心模块。在 Linux 中，任何软件和 I/O 设备都被视为文件。和 Windows 不同，Linux 中的文件名要区分大小写，所有 UNIX 系列操作系统都遵循这个规则。Linux 中没有盘符的概念（如 Windows 下的 C 盘、D 盘等），只有目录，不同的硬盘分区被挂载在不同的目录下。使用文件系统，用户可以很好地管理各种文件及目录资源。

3.1.1 Linux目录结构

Linux 目录结构

在计算机系统中存在大量的文件，有效地组织与管理它们并为用户提供一个使用方便的接口是文件系统的主要任务。Linux 系统以文件目录的方式组织和管理所有文件。

所谓文件目录，就是采用树形结构将所有文件的说明信息组织起来。整个文件系统有一个"根（root）"，然后在根上分"权（directory）"，任何一个分权上都可以再分权，权上也可以长出"叶子"。"根"和"权"在 Linux 中被称为"目录"或者"文件夹"，而"叶子"则是文件。这种结构的文件系统工作效率高，现代操作系统基本都采用这种结构。

Linux 系统通过目录将所有文件分级、分层组织在一起，形成了 Linux 文件系统的树形层次结构。以根目录为起点，所有其他的目录都由根目录派生而来，用户浏览系统时可进入任何一个有权限访问的目录以访问其中的文件。

通常 Linux 系统在安装后都会默认创建一些系统目录，以存放和整个操作系统相关的文件。Linux 系统的树状目录结构如图 3-1 所示。

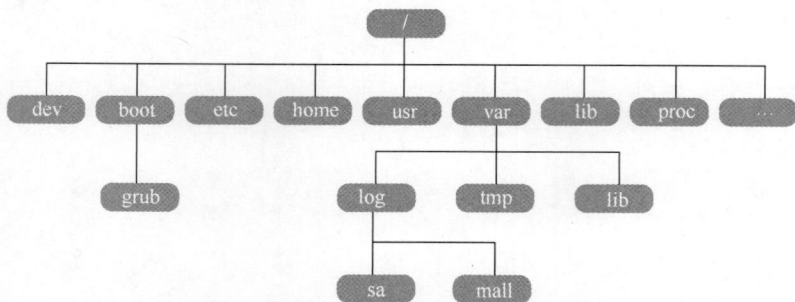

图3-1 Linux系统的树状目录结构

系统目录及其说明如下。

1. /

根目录 root 即超级用户的主目录。它位于 Linux 文件系统目录结构的顶层，是整个系统中最重要的目录，因为所有的目录都由根目录衍生出来，它是 Linux 文件系统的入口，是最高级的目录。

2. /dev

/dev 是 device 的缩写，这个目录下保存了所有的设备文件，用户可以通过这些文件访问外部设备，如 sda 文件表示硬盘设备。并且该目录下有一些由 Linux 内核创建的用来控制硬件设备的特殊文件。

3. /boot

/boot 叫作引导目录，主要放置开机时会使用到的文件，即该目录下存放了系统的内核文件和引导装载程序的文件。例如，Linux 系统中非常重要的 vmlinux 文件就放在该目录下。

4. /etc

/etc 目录中保存了绝大部分的系统配置文件，这些文件基本都是纯文本的，一般以扩展名.conf 或.cnf 结尾，如 passwd、inittab、group 等。下面列举其中一些重要的子目录。

（1）/etc/X11：这里存放 X 窗口系统（Linux 中的图形用户界面系统）需要的配置文件。例如，/etc/X11/fontpath.d 中存放了服务器需要的字体，以及窗口管理器的配置文件。

（2）/etc/init.d：这个目录中保存着启动描述文件，包括各种模块和服务的加载描述。这里存放的文件都是系统自动配置的，不需要用户配置。

（3）/etc/rc0.d-/etc/rc6.d：这里存放一些链接文件，这些文件只会在指定的 runlevel 下运行相应的描述。0 表示关机，6 表示重启，所有以 K 开头的文件都表示关闭，所有以 S 开头的文件都表示重启。

5. /home

/home 目录又叫家目录，即用户的主目录。每一个用户都有一个文件夹，用于保存该用户的私有数据。默认情况下，除 root 外的用户目录都会放在这个目录下。在 Linux 下，用户可以通过#cd~来切换至自己的目录。

6. /usr

该目录是系统存放程序的目录，空间比较大。例如，/usr/src 中存放着 Linux 内核的源代码，/usr/include 中存放着 Linux 下开发和编译应用程序需要的头文件。这个目录下有很多文件和子目录，当我们安装一个 Linux 官方提供的发行版本的软件包时，大多数文件都安装在这里。下面列举其中一些重要的子目录。

（1）/usr/bin：存放二进制可执行文件的目录，这里存放着绝大部分的应用程序。

（2）/usr/etc：存放一些安装软件时的配置文件，一般为空。

（3）/usr/games：存放游戏程序和相应的数据。

（4）/usr/include：这个目录保存着 C 和 C++语言开发工具的头文件。

（5）/usr/lib：存放所有可执行文件所需的库文件，启动时用不到的库文件都会放在这里。

（6）/usr/libexec：存放系统库文件。

（7）/usr/local：存放本地计算机增加的应用程序，在用户进行远程访问时特别有意义。这个目录在有些 Linux 系统下是一个单独的分区，存放这台计算机所属用户的文件，其结构和/usr 相同。

（8）/usr/sbin：存放系统管理程序。

（9）/usr/share：存放各种共享文件。

（10）/usr/src：存放源代码文件。

7. /var

该目录用于存放系统产生的文件，其中的内容经常变化。例如，/var/tmp 就是用来存储临时文件的。还有很多其他的进程和模块把它们的记录文件也放在这个目录中，它包括如下一些重要的子目录。

（1）/var/log：存放绝大部分的日志信息，随着时间的增加，这个目录中的文件会变得很庞大，所以要定期清理。

（2）/var/run：包括各种运行时的信息。

（3）/var/lib：包括系统运行时需要的一些文件。

（4）/var/spool：邮件、新闻、打印序列的所在位置。

8. /lib

/lib 是 library 的缩写，启动时需要用到的库文件都放在该目录下，相当于 Windows 中的.dll 文件。非启动用的库文件放在/usr/lib 目录下。内核模块是放在/lib/modules（内核版本）下的。

9. /proc

这个目录在磁盘中是不存在的，它是存放在内存中的一个虚拟的文件夹，是启动 Linux 系统时创建的，里面的文件都是关于当前系统的实时状态信息，包括正在运行的进程、硬件状态、内存使用信息等。

10. /tmp

/tmp 是临时文件目录，用户运行程序时，通常会产生临时文件。因为/tmp 会自动删除文件，所以有用的文件不要放在该目录下。/var/tmp 目录和/tmp 目录作用相似。

11. /mnt

该目录一般用于存放挂载存储设备的挂载目录（一个分区挂载在一个已存在的目录上，这个目录可以不为空，但挂载后，这个目录中以前的内容将不可用），它是安装软盘、光盘、U 盘的挂载点（挂载点实际上就是 Linux 中的磁盘文件系统的入口目录，类似于 Windows 中的用来访问不同分区的 C、D、E 等盘符）。/media 是自动挂载，与/mnt 相同，但有些 Linux 系统中没有/media 目录，而所有 Linux 系统中都有/mnt 目录。

12. /bin

/bin 是 binary 的缩写，二进制文件，即可执行程序。/bin 目录中保存的是 Linux 系统所需的最基础、最常用的命令，如 ls、cp、mkdir 等命令，其功能和/usr/bin 类似。这个目录中的文件都是可执行的，并且是普通用户都可以使用的命令。

13. /sbin

/sbin 是 super binary 的缩写，存放的大多是涉及系统管理的命令，但只有超级用户 root 才可以使用，普通用户无权执行这个目录下的命令。这个目录和/usr/sbin、

/usr/lib/debug/sbin 和/usr/local/sbin 目录相似。

3.1.2　Linux文件类型

因为 Linux 的文件没有扩展名,所以 Linux 下的文件名称和它的种类没有任何关系。例如，abc.exe 可以是文本文件，而 abc.txt 也可以是可执行文件。Linux 中常用的文件类型有 5 种：普通文件、目录文件、链接文件、设备文件和管道文件。

1.　普通文件

一般来说，Linux 的普通文件是指以字节为单位的数据流类型文件，它是最常用的一类文件，其特点是不包含文件系统的结构信息。通常用户接触到的文件，如图形文件、数据文件、文档文件、声音文件等都属于普通文件。这种类型的文件按内部结构又可细分为文本文件和二进制文件。

2.　目录文件

目录文件不存放常规数据，它是用来组织、访问其他文件的。它是内核组织文件系统的基本节点。目录文件可以包含下一级目录文件或普通文件。在 Linux 中，目录文件是一种文件，与其他操作系统中"目录"的概念不同，它是 Linux 文件中的一种。

3.　链接文件

链接文件是一种特殊的文件，指向一个真实存在的文件链接，类似于 Windows 下的快捷方式。根据链接的文件不同，又可以将其细分为硬链接（Hard Link）文件和符号链接（Symbolic Link，又称为软链接）文件。

4.　设备文件

设备文件是 Linux 中最特殊的文件，由于它的存在，Linux 系统可以十分方便地访问外部设备。Linux 系统为外部设备提供了一种标准接口，将外部设备视为一种特殊的文件，所以 Linux 系统可以很方便地适应不断变化的外部设备。用户可以像访问普通文件一样访问任何外部设备。通常 Linux 系统将设备文件放在/dev 目录下，设备文件使用设备的主设备号和次设备号来指定某外部设备。根据访问数据方式的不同，设备文件又可以分为块设备文件和字符设备文件。

5.　管道文件

管道文件是一种很特殊的文件，主要用于不同进程的信息传递。当两个进程间需要传递数据或信息时，可以使用管道文件。一个进程将需传递的数据或信息写入管道的一端，另一个进程则从管道的另一端取得所需的数据或信息。

3.1.3　Linux文件系统结构

Linux 文件系统是一个倒立的单根树状结构。在 Linux 系统中，任何软件和 I/O 设备都被视为文件，所有的文件及文件夹都存在于根目录 root 下，如图 3-2 所示。几乎所有的类 Linux 系统都是这样类似的结构。在 Linux 系统中,路径使用"/"分隔,而在 Windows 系统中，路径使用"\"分隔。Linux 中没有盘符的概念，不同的硬盘分区被挂载在不同目录下。

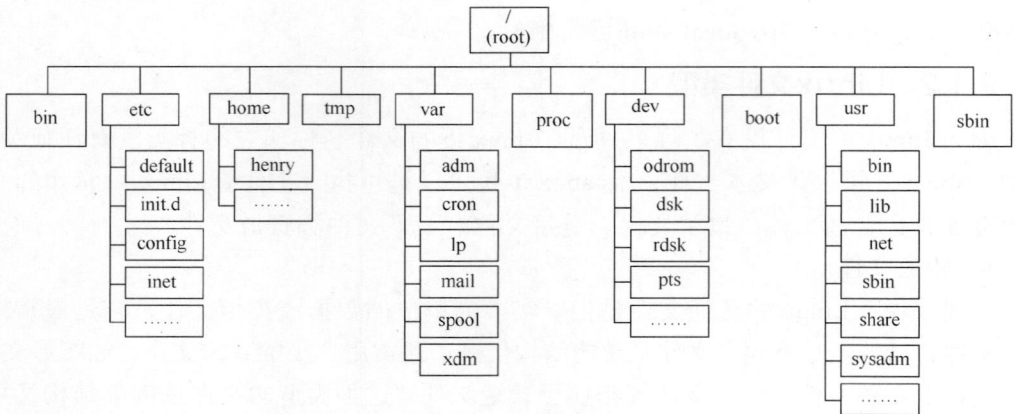

图3-2　Linux文件系统结构

为了理解 Linux 文件系统结构，需要掌握以下几个概念。

1. 当前工作目录

在 Linux 文件系统中，每一个 Shell 或系统进程都有一个当前工作目录，使用 pwd 命令可以显示当前的工作目录。

Linux 中用 pwd 命令来查看"当前工作目录"的完整路径。简单地说，每当在终端进行操作时，都会有一个当前工作目录，而使用 pwd 命令可以确定当前工作目录在文件系统内的确切位置。

pwd 命令的格式为：pwd [option]。

其中，option 选项可以省略，常用的 option 选项如表 3-1 所示。

表 3-1　pwd 命令中常用的 option 选项

选项	功能描述
-help	获取在线帮助
-version	显示版本信息

例如，user 用户查看当前工作目录。

```
[user@localhost ~]$ pwd
/home/user
```

2. 文件名称

Linux 文件名称最多可使用 255 个字符，除了"／"，都是有效字符，如可用 A～Z、a～z、0～9 等字符来命名，建议文件名称最好能体现文件的功能。和 Windows 系统不同，Linux 文件系统严格区分大小写。例如，在 Linux 文件系统中，Xuekw 文件与 xuekw 文件是两个不同的文件，但在 Windows 系统中这两个文件是同一个文件。以"."开头的文件是隐藏文件。注意：在 Linux 文件系统中，文件和文件夹是没有区别的，统称为文件。

3. 绝对路径与相对路径

到达一个文件或者目录有两种方式：绝对路径和相对路径。这是 Linux 文件系统管理中很重要的概念。绝对路径是以根目录"／"开始，递归每级目录直到目标路径；相对路径是以当前目录为起点，到达目标路径。从以上定义可以看出，绝对路径不受当前所在目录的限制，而相对路径受当前所在目录的限制。为了理解以上概念，举例如图 3-3 所示，当前目录在 linuxcast 下，要切换到 sa 目录下。如果采用绝对路径，其格式应为：/var/log/sa。如果采用相对路径，其格式应为：../../var/log/sa。"../"表示当前目录所在目录的上一级目录，"../../"表示当前目录所在目录的上上级目录，以此类推；而"."代表当前的目录，也可以使用"./"来表示。"."和".."只会出现在相对路径中。

> 注意　　绝对路径不管当前在哪一个目录下，切换到某个确定目录的格式是一样的；而相对路径在不同的当前目录下，格式不一样。一般在编写程序或脚本时，使用绝对路径。

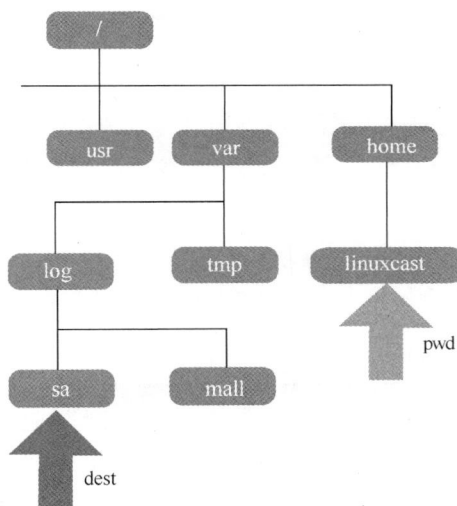

图3-3　绝对路径与相对路径举例

3.2　文件与目录的基本操作

在 Linux 系统中，文件与目录的操作是最基本、最重要的。在 Linux 系统中要习惯使用命令行完成各种操作，这和图形界面的操作有很大的区别。本节主要讲解通过命令行管理文件系统的一些基本操作。

文件与目录的基本操作

3.2.1　工作目录与目录的切换

Linux 系统使用 cd（change directory）命令来切换工作目录，作用是改变当前工作目录。

cd 命令的格式为：cd [directory]。

该命令将当前目录改变为 directory 指定的目录。若没有指定 directory，则回到用户的主目录，"~"是 home 目录的意思。主目录是当前用户的 home 目录，是添加用户时指定的。一般用户默认的 home 目录是/home/xxx（xxx 是用户名），root 用户的默认 home 目录是/root。

要切换到指定目录，用户必须拥有对指定目录的执行和读权限。此外，cd 命令可以使用通配符。

例如，假设用户当前的目录是/root/working，要切换到/user/src 目录下，可使用如下命令。

```
[root@localhost working]# cd /user/src
```

若在 user 目录下有子目录 abc，要切换到/user/abc 目录中，可采用更改相对路径的方法，命令如下。

```
[root@localhost working]# cd ../abc
```

跳到自己的 home 目录。

```
[root@localhost working]# cd ~
```

3.2.2　ls命令

ls（list）命令是用户常用的命令之一。对于目录，ls 命令输出该目录下的所有子目录与文件；对于文件，ls 命令输出其名称以及要求的其他信息。该命令类似于 DOS（Disk Operating System，磁盘操作系统）下的 dir 命令。默认情况下，输出条目按字母顺序排列。

ls 命令的格式为：ls [option] [name]。

其中，option 选项可以省略，常用的 option 选项如表 3-2 所示。

表 3-2　ls 命令中常用的 option 选项

选项	功能描述
-a	显示指定目录下的所有子目录与文件，包括隐藏文件
-A	显示指定目录下的所有子目录与文件，包括隐藏文件，但不列出"."和".."
-d	列出目录文件本身的状态，而不列出目录下包括的文件内容。常与-l 选项联用，以得到目录的详细信息
-l	以长格式显示文件的详细信息。这个选项最为常用，每行列出的信息：文件类型与权限、链接数、文件属主（属主就是所属的主人，即 owner）、文件属组（属组就是 owner 所在的 group）、文件大小、建立或最近修改的时间
-L	若指定的名称为一个符号链接文件，则显示链接指向的文件
-n	输出格式与-l 选项相同，只不过在输出中文件属主和属组是用相应的 uid 和 gid 来表示，而不是实际的名称
-R	递归地列出其中包含的子目录中的文件信息及内容

例如，当前目录为/usr，显示该目录下的所有子目录与文件，命令如下。

```
[user@localhost usr]$ ls -A
bin  etc  games  include  lib  lib64  libexec  local  sbin  share  src  tmp
```

再列出某个目录的内容，如/usr/lib。

```
[user@localhost usr]$ ls -A /usr/lib
alsa        gcc         jvm           lsb              sse2
binfmt.d    gems        jvm-commmon   modprobe.d       sysctl.d
cpp         grub        jvm-exports   modules          systemd
crda        hsqldb      jvm-private   modules-load.d   tmpfiles.d
cups        java        kbd           mozilla          tuned
debug       java-1.5.0  kde3          polkit-1         udev
dracut      java-1.6.0  kde4          python2.7        udisks2
firewalld   java-1.7.0  kdump         rpm              x86_64-redhat-linux6E
firmware    java-1.8.0  kernel        sendmail         yum-plugins
games       java-ext    locale        sendmail.postfix
```

用长格式显示/usr/lib 目录下所有的文件，包括隐藏文件，如下所示。

```
[user@localhost usr]$ ls -la /usr/lib
total 64
dr-xr-xr-x. 48 root root 4096 December 12 20:46 .
drwxr-xr-x. 13 root root 4096 December 12 20:20 ..
drwxr-xr-x.  3 root root   17 December 12 20:32 alsa
drwxr-xr-x.  2 root root    6 November  20 2015 binfmt.d
lrwxrwxrwx.  1 root root   10 December 12 20:28 cpp -> ../bin/cpp
drwxr-xr-x.  3 root root   41 December 12 20:46 crda
drwxr-xr-x.  9 root root  102 December 12 20:36 cups
drwxr-xr-x.  3 root root   59 August   12 2015 debug
drwxr-xr-x.  4 root root 4096 December 12 20:30 dracut
drwxr-x---.  6 root root   65 December 12 20:31 firewalld
drwxr-xr-x. 72 root root 8192 December 12 20:50 firmware
dr-xr-xr-x.  2 root root    6 August   12 2015 games
drwxr-xr-x.  3 root root   32 1November 19 2015 gcc
```

3.2.3　目录的创建和删除

下面介绍 Linux 系统中的目录创建与删除命令。

1. mkdir 命令

创建目录需要使用 mkdir 命令。

mkdir 命令的格式为：mkdir [option] dirname。

其中，option 选项可以省略，常用的 option 选项如表 3-3 所示；dirname 是要创建的目录名称。

表 3-3　mkdir 命令中常用的 option 选项

选项	功能描述
-m	对新建目录设置存取权限，也可以用 chmod 命令设置
-p	创建一个完整的目录结构，即使用-p 选项时，可在指定的目录下逐级创建目录

例如，在用户目录下创建 a 和 a 下的 b 目录，也就是连续创建两个目录，指定权限为 700，命令如下。

```
[user@localhost ~]$ mkdir -p -m 700 ./a/b/
```

该命令的执行结果是在当前目录中创建嵌套的目录层次 a/b，如图 3-4 和图 3-5 所示。

图3-4　创建的目录a

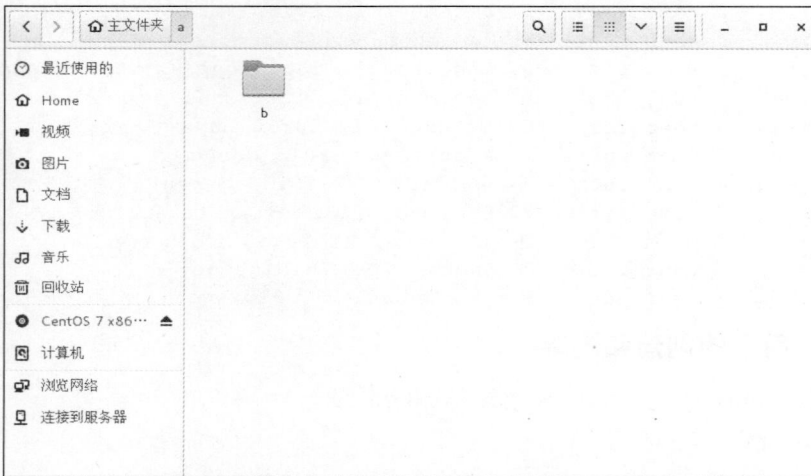

图3-5　目录a中嵌套的目录b

2. rmdir 命令

rmdir 命令只能用来删除空目录，若目录中存在文件，就要使用 rm 命令删除文件后再删除目录，后面会详细介绍 rm 命令。

rmdir 命令的格式为：rmdir [option] dirname。

其中，option 选项可以省略，常用的 option 选项如表 3-4 所示；dirname 表示目录名。

表 3-4　rmdir 命令中常用的 option 选项

选项	功能描述
-P	删除指定目录中的所有目录，这些目录都应该是空目录
-i	在删除过程中，以询问的方式完成删除操作

rmdir 命令可以从一个目录中删除一个或多个子目录。

例如，要将/a/b 目录删除，命令如下。

```
[user@localhost ~]$ rmdir -p /a/b/
```

3.2.4 文件的创建、复制、移动和删除命令

文件的创建、复制、移动和删除命令在 Linux 系统中使用得相当频繁，下面详细介绍这些命令的用法。

1. touch 命令

touch 命令有两个功能：一是把已存在文件的时间标签更新为系统当前的时间（默认方式），它们的数据将原封不动地保留下来；二是创建新的空文件。

touch 命令的格式为：touch [option] filename。

其中，option 选项可以省略，常用的 option 选项如表 3-5 所示；filename 是将要创建的文件的名称。

表 3-5 touch 命令中常用的 option 选项

选项	功能描述
-a	只更新访问时间，不改变修改时间
-c	假如目的文件不存在，不会建立新的文件。与--no-create 的效果一样
-m	只更新修改时间，不改变访问时间
-r	把指定文件或目录的日期时间，都设成与参考文件或目录的日期时间相同
-t	将时间修改为参数指定的日期，如 07081556 代表 7 月 8 号 15 时 56 分

例如，在 usr 目录下创建一个名为 file 的空文件（需要具有 root 权限）。

```
[root@localhost usr]# touch file
```

创建成功后，在 usr 目录下会出现一个名为 file 的空文件，如图 3-6 所示。

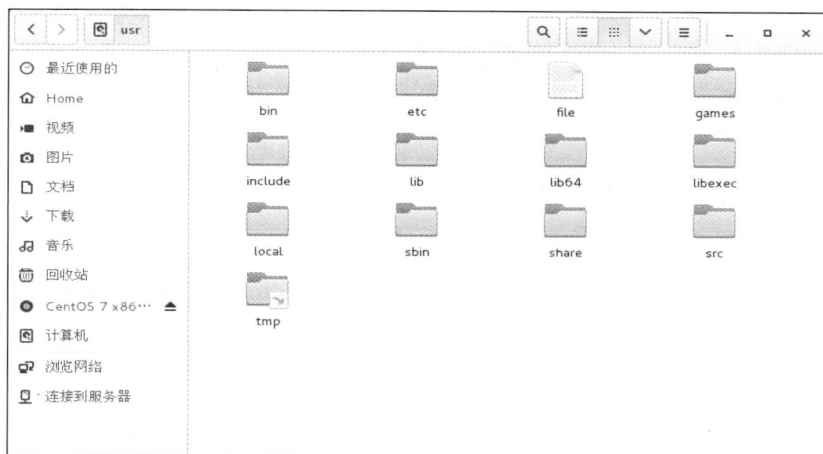

图3-6 创建的文件file

2. cp 命令

该命令的功能是把指定的文件或目录复制到另一文件或目录中，就像 DOS 下的 copy 命令一样。

cp 命令的格式为：cp [option] source dest。

其中，option 选项可以省略，常用的 option 选项如表 3-6 所示；source 表示需要复制的文件，dest 表示需要复制到的目录。

表 3-6　cp 命令中常用的 option 选项

选项	功能描述
-a	通常在复制目录时使用，将保留链接、文件属性，并递归地复制目录
-d	复制时保留链接
-f	删除已经存在的目标文件而不提示
-i	与-f作用相反，在覆盖目标文件之前会给出提示并要求用户确认，用户回答 y 后目标文件才被覆盖，是交互式复制
-p	此时除了复制源文件的内容外，还将把其修改时间和访问权限也复制到新文件中
-r	若给出的源文件是一个目录文件，将递归复制该目录下的所有子目录和文件。此时目标文件必须为一个目录名
-l	不复制，仅链接文件

例如，将 exam.c 复制到/usr/xue 目录下，并改名为 exam1.c。
```
[root@localhost ~]# cp - i exam.c /usr/xue/exam1.c
```
若不希望重新命名，可以使用下面的命令。
```
[root@localhost ~]# cp exam.c /usr/xue
```

3. mv 命令

用户可以使用 mv 命令为文件或目录改名或者将文件由一个目录移动到另一个目录中。该命令类似于 DOS 下的 ren 和 move 命令的组合。

mv 命令的格式为：mv [option] source dest。

根据 mv 命令中第二个参数类型的不同（是目标文件还是目标目录），mv 命令会将文件重命名或将其移至一个新的目录中。当第二个参数是文件类型时，mv 命令完成文件的重命名，此时，源文件只能有一个（也可以是源目录名），它将所给的源文件或目录重命名为给定的目标文件名。当第二个参数是已存在的目录名称时，源文件或目录参数可以有多个，mv 命令将各参数指定的源文件均移至目标目录中。在跨文件系统移动文件时，mv 命令先复制，再将原有文件删除，而链接该文件的链接也将失效。option 选项可以省略，常用的 option 选项如表 3-7 所示。

表 3-7　mv 命令中常用的 option 选项

选项	功能描述
-i	交互式操作。若 mv 操作将覆盖已经存在的目标文件，系统会询问是否重写，要求用户回答 y 或者 n，这样可以避免误覆盖文件
-f	禁止交互操作。在 mv 操作要覆盖某已有的目标文件时不给任何提示，指定此选项后，-i 选项将不再起作用。如果所给目标文件（不是目录）已存在，那么该文件的内容将被新文件覆盖

例如，将/usr/test中的所有文件移动到当前目录中，当前目录用"."表示，命令如下。

```
[user@localhost ~]$ # mv /usr/test/* .
```

将文件 test.txt 重命名为 mv.doc。

```
[user@localhost ~]$ # mv test.txt mv.doc
```

4. rm 命令

在 Linux 系统中，可以使用 rm 命令将无用文件删除。该命令的功能是删除一个目录中的一个或者多个文件，也可以将某个目录及其下的所有文件与子目录全部删除。对于链接文件，只是删除了链接，原有文件均保持不变。

rm 命令的格式为：rm [option] filename。

其中，option 选项可以省略，常用的 option 选项如表 3-8 所示。

表 3-8 rm 命令中常用的 option 选项

选项	功能描述
-f	忽略不存在的文件，不给出提示
-r	将列出的全部目录和子目录均递归地删除，若未使用-r 选项，则 rm 不会删除目录
-i	进行交互式删除

例如，用户想要删除 usr 目录下的文件 a 和 b。系统会要求对每个文件进行确认，用户最终决定保留 a 文件，删除 b 文件，命令如下。

```
[root@localhost usr]# rm -i a b
Remove "a"? n
Remove "b"? y
```

3.2.5 其他操作

下面介绍 Linux 系统中常用的其他操作命令。

1. sort 命令

该命令的功能是对文件中的各行进行排序，它有许多实用的选项，最初是用来对数据库格式的文件内容进行各种排序操作的。sort 将文件的每一行作为一个单位，相互比较，比较原则是从首字符向后，依次按 ASCII 值进行比较，最后将它们按升序输出。

sort 命令的格式为：sort [option] filename。

其中，option 选项可以省略，常用的 option 选项如表 3-9 所示；filename 是操作对象的文件名称。

表 3-9 sort 命令中常用的 option 选项

选项	功能描述
-m	若给定文件已排好序，则合并文件
-c	检查给定文件是否已排好序，若它们没有排好序，则输出出错信息，并以状态值 1 退出

续表

选项	功能描述
-u	排序后若遇到内容相同的行则只保留其中一行
-f	将小写字母与大写字母同等对待
-o	默认情况下，它将排序的结果输出到标准输出设备上（通常是终端屏幕）。如果-o 选项中有文件名，sort 命令会将排序的结果写入该文件，而不会在终端屏幕上显示排序后的内容
-I	忽略非打印字符
-M	将前面 3 个字母依照月份的缩写进行排序
-r	以相反的顺序来排序
+pos1 -pos2	指定一个或几个字段作为排序关键词，字段位置从 pos1 开始，到 pos2 为止（包括 pos1，不包括 pos2）。若不指定 pos2，则关键词为从 pos1 到行尾。字段和字符的位置从 0 开始
-b	忽略每行开始处的空格字符

例如，先在桌面创建一个名为 list 的文本文件，将 4 个值 fresh milk、vegetable soup、metamorphic fruit、fresh vegetable 写入其中，然后用 sort 命令对 list 文件中的各行排序，再输出排序结果。

```
[user@localhost desktop]$ cat list.text          //查看未排序前原文件中的内容
fresh milk
vegetable soup
metamorphic fruit
fresh vegetable
[user@localhost desktop]$ sort list.text          //对该文件的内容进行排序
fresh milk
fresh vegetable
metamorphic fruit
vegetable soup
```

接着，用户可以保存排序后的文件内容，或者把排序后的文件内容输出。例如，把排序后的文件内容保存到名为 result 的文件中。

```
[user@localhost desktop]$ sort list.text>result
```

最后，以第二个字段作为关键词对文件 example 的内容进行排序。

```
[user@localhost desktop]$ sort +1-2 example
```

2. cat 命令

该命令的主要功能是显示文件内容，依次读取其后所指文件的内容并将其输出到标准输出设备上。另外，该命令还能够用来连接两个或者多个文件，形成新文件。

cat 命令的格式为：cat [option] filename。

其中，option 选项可以省略，常用的 option 选项如表 3-10 所示；filename 是操作对象的文件名称。

表 3-10 cat 命令中常用的 option 选项

选项	功能描述
-v	用一种特殊形式显示控制字符，'\n'与'\t'除外
-T	将 Tab 显示为 "^I"。该选项要与-v 选项一起使用。即如果没有使用-v 选项，则这个选项将被忽略
-E	在每行的末尾显示一个 "$" 符号。该选项必须与-v 一起使用
-u	输出不经过缓冲区
-A	等同于-vET
-t	等同于-vT
-e	等同于-vE

例如，在屏幕上显示 list.text 文件的内容。

```
[user@localhost ~]$ cat list.text
```

屏幕上显示 list.text 文件的内容，如果文件中含有特殊字符，就一起显示在屏幕上。

```
[user@localhost ~]$ cat - A list.text
```

然后把文件 test1 与文件 test2 的内容合并起来，放入文件 test3 中。

```
[user@localhost ~]$ cat test1 test2 > test3
```

接着显示合并后的 test3 的内容。

```
[user@localhost ~]$ cat test3
```

3. more 命令

在查看文件的过程中，由于有些文件的文本内容太多，文本在屏幕上一闪而过，用户来不及看清其内容。为了看清内容，可以使用 more 命令一次只显示一屏文本，并在终端底部显示 "--more--"，系统还将同时显示已显示文本占全部文本的百分比。如果要继续显示，可以按 Enter 键或空格键。

more 命令的格式为：more [option] filename。

其中，option 选项可以省略，常用的 option 选项如表 3-11 所示；filename 是操作对象的文件名称。

表 3-11 more 命令中常用的 option 选项

选项	功能描述
-p	清空屏幕后再显示内容
-c	与-p 相似，不同的是先显示内容再清除其他旧资料
-d	提示用户，在画面下方显示[Press space to continue, 'q' to quit.]，如果用户按错键，则会显示[Press 'h' for instructions.]
-f	计算实际的行数，而非自动换行后的行数（有些单行字数太多的话会被扩展为两行或两行以上）
-s	如果遇到有连续两行及以上的空白行，就替换为一行空白行

4. info 命令

info 是一种文档格式，可用 info 命令来查看 Linux 系统的 info 文档，它以主题的形式把几个命令组织在一起，以便用户阅读，在主题内以 node（节点）的形式把本主题的几个命令串联在一起。

info 命令的格式为：info [option] filename。

其中，option 选项可以省略，常用的 option 选项如表 3-12 所示；filename 是操作对象的文件名称。

表 3-12　info 命令中常用的 option 选项

选项	功能描述
-d	添加包含 info 格式的帮助文档的目录
-f	指定要读取的 info 格式的帮助文档
-n	指定首先访问的 info 帮助文档的节点
-o	将被选择的节点内容输出到指定文件中

5. file 命令

file 命令用于辨识文件类型。

file 命令的格式为：file [option] filename。

其中，option 选项可以省略，常用的 option 选项如表 3-13 所示；filename 是操作对象的文件名称。

表 3-13　file 命令中常用的 option 选项

选项	功能描述
-b	列出辨识结果时，不显示文件名称
-c	详细显示指令执行过程，便于排错或分析程序执行的情形
-f	用于指定一个文件，其中包含要识别的文件列表，可以一次对多个文件进行类型识别
-L	直接显示符号链接指向的文件的类别
-m	指定魔法数字文件
-v	显示版本信息
-z	尝试解读压缩文件的内容

例如，显示文件 install.log 的类型。

```
[root@localhost ~]# file install.log
install.log: UTF-8 Unicode text
```

3.3　查找文件

文件的查找操作在 Linux 系统中使用得相当频繁，下面详细介绍这些操作的命令。

3.3.1　文件内容查找命令

在介绍文件内容查找命令之前，先简单介绍什么是正则表达式。正则表达式是一种用来描述文本模式的特殊语法。一个正则表达式是由普通字符（如字符 a 到 z）及特殊字符（称为元字符，如"/""*""？"等）组成的文字模式。模式描述了在搜索文本时要匹配的一个或多个字符串。正则表达式作为一个模板，将某个字符模式与搜索的字符串匹配。简单地说，一个正则表达式就是需要匹配的字符串。

文件内容查询命令主要是指 grep、egrep 与 fgrep 命令。这组命令以指定的查找模式搜索文件，通知用户在什么文件中搜索到了与指定模式匹配的字符串，并且输出所有包含该字符串的文本行，该文本行最前面是该行所在的文件的名称。这 3 个命令的含义分别如下。

（1）grep 命令：最早的文本匹配程序，使用 POSIX 定义的基本正则表达式（Basic Regular Expression，BRE）来匹配文本。该命令一次只能搜索一个指定的模式。

（2）egrep 命令：扩展式 grep，使用扩展正则表达式（Extended Regular Expression，ERE）匹配文本。

（3）fgrep 命令：快速 grep，这个版本匹配固定字符串而非正则表达式，是唯一可以并行匹配多个字符串的版本。

这组命令在搜索与定位文件中特定的主题和关键词方面非常有效。总的来说，grep 命令的搜索功能比 fgrep 强大，因为 grep 命令的搜索模式可以是正则表达式，而 fgrep 却不能。

该组命令中的每一个命令都有一组选项，利用这些选项可以改变其输入方式。例如，可以在搜索到的文本行上加入行号、只输出文本行的行号、输出所有与搜索模式不匹配的文本行、只简单地输出已搜索到的指定模式所在的文件，还可以指定在查找模式时忽略大小写。该组命令的常用格式如下。

```
grep  [option] [search pattern] [file1,file2,…]
egrep [option] [search pattern] [file1,file2,…]
fgrep [option] [search pattern] [file1,file2,…]
```

其中，option 选项可以省略，常用的 option 选项如表 3-14 所示；pattern 是为文本指定的匹配模式；file 是操作对象的文件名称，也可以省略。

表 3-14　grep、egrep、fgrep 命令中常用的 option 选项

选项	功能描述
-b	在输出的每一行前显示包含匹配字符串的行在文件中的字节偏移量
-c	只显示匹配行的数量
-i	比较时不区分大小写
-h	在查找多个文件时，用于禁止输出匹配行所在文件的名称
-l	显示首次匹配到的字符串所在的文件并用换行符将它们隔开。当在某文件中多次出现匹配字符串时，不重复显示此文件

续表

选项	功能描述
-n	在输出前加上匹配字符串所在行的行号（文件首行行号为 1）
-v	只显示不包含匹配字符串的行
-x	只显示整行严格匹配的行

使用该组命令时还需注意以下几个方面。

在命令后输入搜索的模式，再输入要搜索的文件。其中，文件名列表中也可以使用特殊字符，如"*"等，用来生成文件名列表。如果想在搜索的模式中包含有空格的字符串，可以用单引号把要搜索的模式引起来，以表明搜索的模式是包含空格的字符串，否则 Shell 将把空格认作命令行参数的定界符；而 grep 命令将把搜索模式中的单词解释为文件名列表中的一部分。

下面给出一些使用 grep 命令的例子，其他两个命令的使用方法与该命令相同。

在文件 abc.h 中搜索字符串"linux file"。

```
[root@localhost user]# grep 'linux file' abc.h
```

搜索出当前目录下所有文件中含有"abc"字符串的行。

```
[root@localhost user]# grep -r 'abc'
```

在.c 文件中搜索包含"stdio.h"头文件的所有文件。

```
[root@localhost user]# grep stdio.h *.c
```

找出 cut_bc 文件中含有"Mary"的行，通过 grep 命令指定字符串"Mary"，并在 cut_bc 文件中进行搜索，输出结果如下。

```
[user@localhost six]$ grep 'Mary' cut_bc
2 Mary:Adams:2980
```

继续引用上面的例子，匹配 cut_bc 文件中含有"Mary"的行并输出行号（因为 cut_bc 文件中的文本本身就存在一个行号，所以在输出结果的开头会有两个 2，行号和搜索到的文本内容以冒号隔开），当数据文件很大时，-n 选项会带来很大的好处。

```
[user@localhost six]$ grep -n 'Mary' cut_bc
2:2 Mary:Adams:2980
```

-v 选项也很常用，它输出不包含指定模式的所有行，如查找出 cut_bc 文件中不含有"Mary"的行。

```
[user@localhost six]$ grep -v 'Mary' cut_bc
1 Tom:Jones:4404
3 Sally:Chang:9999
4 Billy:Black:6666
5 Adson:Blue:7809
```

-c 选项只会输出与指定模式匹配的行的总数，而不会输出其他内容。

```
[user@localhost six]$ grep -c 'Mary' cut_bc
1
```

-l 选项只输出包含指定模式的文件。例如，在 cut_bc、stdout 两个文件中搜索"Mary"字符串，因为 cut_bc 文件中含有该字符串，stdout 文件内不含有该字符串，所以输出结果为"cut_bc"。

```
[user@localhost six]$ grep -l 'Mary' cut_bc stdout
cut_bc
```

仍在 cut_bc 文件中搜索字符串"Mary"，并只输出匹配行的前 10 个字符。这就要用到后面要讲解的管道知识了，即将 grep 的输出结果作为 cut 命令的输入，通过 cut 命令对 grep 的输出结果进行剪切。

```
[user@localhost six]$ grep 'Mary' cut_bc | cut -c 1-10
2 Mary:Ada
```

3.3.2　find命令

find 命令用于在目录结构中搜索文件并执行指定的操作。该命令的功能是从指定的目录开始，递归地搜索其各个子目录，查找满足寻找条件的文件并对其进行相关操作。因为此命令提供了相当多的查找条件，功能很强大，所以它的选项也很多，其中大部分选项都值得我们花时间来了解。

find 命令的格式为：find [option] filename。

find 命令提供的寻找条件可以是一个用逻辑运算符 not、and 和 or 组成的复合条件。逻辑运算符 not、and 和 or 的含义如下。

and：逻辑与，在命令中用"-a"表示，是系统默认的选项，表示只有当所给的条件都满足时，寻找条件才算满足。

or：逻辑或，在命令中用"-o"表示。该运算符表示只要所给的条件中有一个满足，寻找条件就算满足。

not：逻辑非，在命令中用"!"表示。该运算符表示查找不满足所给条件的文件。

该命令的查找方式主要为以名称和文件属性进行查找。命令格式中的 option 选项可以省略，常用的 option 选项如表 3-15 所示。

表 3-15　find 命令中常用的 option 选项

选项	功能描述
-name '字符串'	查找文件名匹配所给字符串的所有文件，字符串可包含通配符*、?、[、]
-lname '字符串'	查找文件名匹配所给字符串的所有符号链接文件，字符串可包含通配符*、?、[、]
-gid n	查找属于 ID 为 *n* 的用户组的所有文件
-uid n	查找属于 ID 为 *n* 的用户的所有文件
-group string	查找用户组名为所给字符串的所有文件
-user string	查找用户名为所给字符串的所有文件
-nogroup	查找无有效所属组的文件，即该文件所属的组在/etc/group 中不存在
-newer file1 ! file2	查找更改时间比文件 file1 晚，但比文件 file2 早的文件

续表

选项	功能描述
-empty	查找大小为 0 的目录或文件
-path string	查找路径名匹配所给字符串的所有文件，字符串可包含通配符*、?、[、]
-perm permission	查找具有指定权限的文件和目录，权限的表示可以如 711（表示文件/目录所有者具有读写、执行权限，同组用户和系统其他用户只具有执行权限）、644（表示文件/目录所有者具有读写权限，同组用户和系统其他用户只具有读权限）
-size n [bckw]	查找指定文件大小的文件，n 后面的字符表示单位，默认为 b，代表 512 字节的块
-type x	查找类型为 x 的文件，x 为下列字符之一。 b：块设备文件 c：字符设备文件 d：目录文件 p：命名管道（FIFO 文件） f：普通文件 l：符号链接文件 s：socket 文件 -xtype x 与-type 基本相同，但只查找符号链接文件

该命令若以时间为条件查找，参数如下。

（1）-amin n：查找 n 分钟以前被访问过的所有文件。

（2）-atime n：查找 n 天以前被访问过的所有文件。

（3）-cmin n：查找 n 分钟以前文件状态被修改过的所有文件。

（4）-ctime n：查找 n 天以前文件状态被修改过的所有文件。

（5）-mmin n：查找 n 分钟以前文件内容被修改过的所有文件。

（6）-mtime n：查找 n 天以前文件内容被修改过的所有文件。

该命令也提供了对查找出来的文件进行特定操作的选项。

（1）-exec 命令名称{}：对符合条件的文件执行所给的 Linux 命令，而不询问用户是否需要执行该命令。{}表示命令的参数，即找到的文件，命令必须以 "\;" 结束，"{}" 和 "\;" 之间必须有一个空格。

（2）-ok 命令名称{}：对符合条件的文件执行所给的 Linux 命令，与-exec 不同的是，它会询问用户是否需要执行该命令。

（3）-ls：详细列出找到的所有文件。

（4）-fprintf 文件名：将找到的文件名写入指定文件。

（5）-print：在标准输出设备上显示查找出的文件名。

例如，查找当前目录中所有以 main 开头的文件，并显示这些文件的内容。

```
[user@localhost ~]$ find . -name 'main*' -more {} \
```

删除当前目录下所有一周内没有被访问过的 a.txt 或者*.o 文件。

```
[user@localhost ~]$ find . \ (- name a.txt - o - name '*.o'\) \
> - atime +7 -exec rm {} \;
```

查询文件名为"test"或者是匹配"tmp*"的所有文件。

```
[user@localhost ~]$ find -name 'test' -o -name 'tmp*'
```

使用 find 命令查询文件名不是"test"的所有文件。

```
[user@localhost ~]$ find ! -name 'test'
```

3.3.3　locate命令

该命令的功能也是查找文件，比 find 命令的搜索速度快，原因在于它不搜索具体目录，而是搜索一个数据库（/var/lib/located），这个数据库中含有本地所有文件信息。Linux 系统会自动创建这个数据库，并且每天自动更新一次，所以使用 locate 命令查不到最新变动过的文件。为了避免这种情况，可以在使用 locate 之前先使用 updatedb 命令手动更新数据库。

locate 命令的格式为：locate [option] filename。

其中，option 选项可以省略，常用的 option 选项如表 3-16 所示。

表 3-16　locate 命令中常用的 option 选项

选项	功能描述
-c	查询指定文件的数目
-e	只显示当前存在的文件条目
-h	显示 locate 命令的帮助信息
-i	查找时忽略大小写区别
-n	至多显示"最大显示条数"条查询到的内容
-r	使用正则表达式作为寻找的条件

例如，搜索 etc 目录下所有以 sh 开头的文件，忽略大小写区别。

```
[user@localhost ~]$ locate -i /etc/sh
/etc/shadow
/etc/shadow-
/etc/shells
```

3.3.4　whereis命令

whereis 命令用于查找文件。该命令会在特定目录中查找符合条件的文件。这些文件属于原始代码、二进制文件或帮助文件。该命令只能用于查找二进制文件、源代码文件和 man 手册页，一般文件的定位需使用 locate 命令。

whereis 命令的格式为：whereis [option] filename。

其中，option 选项可以省略，常用的 option 选项如表 3-17 所示。

表 3-17　whereis 命令中常用的 option 选项

选项	功能描述
-b	只查找二进制文件
-B<目录>	只在设置的目录下查找二进制文件
-f	不显示文件名前的路径名称
-m	只查找帮助文件
-M<目录>	只在设置的目录下查找帮助文件
-s	只查找原始代码文件
-S<目录>	只在设置的目录下查找原始代码文件
-u	查找不包含指定类型的文件

例如，使用命令 whereis 查看 bash 命令的位置，输入如下命令。

```
[user@localhost ~]$ whereis bash
```

上面的命令执行后，输出信息如下。

```
bash:/bin/bash/etc/bash.bashrc/usr/share/man/man1/bash.1.gz
```

> 注
> 意
>
> 以上输出信息从左至右分别为查询的程序名、bash路径、bash的man手册页路径。如果用户需要单独查询二进制文件或帮助文件，可使用如下命令。
>
> ```
> [user@localhost ~]$ whereis -b bash
> [user@localhost ~]$ whereis -m bash
> ```
>
> 输出信息如下。
>
> ```
> [user@localhost ~]$ whereis -b bash    #显示 bash 命令的二进制程序
> bash: /bin/bash /etc/bash.bashrc /usr/share/bash    #bash 命令的二进制程序的地址
> [user@localhost ~]$ whereis -m bash    #显示 bash 命令的帮助文件
> bash: /usr/share/man/man1/bash.1.gz    #bash 命令的帮助文件的地址
> ```

3.4　归档与压缩

归档是指把多个文件组合到一个文件中。归档的好处是减小文件数目，有利于将多个文件作为电子邮件附件发送，以及备份文件。

压缩是用算法将文件做有损或无损的处理，在保留最多文件信息的同时，令文件体积变小。压缩的好处是节约硬盘空间、减小电子邮件附件的大小、提高传输效率。

3.4.1　tar命令

tar 是一个归档程序，也就是说，tar 命令可以将许多文件打包成一个归档文件或者把它们写入备份设备（如一个磁盘驱动器）。所以通常在 Linux 系统中，保存文件都是先用 tar 命令将目录或者文件打包成 tar

tar 命令的使用

归档文件（也称 tar 包），然后进行压缩。

tar 命令的格式为：tar [option] filename。

其中，可选的 option 选项相当丰富，此处只介绍常用的 option 选项及其用法，如表 3-18 所示。

表 3–18　tar 命令中常用的 option 选项

选项	功能描述
-c 或--create	建立新的备份文件
-f<备份文件>或--file=<备份文件>	指定备份文件
-x 或--extract 或--get	从备份文件中还原文件
-t 或--list	列出备份文件的内容
-v 或--verbose	显示命令执行过程
-z 或--gzip 或--ungzip	通过 gzip 命令处理备份文件
-C<目的目录>或--directory=<目的目录>	切换到指定的目录

具体使用时，需要将这些选项结合使用。

例如，使用 touch 命令创建一个名为 a 的.c 文件。

```
[user@localhost ~]$ touch a.c
```

压缩 a.c 文件为 test.tar.gz。

```
[user@localhost ~]$ tar -czvf test.tar.gz a.c
```

列出压缩文件的内容。

```
[user@localhost ~]$ tar -tzvf test.tar.gz
-rw-r--r-- root/root        0 2017-02-15 16:51:59 a.c
```

3.4.2　zip命令

zip 命令可以用来解压缩文件，或者对文件进行打包操作。zip 是个使用广泛的压缩程序，文件经它压缩后会另外产生具有".zip"扩展名的压缩文件。

zip 命令的格式为：zip [option] filename。

其中，option 选项可以省略，常用的 option 选项如表 3-19 所示。

表 3–19　zip 命令中常用的 option 选项

选项	功能描述
-A	调整可执行的自动解压缩文件
-b<工作目录>	指定暂时存放文件的目录
-c	为每个被压缩的文件加上注释
-d	从压缩文件内删除指定的文件
-D	压缩文件内不建立目录名称

69

选项	功能描述
-f	此选项的效果和-u 选项类似，但不仅会更新既有文件，如果某些文件原本不存在于压缩文件内，使用本选项还会一并将其加入压缩文件中
-F	尝试修复已损坏的压缩文件
-g	将文件压缩后附加在已有的压缩文件之后，而非建立新的压缩文件
-h	在线帮助
-i<范本样式>	只压缩符合条件的文件
-j	只保存文件名称及其内容，而不存放任何目录名称
-J	删除压缩文件前面不必要的数据
-k	使用 MS-DOS 兼容格式的文件名称
-l	压缩文件时，把 LF 字符置换成 LF+CR 字符
-ll	压缩文件时，把 LF+cp 字符置换成 LF 字符
-L	显示版权信息
-m	将文件压缩并加入压缩文件后，删除原始文件，即把文件移到压缩文件中
-n<字尾字符串>	不压缩具有特定字尾字符串的文件
-o	以压缩文件内拥有最新更改时间的文件为准，将压缩文件的更改时间设成和该文件相同
-q	不显示命令执行过程
-r	递归处理，将指定目录下的所有文件和子目录一并处理
-S	包含系统文件和隐藏文件
-t<日期时间>	把压缩文件的日期设成指定的日期
-T	检查备份文件内的每个文件是否正确无误
-u	更换较新的文件到压缩文件内
-v	显示命令执行过程或显示版本信息
-V	保存 VMS 操作系统的文件属性
-w	文件名称里若有版本编号，则本选项仅在 VMS 操作系统下有效
-X	不保存额外的文件属性
-y	直接保存符号链接，而非该链接指向的文件，本选项仅在 UNIX 之类的系统下有效
-z	替压缩文件加上注释
-$	保存第一个被压缩文件所在磁盘的卷名
-level	压缩效率是一个 1~9 的数值

例如，将/home/Blinux/html/目录下的所有文件和文件夹打包为当前目录下的 html.zip 文件。

```
[user@localhost ~]$ zip -q -r html.zip /home/Blinux/html
```

3.4.3　常用压缩格式

Linux 下常用的压缩命令很多，这里只介绍最常见的几种。

1. 文件压缩——gzip 命令

gzip 命令用于压缩一个或多个文件。执行该命令后，原文件会被其压缩文件取代。与之相反，gunzip 命令用于将压缩文件还原为原文件。

gzip 命令的格式为：gzip [option] filename。

其中，option 选项可以省略，常用的 option 选项如表 3-20 所示。

表 3-20　gzip 命令中常用的 option 选项

选项	功能描述
-a 或--ascii	使用 ASCII 文字模式
-c 或--stdout 或--to-stdout	把压缩后的文件输出到标准输出设备，不改动原始文件
-d 或--decompress 或----uncompress	解压缩文件
-f 或--force	强行压缩文件，不理会文件名称或是否存在硬连接以及该文件是否为符号链接文件
-h 或--help	在线帮助
-l 或--list	列出压缩文件的相关信息
-L 或--license	显示版本与版权信息
-n 或--no-name	压缩文件时，不保存原来的文件名称及时间戳
-N 或--name	压缩文件时，保存原来的文件名称及时间戳
-q 或--quiet	不显示警告信息
-r 或--recursive	递归处理，将指定目录下的所有文件及子目录一并处理
-S 或--suffix<压缩字尾字符串>	更改压缩字尾字符串
-t 或--test	测试压缩文件是否正确无误
-v 或--verbose	显示命令执行过程
-V 或--version	显示版本信息
-level	压缩效率是一个 1~9 的数值，预设值为 6，指定的数值越大，压缩效率越高
--best	指示 gzip 使用最佳的压缩方法（也就是最高级别的压缩）
--fast	指示 gzip 使用最快的压缩方法

例如，压缩 hello.c 文件，压缩后，文件以 gz 结尾，原始文件已删除。

```
[user@localhost ~]$ gzip hello.c
```

```
[user@localhost ~]$ ls
hello.c.gz
[user@localhost ~]$ gzip hello.c.gz
gzip:Input file hello.c.gz already has .gz suffix.
```

2. 文件压缩——bzip2 命令

bzip2 命令由 Julian Seward 开发，与 gzip 命令功能相仿，但是使用不同的压缩算法。该算法具有高质量压缩数据的能力，但降低了压缩速度。多数情况下，其用法与 gzip 类似，只是用 bzip2 压缩后，文件的后缀为.bz2。

bzip2 命令的格式为：bzip2 [option] filename。

其中，option 选项可以省略，常用的 option 选项如表 3-21 所示。

表 3-21　bzip2 命令中常用的 option 选项

选项	功能描述
-c 或--stdout	将压缩与解压缩的结果送到标准输出设备中
-d 或--decompress	进行解压缩
-f 或--force	bzip2 在压缩或解压缩文件时，若输出文件与现有文件同名，预设不会覆盖现有文件，若要覆盖，请使用此选项
-h 或--help	显示帮助信息
-k 或--keep	bzip2 在压缩或解压缩文件后，会删除原始文件，若要保留原始文件，请使用此选项
-s 或--small	减少程序执行时内存的使用量
-t 或--test	测试.bz2 压缩文件的完整性
-v 或--verbose	压缩或解压缩文件时，显示详细的信息
-z 或--compress	强制进行压缩
-L 或--license	显示版本及授权等信息
-V 或--version	显示版本信息
--repetitive-best	当文件中有重复出现的资料时，可利用此选项改善压缩效果
--repetitive-fast	当文件中有重复出现的资料时，可利用此选项加快压缩速度
-level	压缩时的区块大小

例如，解压.bz2 文件。

```
[user@localhost ~]$ bzip2 -v temp.bz2 //解压文件显示详细处理信息
```

3.5　Linux文件链接

文件链接命令是 ln 命令。该命令用于在文件之间创建链接。这种操作实际上是给系统中已有的某个文件指定另外一个可用于访问它的名称，并为这个新的文件名指定不同的访问权限，以控制对信息的共享和解决安全性的问题。

如果链接指向目录，就可以利用该链接直接进入被链接的目录而不必使用较长的路径名，而且即使删除这个链接，也不会破坏原来的目录。

链接分为两种，一种称为硬链接（Hard Link）；另一种称为符号链接（Symbolic Link），也称为软链接。建立硬链接时，链接文件和被链接文件必须位于同一个文件系统中，并且不能建立指向目录的硬链接。符号链接则不存在这个问题。

如果给 ln 命令加上 -s 选项，则建立符号链接。如果链接名已经存在但不是目录，将不做链接。链接名可以是任何一个文件名（可包含路径），也可以是一个目录名，并且允许其与"目标"不在同一个文件系统中。如果"链接名"是一个已经存在的目录名，系统将在该目录下建立一个或多个与"目标"同名的文件，新建的文件是指向原"目标"的符号链接文件。

ln 命令的格式为：ln [option] filename。

例如，用户为当前目录下的文件 hello 创建一个符号链接/home/xx。

```
[user@localhost ~]$ ln - s hello /home/xx
```

使用建立的软链接查看文件，实际查看的是原文件 hello 的内容。

```
[user@localhost ~]$ cat /home/xx
```

作为对比，用户为当前目录下的 hello 文件创建一个硬链接/home/xxx。

```
[user@localhost ~]$ ln hello /home/xxx
```

3.5.1　硬链接

硬链接最初是 UNIX 用来创建链接的方式，符号链接较之更为先进。默认情况下，每个文件都有一个硬链接，该硬链接会给文件起名字。创建一个硬链接时，也为这个文件创建了一个额外的目录条目。硬链接有以下两个重要的局限性。

（1）硬链接不能引用除自身文件系统之外的文件。也就是说，链接不能引用与该链接不在同一磁盘分区的文件。

（2）硬链接无法引用目录。硬链接和文件本身没有什么区别。与包含符号链接的目录列表不同，包含硬链接的目录列表没有特别的链接指示说明。当硬链接被删除时，只是删除了这个链接，但是文件本身的内容依然存在（也就是说，该空间没有释放），除非该文件的所有链接都被删除了。

因为会经常遇到硬链接，了解它们就显得特别重要。但是现在大多使用的是符号链接，接下来介绍符号链接。

3.5.2　符号链接

符号链接是为了克服硬链接的局限性而创建的。符号链接是通过创建一个特殊类型的文件来起作用的，该文件包含指向引用文件或目录的文本指针。就这点来看，符号链接与 Windows 系统下的快捷方式非常相似，但是符号链接要比 Windows 的快捷方式早很多年出现。

符号链接指向的文件与符号链接自身几乎没有区别。例如，将一些东西写进符号链接里，这些东西同样也写进了引用文件。当删除一个符号链接时，删除的只是符号链接而没有删除文件本身。如果先于符号链接删除文件，那么这个链接依然存在，但不指向任何文件，此时，这个链接就称为坏链接。在很多案例中，ls 命令会用不同的颜色（如红色）来显示坏链接。

3.6　磁盘管理

磁盘作为存储数据的重要载体，在如今日渐庞大的软件资源面前显得格外重要。目前，各种存储器的容量越来越大，磁盘管理的难度也越来越高。本节将介绍 Linux 支持的文件系统和磁盘管理的基本方法。

3.6.1　文件系统

随着 Linux 的不断发展，其支持的文件格式系统也在迅速扩展。特别是 Linux 2.6 内核正式推出后，出现了大量新的文件系统，其中包括日志文件系统 Ext4、Ext3、ReiserFS、XFS、JFS 和其他文件系统。Linux 系统核心可以支持十多种文件系统类型：JFS、ReiserFS、Ext、Ext2、Ext3、ISO9660、XFS、Minix、MS-DOS、UMSDOS、VFAT、NTFS、HPFS、NFS、SMB、SysV、PROC 等。其中，使用较为普遍的有如下几种。

（1）Minix：Linux 支持的第一个文件系统，对用户有很多限制，性能低下，有些没有时间标记，文件名最长为 14 个字符。Minix 文件系统最大的缺点是只能使用 64MB 的硬盘分区，所以目前几乎已经没有人使用该文件系统了。

（2）Xia：Minix 文件系统修正后的版本，在一定程度上解决了文件名和文件系统大小的局限；但没有新的特色，目前很少有人使用。

（3）NFS（Network File System，网络文件系统）：Sun 公司推出的网络文件系统，允许在多台计算机之间共享同一文件系统，易于在所有这些计算机上存取文件。

（4）扩展文件系统（Extended Filesystem，Ext）：随着 Linux 的不断成熟而引入，它包含几个重要的扩展，但性能令人不满意。1994 年人们引入了第二扩展文件系统（Second Extended Filesystem，Ext2）来代替过时的 Ext 文件系统。

（5）Ext3（Third Extended Filesystem，Ext3）：由开源社区开发的日志文件系统，被设计成 Ext2 的升级版本，尽可能地方便用户从 Ext2 向 Ext3 迁移。Ext3 在 Ext2 的基础上加入了记录元数据的日志功能，努力保持向前和向后的兼容性，是 Ext2 的升级版。Ext3 还支持异步的日志，同时优化了硬盘磁头运动，其性能优于无日志功能的 Ext2 文件系统。目前，Ext3 是 Linux 上较为成熟的一套文件系统。

（6）Ext4（Fourth Extended Filesystem）：一种针对 Ext3 系统的扩展日志式文件系统，是专门为 Linux 开发的原始扩展文件系统（Ext 或 Extfs）的第 4 版。Linux Kernel 自 2.6.28 版本开始正式支持新的文件系统 Ext4。Ext4 是 Ext3 的改进版，修改了 Ext3 中部分重要的数据结构，而不像 Ext3 基于 Ext2 那样，只增加了一个日志功能。Ext4 有更佳的性能和可靠性，还有更丰富的功能。

（7）Reiser：另一套专为 Linux 设计的日志文件系统，目前最新的版本是 Reiser4。Reiser 文件系统在处理小文件上比 Ext3 文件系统更有优势，效率更高，碎片也更少。目前此文件系统已经成为不少发行版本的默认文件系统。

（8）XFS：一种高级日志文件系统，具备较强的伸缩性，非常健壮。其数据完整性、传输特性、可扩展性等诸多指标都非常突出。

（9）ISO 9660 标准 CD-ROM 文件系统：通用的 Rock Ridge 增强系统，允许长文件名。

除了上述这些 Linux 支持的文件系统外，Linux 还支持基于 Windows 和 Netware 的文件系统，如 UMSDOS、MS-DOS、VFAT、HPFS、SMB 和 NCPFS 等。兼容这些文件系统对 Linux 用户来说是很重要的，毕竟在桌面环境下 Windows 文件系统还是很流行的，Netware 网络也有许多用户，Linux 用户需要共享这些文件系统的数据。

3.6.2 磁盘分区

1. 磁盘分区命名方式

在 Linux 中，每一个硬件设备都映射到一个系统的文件，包括硬盘、光驱等 IDE（Integrated Development Environment，集成开发环境）或 SCSI（Small Computer System Interface，小型计算机系统接口，一种用于计算机及其周边设备（硬盘、软驱、光驱、打印机、扫描仪等）之间的系统级接口的独立处理器标准，是一种智能的通用接口标准）设备。Linux 为各种 IDE 设备分配了一个由 hd 前缀组成的文件。各种 SCSI 设备则被分配了一个由 sd 前缀组成的文件，使用拉丁字母编号。如第一个 IDE 设备（如 IDE 硬盘或 IDE 光驱）定义为 had，第二个 IDE 设备定义为 hdb，以此类推。而 SCSI 设备就应该是 sda、sdb、sdc 等。USB 磁盘通常会被识别为 SCSI 设备，因此其设备名可能是 sda。

在 Linux 中规定，每一个硬盘设备最多能有 4 个主分区（包含扩展分区）。任何一个扩展分区都要占用一个主分区号码，使用阿拉伯数字编号。需要注意的是，主分区按 1、2、3、4 编号，扩展分区中的逻辑分区编号直接从 5 开始，无论是否有 2 号或 3 号主分区。例如第一个 IDE 硬盘的第一个主分区编号为 hda1，第二个 IDE 硬盘的第一个逻辑分区的编号应为 hdb5。

常见的 Linux 磁盘命名规则为 hdXY（或者 sdXY），其中 X 为小写拉丁字母，Y 为阿拉伯数字。个别系统的命名可能略有差异。

2. 磁盘分区方法

对于一个新硬盘，首先需要对其进行分区。和 Windows 一样，在 Linux 下用于磁盘分区的工具也是 fdisk 命令。除此之外，还可以通过 parted、cfdisk 等可视化工具进行分区。由于磁盘分区操作可能造成数据损失，因此操作时需要十分谨慎。下面具体介绍 fdisk 命令的使用方法。

```
[root@localhost ~]# fdisk /dev/sda
Welcome to use fdisk (util-linux 2.23.2).
Command (m for help): m                          //选择命令项
Command action
```

```
a    toggle a bootable flag
b    edit bsd disklabel
c    toggle the dos compatibility flag
d    delete a partition
g    create a new empty GPT partition table
G    create an IRIX (SGI) partition table
l    list known partition types
m    print this menu
n    add a new partition
o    create a new empty DOS partition table
p    print the partition table
q    quit without saving changes
s    create a new empty Sun disklabel
t    change a partition's system id
u    change display/entry units
v    verify the partition table
w    write table to disk and exit
x    extra functionality (experts only)
```

用户通过提示输入"m"，可以显示 fdisk 中各个命令的说明。fdisk 有很多命令，但通常只需要熟练掌握最常见的命令，就可以顺利地使用 fdisk 进行分区。常用命令的具体含义如下。

（1）a：切换分区是否可启动。

（2）b：编辑 bsd 卷标。

（3）c：切换分区是否为 DOS 兼容分区。

（4）d：删除分区。

（5）l：输出 Linux 支持分区的类型。

（6）m：输出 fdisk 帮助信息。

（7）n：新增分区。

（8）o：创建空白的 DOS 分区表。

（9）p：输出该磁盘的分区表。

（10）q：不保存直接退出。

（11）s：创建一个空的 Sun 分区表。

（12）t：改变分区的类型编号。

（13）u：改变分区大小的显示方式。

（14）v：检验磁盘的分区列表。

（15）w：保存结果并退出。

（16）x：进入专家模式。

在 Linux 中分区的一般过程为：先通过 p 命令显示磁盘分区表信息，然后根据信息确定将来的分区，命令如下。

```
Command (m for help): p

Disk /dev/sda: 21.5 GB, 21474836480 bytes, 41943040 cylinders
Units = cylinders of 1 * 512 = 512 bytes
```

```
cylinders sizes（logic/physical）: 512 bytes
I/O sizes（Minimal/optimal）: 512 bytes
Disk tag type: dos
Disk identifier: 0x00099d37

  Device Boot        Start          End      Blocks  Id  System
/dev/sda1    *        2048      1026047      512000  83  Linux
/dev/sda2         1026048     41943039    20458496  8e  Linux LVM

Partition table entries are not in disk order
```

如果想完全改变硬盘的分区格式，可以通过 d 命令一个一个地删除存在的硬盘分区。删除完毕，可以通过 n 命令来增加新的分区。执行后可以看到结果如下。

```
Command（m for help）: p

Command action
  e   extended
  p   primary partiton （1-4）
  p
  Partiton number（1-4）:1
  First cylinder（1-1023）:1
  Last cylinder or + size or +sizeK or + sizeM（1-1023）:+258M
```

这里要选择新建的分区类型是主分区还是扩展分区，然后设置分区的大小。要注意，如果硬盘上有扩展分区，就只能增加逻辑分区，不能增加扩展分区。

在增加分区时，其类型都是默认的 Linux Native，如果要把其中的某些分区改为其他类型，如 Linux Swap 或 FAT32 等，可以使用 t 命令。改变分区类型时，系统会提示要改变哪个分区，以及改为什么类型（若想知道系统支持的分区类型，可输入"1"），命令如下。

```
Command（m for help）: t
Partition number（1-4）: 1
Hex code（type L to list codes）: 82
Changed system type of partition 1 to 82（Linux swap）
```

修改完分区类型，使用 w 命令，保存并退出。如果不想保存，那么可以使用 q 命令直接退出。

通过以上步骤，即可按照需要对磁盘进行分区操作。

3. 分区的格式化

分区完成后，需要格式化文件系统才能正常使用。格式化的主要命令是 mkfs。

mkfs 命令的格式为：mkfs -t type device [block_size]。

其中，选项 -t 的参数 type 为文件系统格式，如 Ext4、vfat、ntfs 等；参数 device 为设备名称，如/dev/hda1、/dev/sdb1 等；参数[block_size]为分区大小，可选。

如果需要把/dev/sda1 格式化为 FAT32 格式，可以使用如下命令。

```
mkfs -t vfat /dev/sda1
```

其实此命令还有很多别名，如 mkfs.ext4、mkfs.xfs、mkfs.vfat 等。mkfs.fstype 形式的别名还有 mke2fs、mkdosfs 等。例如，将/dev/hda5 格式化为 Ext4 格式，除了可以用

mkfs 指定 Ext4 文件类型，还可以直接使用下面的命令。

```
mkfs.ext4 /dev/hda5
```

格式化交换分区的命令略有不同，不是 mkfs，而是 mkswap。例如，将/dev/hda8 格式化为 Swap 分区，可以使用如下命令。

```
mkswap /dev/hda8
```

3.6.3 磁盘检验

对于没有正常卸载的磁盘，如遇到断电等突发情况，可能损坏文件系统目录结构或其中的文件，遇到这种情况需要检查和修复磁盘分区。检查和修复磁盘分区的命令为 fsck。

fsck 命令的格式为：fsck [option] device。

其中，option 选项可以省略，常用的 option 选项如表 3-22 所示；device 为设备名称，如/dev/hda1、/dev/sdb1 等。

表 3-22　fsck 命令中常用的 option 选项

选项	功能描述
-t	用于指定要检查的文件系统类型
-s	依序逐个执行 fsck 的指令来进行检查
-A	检查/etc/fstab 中列出来的所有 partition
-C	显示完整的检查进度
-d	输出 e2fsck 的 debug 结果
-p	同时有-A 条件时，同时执行多个 fsck 的检查
-R	同时有-A 条件时，可不检查
-V	详细显示模式
-a	如果检查有错，则自动修复
-r	如果检查有错，则由用户回答是否修复

和 mkfs 一样，fsck 也有很多别名，如 fsck.ext4、fsck.reiserfs、fsck.vfat 等。fsck.fstype 形式的别名还有 e2fsck、reiserfsck 等类型。例如，检测 ReiserFS 格式的分区/dev/hda5，以下 3 个命令均可。

```
fsck -t reiserfs /dev/hda5
fsck.reiserfs /dev/hda5
reiserfsck /dev/hda5
```

3.6.4 磁盘挂载和卸载

1. 挂载磁盘分区

要使用磁盘分区，就需要挂载该分区。挂载时指定需要挂载的设备和挂载目录（该挂载目录即挂载点）。挂载磁盘分区的命令为 mount。

mount 命令的格式为：mount -t type device dir。

其中，选项-t的参数type为文件系统格式，如Ext4、vfat、ntfs等；参数device为设备名称，如/dev/hda1、/dev/sdb1等；参数dir为挂载目录，成功挂载后，就可以通过访问该目录访问该分区内的文件，如/mnt/windows_c、/mnt/cdrom等。凡是未被使用的空目录，都可用于挂载分区。

例如，挂载IDE硬盘第一个分区的目录可用如下命令。这里假设第一个分区是Windows系统分区，FAT32格式。

```
[root@localhost ~]# mount -t vfat /dev/hda1 /mnt/windows_c
```

而挂载第一个FAT32格式USB磁盘的命令如下。

```
[root@localhost ~]# mount -t vfat /dev/sda1 /mnt/usb_disk
```

假设光驱设备名称为/dev/hdc，则挂载光盘的命令如下。

```
[root@localhost ~]# mount -t iso9660 /dev/hdc /mnt/cdrom
```

设备是特殊的文件，实际上普通文件也可以理解为一个loop设备。通过-o指定一个额外选项loop即可。还可以把一个ISO光盘镜像文件挂载到一个目录以便读取。假设ISO文件路径为/home/user1/sample.iso，则命令如下。

```
[root@localhost ~]# mount -t iso9660 -o loop /home/user1/sample.iso /mnt/cdrom
```

类似的额外选项还有很多：如把磁盘以只读方式挂载的ro选项，对于硬盘救护、恢复文件等操作十分有用；还有以读写方式挂载的rw选项等。详细的内容可以参考man手册。

系统中配置磁盘加载的文件为/etc/fstab，对于/etc/fstab中已经配置的磁盘分区，Linux在启动时会自动加载。/etc/fstab的详细说明可以参考man手册。以下是一个样本文件。如果需要系统自动挂载分区，则可以直接修改/etc/fstab。

```
#/etc/fstab
#加载 Swap 分区
/dev/hda8 swap swap defaults 0 0

#加载 Ext3 格式的根分区
/dev/hda9 / ext3 defaults 1 1

#加载 Windows 的 E 盘，FAT32 格式，代码页为 936，字符编号为 cp936
/dev/hda6 /mnt/wine vfat defaults,codepage=936,iocharset=cp936 0 0

#加载 Windows 的 F 盘，FAT32 格式，代码页为 936，字符编号为 cp936
/dev/hda7 /mnt/winf vfat defaults,codepage=936,iocharset=cp936 0 0

#/dev/hdb 为光驱，noauto 表示不自动加载，user 表示非 root 账户也可以挂载光驱
/dev/hdb /mnt/cdrom iso9660 noauto,user 0 0

none /proc proc defaults 0 0
none /dev/pts devpts gid=5,mode=620 0 0
```

对于以上配置文件，因为/etc/fstab中已经表明光驱的设备名称和挂载点，所以如果需要加载光驱，实际上使用如下任何一个命令就可以完成。

```
mount /mnt/cdrom
mount /dev/hdb
```

以上是挂载分区的方法。另外，随着 Linux 的发展，不少发行版本都能够自行监测并自动挂载光盘和 USB 设备，并能通过可视化的方法进行操作。

2．卸载磁盘分区

移除磁盘，如卸载 USB 磁盘、光盘或者某一硬盘分区，需要首先卸载该分区。卸载磁盘分区的命令为 umount，使用方法也很简单。

umount 命令的格式为：umount [device|dir]。

卸载时只需要一个参数，可以是设备名称，也可以是挂载点（目录名称）。例如，卸载一个光驱设备/dev/hdc，该设备挂载于/mnt/cdrom。那么既可以直接卸载该设备，也可以通过其挂载的目录卸载。命令如下。

```
umount /dev/hdc
umount /mnt/cdrom
```

同样地，卸载设备在很多 Linux 发行版本中也能够以可视化的方式进行。

3.6.5　交换空间

当系统的物理内存不够用时，就需要将物理内存中的一部分空间释放出来，以供当前运行的程序使用。这些被释放的空间可能来自一些很长时间都没有什么操作的程序，它们被临时保存到交换（Swap）空间中，等到那些程序要运行时，再从 Swap 中恢复保存的数据到内存中。这样，系统总是在物理内存不够时，才进行 Swap 交换。其实，Swap 的调整对 Linux 服务器，特别是对 Web 服务器的性能至关重要。调整 Swap，有时可以突破系统性能瓶颈，节省系统升级费用。

Swap 空间有两种形式：交换分区和交换文件。总之，对 Swap 的读写都是磁盘操作。

增加 Swap 空间有以下两种方法（严格来说，在系统安装完后，只有一种方法可以增加 Swap 空间，那就是下面介绍的第二种方法，至于第一种方法，通常会在系统安装时，创建一个交换分区）。

方法一，使用分区。在安装 CentOS 时划分出专门的 Swap 分区，空间大小事先规划好，启动系统时自动执行 mount 命令。这种方法只能在安装 CentOS 时设定，一旦设定好，就不容易改变，除非重装系统。

方法二，使用 swapfile（或者是整个空闲分区）。新建临时 swapfile 或者空闲分区，在需要时设定为 Swap 空间，最多可以增加 8 个 swapfile。Swap 空间的大小与 CPU 密切相关，如在 i386 系统中，最多可以使用 2GB 的空间。在系统启动后，根据需要基于 2GB 的总容量进行增减。这种方法比较灵活，也比较方便，缺点是启动系统后需要手动设置。

运用 swapfile 增加 Swap 空间涉及的命令如下。

（1）free：查看内存状态命令，可以显示 memory、Swap、buffer cache 等的大小及使用状况。

（2）dd：读取、转换并输出数据命令。

（3）mkswap：设置交换区。

（4）swapon：启用交换区，相当于 mount。

（5）swapoff：关闭交换区，相当于 umount。

以下是方法二的具体步骤。

（1）创建 swapfile：在 root 权限下，创建 swapfile，假设当前目录为"/"，执行如下命令。

```
[root@localhost ~]# dd if=/dev/zero of=swapfile bs=1024 count=500000
```

此时在根目录下创建了一个 swapfile，名称为"swapfile"，大小为 500MB，也可以把文件输出到自己想要的任何目录中，最好直接放在根目录下，一目了然，不容易被破坏。

（2）将 swapfile 设置为 Swap 空间。

```
[root@localhost ~]# mkswap swapfile
```

（3）启用交换空间。

```
[root@localhost ~]# swapon swapfile
```

至此增加 Swap 空间的操作就结束了，可以使用 free 命令查看 Swap 空间的大小是否发生变化。

（4）如果不再使用空间，可以选择关闭 Swap 空间。

```
[root@localhost ~]# swapoff swapfile
```

习　题

1. Linux下的文件可以分为哪5种类型？

2. 用于存放系统配置文件的目录是_____。

  A．/etc   B．/home   C．/var   D．/root

3. 通常，Linux下的可执行程序位于下列哪些目录？_____

  A．/bin   B．/home   C．/sbin   D．/usr/lib

  E．/var   F．/usr/bin

4. 在当前目录下建立文件exam.c，将文件exam.c复制到/usr目录下，并改名为shiyan.c。

5. 在当前目录下建立test目录，并将桌面的a.gz解压到该目录。

6. 第5题中，要显示含权限信息的tset目录内容可用下面哪个命令？_____

  A．ls ./ test   B．ls -A ./ test   C．ls -la ./ test   D．ls -r ./ test

7. 下列命令中，无法对文件进行压缩的是_____。

  A．tar   B．less   C．mv   D．bzip2

  E．gzip   F．ls   G．zip   H．locate

  I．cat

04

第 4 章　Linux 用户及权限机制

　　用户是使用 Linux 系统资源的基础，多个用户可以在同一时间登录到系统，执行不同的任务，互不影响，而且不同的用户拥有不同的权限，每个用户可在权限允许的范围内完成不同的任务。本章讲解用户与用户组的管理、文件权限管理等知识。

4.1 用户与用户组

用户使用 Linux 时，需要以一个用户的身份进入，一个进程也需要以一个用户的身份运行，系统使用用户的概念来限制使用者或进程可以使用哪些资源。用户组用来组织管理用户。实现用户账号的管理，要完成的工作主要有：用户账号的添加、删除与修改；用户口令的管理；用户组的管理。

4.1.1 用户的管理

Linux 系统是一个多用户多任务的分时操作系统，任何一个要使用系统资源的用户都必须向系统管理员申请一个账号，然后以该账号的身份进入系统。用户的账号一方面可以帮助系统管理员对使用系统的用户进行跟踪，并控制他们对系统资源的访问；另一方面也可以帮助用户组织文件，并为用户提供安全性保护。每个用户账号都拥有一个唯一的用户名和口令，同时系统会为每个用户账号分配一个用户 ID（uid）来标识用户。用户在登录时输入正确的用户名和口令后，就能够进入系统和自己的主目录了。

根据用户 ID 的不同，在 Linux 系统中，用户可分为以下 3 种类型。

（1）root 用户：又称为超级用户，ID 为 0，拥有最高权限。

（2）系统用户：又称为虚拟用户、伪用户或假用户，不具有登录 Linux 系统的能力，但是系统运行不可缺少的用户，一般 ID 为 1～499，本书中使用的 CentOS 7 为 1～999。

（3）普通用户：ID 为 500 及以上，CentOS 7 为 1000 及以上。可以登录 Linux 系统，但是使用的权限有限，由管理员创建。

在终端输入 id 命令可查看用户 ID 的相关信息。假设目前登录用户是 user，输出结果中的 uid 为用户 ID，在创建用户时由系统分配，uid 是唯一的，与用户名一一对应。gid 是用户所在组的 ID，若不指定用户组，则默认用户组名与用户名相同。

```
[user@localhost Desktop]$ id
uid=1001(user) gid=1001(user) groups=1001(user) context=unconfined_u:
unconfined_r:unconfined_t:s0-s0:c0.c1023
```

用户管理的常用命令包括：useradd、passwd、usermod、userdel。useradd 用来添加用户，passwd 用于修改用户口令，usermod 用于修改用户信息，userdel 用于删除用户。Linux 系统中只有 root 用户才有用户管理权限，所以要进行添加、删除、修改用户信息的操作，需要先切换到 root 用户。

1. 添加用户

添加用户就是在系统中创建一个新账号，并为新账号分配用户 ID、用户组、主目录等资源。useradd 命令用于添加用户。

useradd 命令的格式为：useradd [option] username。

其中，常用的 option 选项如表 4-1 所示；username 表示新账号的登录名。

表 4-1 useradd 命令中常用的 option 选项

选项	功能描述
-c	指定描述信息
-d	指定用户主目录
-g	指定用户所在组
-G	指定用户所属的附加组
-s	指定用户的登录 Shell
-u	指定用户 ID，如果同时使用-o 选项，则可以重复使用其他用户的 ID
-e	指定账号的有效期限
-f	指定在口令过期多少天后关闭该账号

例如，执行"useradd user1"命令添加用户 user1，查看/etc/passwd 文件，如果存在以 user1 开头的一条记录（如 user1:x:1002:1002::/home/user1:/bin/bash），则表示添加成功。执行结果如下。

```
[user@localhost Desktop]$ su root//切换到 root 用户
Password:   //输入密码
[root@localhost Desktop]# useradd user1
[root@localhost Desktop]# cat /etc/passwd
user1:x:1002:1002::/home/user1:/bin/bash
```

在 useradd 命令后添加-d 选项来指定主目录。

```
[root@localhost Desktop]# useradd -d /usr/myuser myuser
[root@localhost Desktop]# cat /etc/passwd
myuser:x:1003:1003::/usr/myuser:/bin/bash
```

通过-g、-G 选项指定用户所在组和所属的附加组。例如，执行命令"useradd -g user -G root myu"创建 myu 用户，并指定 myu 用户属于 user 用户组，同时也属于 root 用户组，主组为 user。在/etc/passwd 文件中的记录为"myu:x:1004:1001::/home/myu:/bin/bash"，其中 1001 表示用户所属组的组 ID（gid）。

```
[root@localhost Desktop]# useradd -g user -G root myu
[root@localhost Desktop]# cat /etc/passwd
myu:x:1004:1001::/home/myu:/bin/bash
```

2. 修改用户口令

用户账号刚创建时没有口令，被系统锁定无法使用，必须为其指定口令（即使是空口令）后才可以使用。使用 passwd 命令可以指定和修改用户口令。root 用户可以为自己和其他用户指定口令，普通用户只能用 passwd 命令修改自己的口令。

passwd 命令的格式为：passwd [option] [username]。

其中，option 选项主要对/etc/shadow 文件的字段产生影响，可以省略，常用的 option 选项如表 4-2 所示；username 参数也可以省略，没有指定该参数时，表示修改当前用户的口令，如果指定了该参数，则表示修改指定用户的口令，只有 root 用户才有修改指定用户口令的权限。

表 4-2　passwd 命令中常用的 option 选项

选项	功能描述
-l	锁定口令，即锁定用户不能修改口令
-u	解锁口令
-f	强制操作
-d	删除用户口令
-n	表示多久不可修改口令
-x	表示多久内必须改动口令
-w	表示口令过期前的警告天数
-i	表示口令过期后多少天用户被禁
-S	列出口令的相关参数，即 shadow 文件内的大部分信息
-stdin	将前一个来自管道的数据作为口令输入

普通用户修改自己的口令时，passwd 命令会先询问原口令，验证通过后再要求用户输入两遍新口令，如果两次输入的口令一致，则将这个口令指定给用户；root 用户为其他用户指定口令时，不需要知道原口令。为系统安全起见，用户应该选择比较复杂的口令，如最好使用 8 位长的口令，口令中包含大写、小写字母和数字，并且应该与姓名、生日等不相同。

例如，在 root 用户下，修改 user1 用户的口令。如果设置的口令长度小于 8 位，则会提示 "BAD PASSWORD: The password is shorter than 8 characters"，但是对口令的设置不影响，仍可以修改成功。

```
[root@localhost Desktop]# passwd user1
Changing password for user user1.
New password: 输入新口令
BAD PASSWORD: The password is shorter than 8 characters
Retype new password: 重新输入新口令
passwd: all authentication tokens updated successfully. //表示修改成功
```

如果在 user1 用户下，则可输入 passwd 命令，修改当前用户（user1）的口令，但是此时会要求输入原来的口令。

```
[root@localhost Desktop]# su user1
[user1@localhost Desktop]$ passwd
Changing password for user user1.
Changing password for user1.
(current) UNIX password: 输入用户现在的口令
New password: 输入新口令
Retype new password: 重新输入新口令
passwd: all authentication tokens updated successfully.
```

3. 修改用户信息

修改用户信息就是更改用户的属性，如用户 ID、主目录、用户所在组等。使用

usermod 命令可以修改用户信息。

usermod 命令的格式为：usermod [option] username。

其中，常用的 option 选项如表 4-3 所示；username 表示用户名。

表 4-3 usermod 命令中常用的 option 选项

选项	功能描述
-a	把用户追加到某些组中，仅与-G 选项一起使用
-c	修改用户账号的描述信息
-d	修改用户的主目录
-e	修改用户账号的有效期
-f	修改用户口令过期多少天后就禁用该账号
-g	修改用户所属组
-G	修改用户所属的附加组
-l	修改用户的登录名称
-L	锁定用户的口令
-s	修改用户登入后所用的 Shell
-u	修改用户的 ID，该 ID 必须唯一
-U	解锁用户的密码

例如，修改用户名，如将用户 user1 的用户名改为 user2。查看/etc/passwd 文件中的信息，假设此时与 user1 有关的记录为"user1:x:1002:1002::/home/user1:/bin/bash"，执行"usermod -l user2 user1"命令，-l 表示修改用户的登录名称。需要注意的是，-l 选项后跟新的用户名。/etc/passwd 文件中与之相关的信息行将会变更为"user2:x:1002:1002::/home/user1:/bin/bash"，表示用户名修改成功。

```
[root@localhost Desktop]# cat /etc/passwd
user1:x:1002:1002::/home/user1:/bin/bash  //在此只列出与本例有关的信息行
[root@localhost Desktop]# usermod -l user2 user1
[root@localhost Desktop]# cat /etc/passwd
user2:x:1002:1002::/home/user1:/bin/bash
```

4. 删除用户

如果一个用户账号不再使用，可以将其从系统中删除。删除用户就是删除与用户有关的系统配置文件中的记录（如/etc/passwd）。使用 userdel 命令可以删除用户。

userdel 命令的格式为：userdel [option] username。

其中，最常用的 option 选项是-r，表示同时删除用户的主目录；username 表示要删除的用户。例如，删除用户 user2，执行如下命令。

```
[root@localhost Desktop]# userdel -r user2
```

此时再查看/etc/passwd 文件中的信息，将不会找到与 user2 有关的信息行。

4.1.2 用户组的管理

用户组是具有相同特征的用户的集合，每个用户都属于一个用户组，方便系统集中管理这些用户。例如，若要同时赋予多个用户相同的权限，可以把用户都定义到同一个用户组中，再指定用户组的权限。用户组的管理主要包括用户组的添加、修改和删除。常用命令有：groupadd、groupmod、groupdel。

1. 添加用户组

使用 groupadd 命令可以添加新的用户组。

groupadd 命令的格式为：groupadd [option] group。

其中，常用的 option 选项如表 4-4 所示；group 表示用户组的名称。

表 4-4 groupadd 命令中常用的 option 选项

选项	功能描述
-g	指定新用户组的组 ID
-r	创建系统工作组
-k	覆盖配置文件 "/etc/login.defs"
-o	允许添加组 ID 不唯一的工作组（一般与-g 选项同时使用，表示新用户组的 gid 可以与系统已有用户组的 gid 相同）

例如，添加一个名为 myGroup 的用户组，通过 grep 命令在/etc/group 中查找与 myGroup 有关的记录。

```
[root@localhost Desktop]# groupadd myGroup
[root@localhost Desktop]# grep myGroup /etc/group
myGroup:x:1004:
```

添加名为 youGroup 的用户组，并指定组 ID 为 2000。

```
[root@localhost Desktop]# groupadd -g 2000 youGroup
[root@localhost Desktop]# grep youGroup /etc/group
youGroup:x:2000:
```

2. 修改用户组信息

使用 groupmod 命令可以修改用户组的信息。

groupmod 命令的格式为：groupmod [option] group。

其中，常用的 option 选项如表 4-5 所示；group 表示需要修改信息的用户组的名称。

表 4-5 groupmod 命令中常用的 option 选项

选项	功能描述
-g	修改用户组的组 ID
-n	将用户组的名字改为新名字
-o	和-g 选项同时使用，用户组的新 gid 能和系统已有用户组的 gid 相同

例如，将 "youGroup" 用户组的 ID 改为 1999。

```
[root@localhost Desktop]# groupmod -g 1999 youGroup
[root@localhost Desktop]# grep youGroup /etc/group
youGroup:x:1999:
```

将"youGroup"用户组的名称修改为othGroup。

```
[root@localhost Desktop]# groupmod -n othGroup youGroup
[root@localhost Desktop]# grep youGroup /etc/group
[root@localhost Desktop]# grep othGroup /etc/group
othGroup:x:1999:
```

3. 删除用户组

使用groupdel命令可以删除用户组。

groupdel命令的格式为：groupdel group。

其中，group表示要删除的用户组的名称。

例如，删除用户组othGroup。

```
[root@localhost Desktop]# groupdel othGroup
[root@localhost Desktop]# grep othGroup /etc/group
[root@localhost Desktop]#
```

4.1.3 用户配置文件

在4.1.1与4.1.2小节中，对用户管理的操作（如添加用户、添加组）是通过执行命令来完成的，而这些命令实际是修改了有关的系统文件，因此直接修改用户的配置文件也可以完成对用户管理的相关操作。与用户相关的系统配置文件主要有/etc/passwd、/etc/shadow、/etc/group。/etc/passwd文件保存了用户信息，/etc/shadow文件保存了加密的用户密码，/etc/group文件保存了用户组信息。

1. /etc/passwd文件

/etc/passwd文件会记录系统中所有的用户信息，是系统识别用户的一个文件。当用户登录时，系统首先查阅/etc/passwd文件。假设用户名为user，系统会在/etc/passwd文件中查看是否有该账号，然后确定user的uid，通过uid确认用户身份。在/etc/passwd文件中，每一行都表示一个用户的信息。每行有7个字段，字段之间通过":"分隔，具体内容如下（在此只列出/etc/passwd中的两行），每个字段的含义如表4-6所示。

```
[root@localhost Desktop]# cat /etc/passwd
root:x:0:0:root:/root:/bin/bash
user:x:1001:1001::/home/user:/bin/bash
```

表4-6 /etc/passwd中每个字段的含义

字段	含义
第一字段	用户名（登录名）
第二字段	口令（密码），x只起占位的作用，真正的密码被映射到/etc/shadow文件中
第三字段	用户ID（uid）
第四字段	用户所在组的组ID（gid）

续表

字段	含义
第五字段	注释性描述，是可选的（如 user 用户的此字段就是空缺的），如用户住址、电话、姓名等
第六字段	用户的主目录
第七字段	用户所用 Shell 的类型

2. /etc/shadow 文件

/etc/shadow 与/etc/passwd 文件是互补的，由于/etc/passwd 文件所有用户都可以访问，为保证安全，将密码和其他/etc/passwd 文件不能包括的信息（如有效期）单独保存在/etc/shadow 中，此文件只有 root 用户有权查看。例如，user 用户查看该文件时，会出现提示"Permission denied"（权限不足）。

```
[user@localhost Desktop]$ cat /etc/shadow
cat: /etc/shadow: Permission denied
```

在/etc/shadow 文件中，每个用户的信息有 9 个字段，字段之间通过":"分隔，具体内容如下，每个字段的具体含义如表 4-7 所示。

```
[root@localhost Desktop]# cat /etc/shadow
root:$6$UsTR5wpYpebFtlln$E2NQsw5FqIzA0/GCwCZfY2UTVCDBofJUgAIHNaWnKxNn0rUK
AyJzJ2RN/tvslyD7MuW4mXzqHcRZe9/ja0orD0::0:99999:7:::
user:$6$VRW/P.xq$9.1t5tbxmUIdpIDSKLhCXZxYIKNzfxmKUbeydGkLY2K71egBUuaQ5loL
FaRmU4Dy4Fw022p9PVHw8VJhPjQDD.:17131:0:99999:7:::
```

表 4-7　/etc/shadow 文件中每个字段的含义

字段	含义
第一字段	用户名（登录名），与/etc/passwd 文件的第一字段相同
第二字段	密码（已被加密），若此字段为 x，表示密码为空（没有密码）
第三字段	最后一次修改密码的时间，从 1970 年 1 月 1 日到最近一次修改密码的间隔天数
第四字段	两次修改密码间隔的最少天数，即用户必须间隔多少天才能修改密码。若该字段值为 0，则表示禁用此功能
第五字段	两次修改密码间隔的最多天数
第六字段	提前多少天警告用户密码将过期
第七字段	密码过期多少天后禁用此用户
第八字段	用户账号到期时间。若该字段为空，则该用户永久可用
第九字段	保留字段，目前为空，以备将来 Linux 发展之需

3. /etc/group 文件

/etc/group 文件是用户组的配置文件，可以直观看出用户组中包括哪些用户。每个用户组是一条记录，每个记录包含 4 个字段，字段之间通过":"分隔，具体内容如下，每个字段的具体含义如表 4-8 所示。

```
[root@localhost Desktop]# cat /etc/group
root:x:0:myu
user:x:1001:
user1:x:1002:
myuser:x:1003:
myGroup:x:1004:
```

表 4-8　/etc/group 文件中每个字段的含义

字段	含义
第一字段	用户组名称
第二字段	用户组口令
第三字段	组标识符 gid
第四字段	组内用户列表，多个用户之间用","分隔

4.2　文件权限管理

权限是操作系统用来限制对资源的访问的机制（如能否使用某个设备、CPU 资源等），权限一般分为读、写、执行。系统中每个文件都拥有特定的权限、所属用户及所属组。通过这样的机制来限制哪些用户、哪些组可以对特定文件进行什么样的操作。

4.2.1　所有者、所在组和其他用户

有 3 种类型的用户可以访问文件或目录：文件所有者、同组用户、其他用户。所有者一般是文件的创建者，对该文件的访问权限拥有控制权。所有者可以允许同组用户访问文件，还可以将文件的访问权限赋予系统中的其他用户。被赋予权限后，系统中每一位用户都能访问该用户拥有的文件或目录。每一个文件都有自己的所有者和所属组。通过 chown 和 chgrp 命令可以改变文件的所属用户和所属组。

1. 改变文件所属用户

通过 chown 命令将文件的所有者修改为指定的用户，普通用户不能改变自己的文件的拥有者，root 用户才拥有此权限。

chown 命令的格式为：chown [option] [owner][:[group]] file。

其中，常用的 option 选项如表 4-9 所示；owner 表示文件的所有者，可以是用户名，也可以是用户 ID；group 表示文件的所在组，组名或者组 ID 均可；file 是文件的名称。

表 4-9　chown 命令中常用的 option 选项

选项	功能描述
-c	显示更改的部分信息
-f	忽略错误信息
-h	修复符号链接
-R	处理指定目录及其子目录下的所有文件
-v	显示详细的处理信息

例如，在 user 用户下新建目录 four，并在 four 目录下创建 a、b 两个文件。

```
[user@localhost Desktop]$ mkdir four
[user@localhost Desktop]$ ls
four
[user@localhost Desktop]$ cd four
[user@localhost four]$ touch a b
[user@localhost four]$ ls
a  b
```

使用 ls 命令查看目录 four 和文件 a、b 的详细信息。

```
[user@localhost Desktop]$ ls -ld four
drwxrwxr-x. 2 user user 22 Mar 28 15:20 four
[user@localhost Desktop]$ ls -l four
total 0
-rw-rw-r--. 1 user user 0 Mar 28 15:20 a
-rw-rw-r--. 1 user user 0 Mar 28 15:20 b
```

在结果中出现的"user user"表示目录 four 和文件 a、b 的所属用户为 user，所在组为 user。进入 root 用户下，新建用户 myUser，并执行"chown myUser four"命令，将目录 four 的所属用户指定为 myUser。

```
[user@localhost Desktop]$ su root
Password:输入密码
[root@localhost Desktop]# useradd myUser
[root@localhost Desktop]# chown myUser four
```

通过 ls 命令查看目录 four 的详细信息，可以看出所属用户已变更为 myUser。

```
[root@localhost Desktop]# ls -ld four
drwxrwxr-x. 2 myUser user 22 Mar 28 15:20 four
```

查看目录下的 a、b 两个文件的所属用户。

```
[root@localhost Desktop]# ls -l four
total 0
-rw-rw-r--. 1 user user 0 Mar 28 15:20 a
-rw-rw-r--. 1 user user 0 Mar 28 15:20 b
```

由结果得出，a、b 两个文件的所属用户依旧是 user，也就是改变目录的所属用户对目录下的文件没有影响。若想将目录下文件的所属用户一同改为 myUser，则可以在 chown 命令后添加-R 选项，即执行命令"chown -R myUser four"。

```
[root@localhost Desktop]# chown -R myUser four
[root@localhost Desktop]# ls -ld four
drwxrwxr-x. 2 myUser user 22 Mar 28 15:20 four
[root@localhost Desktop]# ls -l four
total 0
-rw-rw-r--. 1 myUser user 0 Mar 28 15:20 a
-rw-rw-r--. 1 myUser user 0 Mar 28 15:20 b
```

2. 改变文件所在组

通过 chgrp 命令可以变更目录和文件的所属组，只有 root 用户才拥有此权限。

chgrp 命令的格式为：chgrp [option] group file。

其中，常用的 option 选项如表 4-10 所示；group 表示目录或文件的所在组，可以是组名或者组 ID；file 是目录或文件的名称。

表 4-10　chgrp 命令中常用的 option 选项

选项	功能描述
-c	当发生改变时输出调试信息
-f	忽略错误信息
-R	处理指定目录及其子目录下的所有文件
-v	显示详细的处理信息

例如，修改目录 four 的所属组为 myGroup。

```
[root@localhost Desktop]# ls -ld four
drwxrwxr-x. 2 myUser user 22 Mar 28 15:20 four
[root@localhost Desktop]# chgrp myGroup four
[root@localhost Desktop]# ls -ld four
drwxrwxr-x. 2 myUser myGroup 22 Mar 28 15:20 four
```

因为没有添加-R 选项，所以目录下的 a、b 两个文件的所属组依旧是 user。

```
[root@localhost Desktop]# ls -l four
total 0
-rw-rw-r--. 1 myUser user 0 Mar 28 15:20 a
-rw-rw-r--. 1 myUser user 0 Mar 28 15:20 b
```

添加-R 选项后，即执行命令 "chgrp -R myGroup four"，a、b 文件的所属组也一同更改为 myGroup。

```
[root@localhost Desktop]# chgrp -R myGroup four
[root@localhost Desktop]# ls -ld four
drwxrwxr-x. 2 myUser myGroup 22 Mar 28 15:20 four
[root@localhost Desktop]# ls -l four
total 0
-rw-rw-r--. 1 myUser myGroup 0 Mar 28 15:20 a
-rw-rw-r--. 1 myUser myGroup 0 Mar 28 15:20 b
```

4.2.2　读、写和执行操作

文件的读、写和执行操作

每一个文件或目录的访问权限都有 3 组，每组用 3 位表示，分别为文件属主的读、写、执行权限，与属主同组用户的读、写和执行权限，系统中其他用户的读、写和执行权限。文件被创建时，文件的所有者自动拥有对该文件的读、写、执行权限，以便阅读和修改文件。用户也可根据需要把访问权限设置为需要的任何组合，目录必须拥有执行权限，否则无法查看其内容。r 表示读权限，w 表示写权限，x 表示执行权限。3 种权限对文件和目录的影响如表 4-11 所示。

表 4-11　3 种权限对文件和目录的影响

权限	对文件的影响	对目录的影响
r（读）	可读取文件内容	可列出目录内容
w（写）	可修改文件内容	可在目录中创建、删除文件
x（执行）	可作为命令执行	可访问目录内容

当用 "ls-1" 命令显示文件或目录的详细信息时，最左边一列为文件的访问权限。/etc/passwd 文件的详细信息如下。

```
[root@localhost Desktop]# ls -l /etc/passwd
-rw-r--r--. 1 root root 2418 Mar 22 10:48 /etc/passwd
```

输出结果的前 10 个字符 "-rw-r--r--" 表示文件属性，第一个字符表示文件类型，剩下的 9 个字符（3 个一组）分别表示文件所有者、文件所在组以及其他用户对该文件的读、写和执行权限，具体含义如图 4-1 所示。

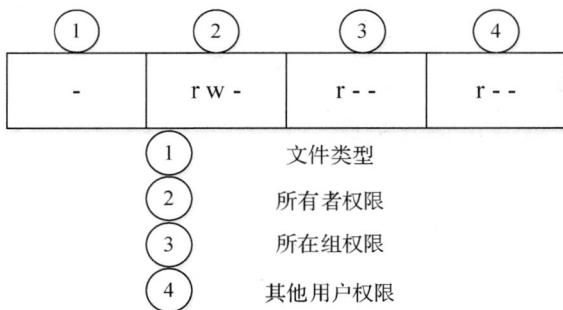

图4-1　文件属性

通过 chmod 命令改变不同用户对文件或目录的访问权限，文件或目录的所有者和 root 用户拥有修改权限。该命令有两种使用方法：表达式法和数字法。

1. 表达式法

表达式法的 chmod 命令的格式为：chmod [who] [operator] [mode] file。

其中，who 用于指定用户身份，具体选项如表 4-12 所示，若此选项省略，则表示对所有用户进行操作。operator 表示添加或取消某个权限，取值为 "+" 或 "-"。mode 用于指定读、写、执行权限，取值为 r、w、x 的任意组合。

表 4-12　who 的具体选项

选项	功能描述
u	文件或目录的所有者
g	同组用户
o	其他用户
a	所有用户，默认值

例如，four 目录下 a 文件的访问权限如下。

```
[root@localhost four]# ls -ld a
-rw-rw-r--. 1 myUser myGroup 0 Mar 28 15:20 a
```

所有者和同组用户拥有读、写权限，其他用户只拥有读权限。为了保证 a 文件是可执行的，赋予所有者和同组用户执行权限。同时其他用户可修改文件内容，即其他用户拥有写权限。执行命令及结果如下。

```
[root@localhost four]# chmod u+x,g+x,o+w a
[root@localhost four]# ls -ld a
-rwxrwxrw-. 1 myUser myGroup 0 Mar 28 15:20 a
```

2. 数字法

chmod 支持以数字方式修改权限，读、写、执行权限分别由 3 个数字表示：r（读）=4；w（写）=2；x（执行）=1。每组权限分别为对应数字之和，如"rw-rw-r--"表示为"664"（其中的-表示没有某一个权限，取值为 0）。当前 a 文件的访问权限为"rwxrwxrw-"，将其恢复到原来的"rw-rw-r--"，只需要执行命令"chmod 664 a"，命令及结果如下。

```
[root@localhost four]# chmod 664 a
[root@localhost four]# ls -ld a
-rw-rw-r--. 1 myUser myGroup 0 Mar 28 15:20 a
```

4.2.3 umask属性和特殊权限

文件和目录的默认访问权限是不同的。文件默认没有执行权限，对于所有者、同组用户、其他用户都只有 r、w 两个权限，即默认属性为"-rw-rw-rw-（数字表示为 666）"。对目录而言，所有权限均开放，即默认属性为"drwxrwxrwx（数字表示为 777）"。新建文件与目录的访问权限是由默认权限和 umask 属性的差值决定的，每个终端都拥有一个 umask 属性。一般普通用户的默认 umask 是 002，这 3 位数字代表文件权限的 3 个位（用户、组、其他）的掩码值，root 用户的默认 umask 是 022，使用 umask 命令查看当前终端的 umask 值。

```
[user@localhost Desktop]$ umask       //普通用户
0002
[user@localhost Desktop]$ su root      //切换到 root 用户
Password:
[root@localhost Desktop]# umask        //root 用户
0022
```

普通用户的 umask 默认值为 002（即"-------w-"），因此普通用户建立文件时，默认读、写、执行权限为"-rw-rw-r--"（即"-rw-rw-rw-"减去"-------w-"），新建目录的访问权限为"drwxrwxr-x"（即"drwxrwxrwx"减去"-------w-"）。以此类推，root 用户新建文件的访问权限为"-rw-r--r--"，新建目录的访问权限为"drwxr-xr-x"。

例如，在 user 用户下新建目录 test1，新建文件 f1，命令如下。

```
[user@localhost Desktop]$ mkdir test1
[user@localhost Desktop]$ touch f1
[user@localhost Desktop]$ ls -ld test1 f1
-rw-rw-r--. 1 user user 0 Mar 29 18:14 f1
drwxrwxr-x. 2 user user 6 Mar 29 18:14 test1
```

在 root 用户下新建目录 test2，新建文件 f2，命令如下。

```
[root@localhost Desktop]# mkdir test2
[root@localhost Desktop]# touch f2
[root@localhost Desktop]# ls -ld test2 f2
-rw-r--r--. 1 root root 0 Mar 29 18:16 f2
drwxr-xr-x. 2 root root 6 Mar 29 18:16 test2
```

使用 umask 命令查看默认权限时，有 4 位数字（如 0002），而所有者、所在组、其他用户的读、写、执行权限只占后面 3 位。这是因为除读、写、执行 3 个普通权限外，系统中还存在 3 个特殊权限：suid、sgid、sbit。开头的一位用于保存特殊权限。特殊权限对文件和目录的影响如表 4-13 所示。

表 4-13　特殊权限对文件和目录的影响

权限	对文件的影响	对目录的影响
suid	以文件的所属用户的身份执行，而非执行文件的用户身份	无
sgid	以文件所属组的身份执行	在该目录中创建的任意新文件的所属组与该目录的所属组相同
sbit	无	对目录拥有写入权限的用户仅可以删除其拥有的文件，无法删除其他用户拥有的文件

1.　suid

设置了 suid 权限的文件，在执行时以文件的所属用户身份执行，而非执行文件的用户身份。例如，查看文件/usr/bin/passwd，所有者的 x 权限被 s 替代，命令如下。

```
[root@localhost Desktop]# which passwd
/usr/bin/passwd
[root@localhost Desktop]# ls -ld /usr/bin/passwd
-rwsr-xr-x. 1 root root 27832 Jun 10  2014 /usr/bin/passwd
```

当 s 标志出现在文件所有者的 x 权限上时，如上述结果出现的"-rwsr-xr-x"，该文件就拥有了 suid 权限。suid 权限的限制与功能为：suid 只能用于二进制可执行文件（即需对该文件拥有可执行权限），对目录无效；执行者将具有该文件所有者的权限；本权限只在文件执行时有效，执行完毕不再拥有所有者权限。

例如，在 Linux 系统中，所有账号的密码都记录在/etc/shadow 文件中，此文件只有 root 用户才有操作权限，但普通用户也可以修改自己的密码。这是因为普通用户对于/usr/bin/passwd 这个程序是具有 x 权限的，可运行 passwd 命令。普通用户在运行 passwd 命令的过程中暂时获得 root 权限，从而/etc/shadow 文件就可以被普通用户运行的 passwd 命令修改。但是普通用户依旧无法使用 cat 命令读取/etc/shadow 文件的内容，因为 cat 命令不具有 suid 权限。

2.　sgid

sgid 权限出现在文件所属组权限的执行位。与 suid 不同的是，它对普通二进制文件和目录都有效。当它作用于普通文件时和 suid 类似，执行者若具有该文件的 x 权限，执行者将获得该文件所属组的权限。当 sgid 作用于目录时，若执行者对某一目录具有 x、w 权限，该执行者就可以在该目录下建立文件，而且该执行者在这个目录下建立的文件都属于这个目录所属的组。

3.　sbit

sbit 权限出现在其他用户的 x 权限上，只对目录有效。若执行者对目录具有 w、x

权限，在该目录下创建文件或目录时，仅自己与 root 用户才有权删除新建的目录或文件。例如，/tmp 文件的访问权限是"drwxrwxrwt"。

```
[root@localhost Desktop]# ls -ld /tmp
drwxrwxrwt. 16 root root 4096 Mar 29 18:55 /tmp
```

任何用户都可在/tmp 内新增、修改文件，但仅有该文件或目录的创建者与 root 用户能够删除自己的目录或文件。root 用户登录系统，在/tmp 目录下新建 test 文件，并将 test 文件的访问权限更改为 777，即所有用户都对该文件拥有读、写、执行权限。然后切换到普通用户（如 user），尝试删除 test 文件，会提示"cannot remove 'test': Operation not permitted"。

```
[root@localhost Desktop]# cd /
[root@localhost /]# ls
bin   dev  home  lib64 mnt  proc  run   srv  tmp  var
boot  etc  lib   media opt  root  sbin  sys  usr
[root@localhost /]# cd tmp
[root@localhost tmp]# touch test
[root@localhost tmp]# chmod 777 test
[root@localhost tmp]# su user
[user@localhost tmp]$ rm -rf test
rm: cannot remove 'test': Operation not permitted
```

在 root 用户下即可成功删除。

```
[user@localhost tmp]$ su root
Password:
[root@localhost tmp]# rm -rf test
[root@localhost tmp]#    成功删除
```

特殊权限的修改和设置同样使用 chmod 命令，表达式法和数字法均可。表达式法与修改普通权限一样，针对 u（所有者）、g（所在组）、o（其他用户）进行设置，由于 suid、sgid、sbit 权限用于代替特定用户的 x 权限位，所以使用方法一共有 3 种：chmod u+s file、chmod g+s file、chmod o+t file。file 表示文件或目录的名称。数字法则是在原来 3 位数字的前面添加 1 位，4 表示 suid 权限，2 表示 sgid 权限，1 表示 sbit 权限，如 chmod 4777 file（file 表示文件或目录的名称）。

4.2.4　文件属性控制

在平时使用计算机时，我们会遇到这样的需求：在操作文件时，不能让用户修改文件本身的内容，但允许用户添加新的内容到文件中。虽然从需求的角度上来看这没有问题，但是从实现的角度上来看好像是有冲突的，即文件既不允许写又允许写。这在其他操作系统与文件系统中很难实现，而 Linux 则提供了实现它的机制——文件属性控制。在文件系统 Ext4 中，只需要 chattr + a file 就可以实现以上功能。当然，并不是所有文件系统都支持这样的特性，当前支持的文件系统有：Ext2、Ext3、Ext4、Btrfs 等。在 BSD 系统中，请查看 chflags 相关命令与说明。

1. lsattr 查看文件属性

lsattr 用于列出当前文件的属性信息。

lsattr 命令的格式为：lsattr [-RVadlv] [file]。主要选项的含义如表 4-14 所示。

表 4-14　lsattr 命令的主要选项

选项	功能描述
-R	递归显示出所有文件与目录
-V	查看软件版本信息
-a	显示目录中所有文件与目录的属性，包括隐藏文件与隐藏目录
-d	显示出目录本身的属性

参数的使用如下。

```
bash >>> ls -R .
.:
mydir/  myfile

./mydir:
file1
bash >>> lsattr     #查看当前目录的文件与目录的属性
-------------e-- ./mydir
-------------e-- ./myfile
bash >>> lsattr -R
-------------e-- ./mydir

./mydir:
-------------e-- ./mydir/file1
-------------e-- ./myfile
bash >>>
```

从上面可以看到，所有的文件都有属性"e"的标记，这代表文件系统在存储文件时在磁盘中使用的是连续存储空间，它是不能被移除的。文件属性有多种，每一种不同的标记表示不同的属性，详情如表 4-15 所示。

表 4-15　lsattr 属性列表

属性	功能描述
-a	Append only：设定该属性后，只能在文件末尾添加数据，不能修改或者删除原有数据。只有 root 用户或者拥有 CAP_LINUX_IMMUTABLE 能力的进程才能设置或清除此属性
-c	Compressed：设置此标记后，文件在磁盘上存储时，会被内核自动压缩。在读取时自动进行解压。注意：在 Ext2、Ext3 中可能没有效果
-d	No dump：在用 dump 进行备份时，设置了此标识后，则不能再被备份
-e	Extern format：文件系统在存储文件时在磁盘中使用的是连续存储空间，它不能被移除。它的作用是减少或者消除磁盘中的文件碎片
-i	Immutable：有此属性的文件，不能被删除、改名、添加硬链接；同样，也不能修改、添加与删除其内容。与-a 一样，只有 root 用户或者拥有 CAP_LINUX_IMMUTABLE 能力的进程才能设置或清除此属性
-j	Data journaling：设定此属性使得当文件系统 Ext3 在挂载时添加了参数 data=ordered 或 data=writeback 后，在进行写操作时，文件会先写入 journal 中，之后才会更新到文件本身。如果文件系统在挂载时设定了参数 data=journal，则该参数自动失效，因为所有的文件默认都会先进行记录，后进行写操作。该标记只有 root 用户或者拥有 CAP_LINUX_IMMUTABLE 能力的进程才能设置或清除。注意，此属性仅对 Ext3 有用

续表

选项	功能描述
-s	Secure deletion：安全删除文件或者目录。设置此属性后，文件或者目录被删除后，其所占用的磁盘空间会立刻被收回。注意：在 Ext2、Ext3 中可能没有效果
t	No tail-merging：在磁盘存储时，如果数据没有将存储文件的最后一块磁盘空间完全占满，则不允许其他文件填充到最后
-u	与-s 相反，当设定为-u 时，数据内容其实还存在磁盘中，可以用于数据恢复。注意：在 Ext2、Ext3 中可能没有效果
-A	文件或目录的访问时间（atime）不能被修改。它可以减少一定量的磁盘 I/O 访问
-C	No copy on write：添加此属性后，Linux 的 copy-on-write 机制对此文件不再适用。当然，此标记仅对支持 copy-on-write 的文件系统有效。注意：在 Btrfs 中，此标记只能设置在新文件或者空文件中。如果文件中已经有数据了，则有可能会产生意想不到的结果。如果标记设置到了目录中，它对于当前目录是没有任何影响的，但之后在这个目录所创建的文件会自动添加 NO_COW 属性（即 C 属性）
-D	Synchronous directory updates：设置此标记后，目录中的一切变化（包括目录里的文件），都会立刻同步到磁盘中。只支持内核版本 2.5.19 及之后的版本
-S	Synchronous updates：文件发生变化时，同步到磁盘中
-T	Top of directory hierarchy：用于目录的组织。标记了目录后，则其子目录或者文件就会使用不同的区域来存储文件与目录。不同的目录与它的子目录或者文件在磁盘中可能会挨得更近。如果不设置此属性，则系统会使用默认的存储方式安排目录与文件的位置

2. chattr 修改文件属性

修改文件属性方式有 3 种不同的方法，如表 4-16 所示。

表 4-16 chattr 修改文件属性的方式

方式	功能描述
+[acdeijstuACDST]	在原有文件属性的基础上添加一个或多个属性，如：chattr +a file
-[acdeijstuACDST]	在原有文件属性的基础上移除一个或多个属性，如：chattr –a file
=[acdeijstuACDST]	设置文件属性为新的属性，如 chattr =ae file

举例说明如下。

```
bash >>> lsattr myfile
-------------e-- myfile
bash >>> cat myfile
old
bash >>> echo "old text" >myfile
bash >>> chattr +a myfile              #添加只读选项
bash >>> echo "old text" >myfile
-bash: myfile: Operation not permitted
bash >>> echo "newline" >>myfile       #以 append 方式添加新内容
bash >>> cat myfile
old text
```

```
newline
bash >>> chattr -a myfile
bash >>> lsattr -a myfile          #移除只读选项
-------------e-- myfile
bash >>> echo "newline replace old" >>myfile
bash >>> cat myfile
old text
newline
newline replace old
bash >>> echo "newline replace old" >myfile #当前可以进行写操作了
bash >>> cat myfile
newline replace old
```

不允许修改文件。

```
bash >>> chattr +i myfile          #添加不能修改属性
bash >>> rm myfile
rm: cannot remove 'myfile': Operation not permitted
bash >>> echo "hello" > myfile
-bash: myfile: Permission denied
bash >>> echo "hello" >>myfile
-bash: myfile: Permission denied
bash >>> ln myfile hardnew
ln: failed to create hard link 'hardnew' => 'myfile': Operation not permitted
bash >>> chattr -i myfile          #移除不能修改属性
bash >>> ln myfile hardnew
bash >>> ls -l hardnew
-rw-r--r-- 2 root root 20 May 27 22:51 hardnew
```

设置文件属性。

```
bash >>> chattr =ai myfile         #设置文件属性
chattr: Clearing extent flag not supported on myfile
bash >>> chattr =aie myfile        #设置文件属性
bash >>> lsattr myfile
----ia-------e-- myfile
bash >>> chattr =e myfile
bash >>> lsattr myfile
-------------e-- myfile
```

习　题

1. 添加用户tiger（在/etc/passwd文件中可以搜索到与tiger有关的信息行，即添加用户成功），并为tiger用户指定密码。

2. 创建文件testChmod，查看文件的读、写、执行权限，并指定文件的所有者拥有读、写、执行3种权限。

05

第 5 章　Linux 文本处理

　　Linux 系统中存在众多文件，学习 Linux，就必须学会处理文本。本章介绍文本编辑器 Vim，对文本进行切片、比较、格式化输出的方法以及 awk 文本分析工具的相关知识。学习完本章后，读者可以对文本进行简单的处理与分析。

5.1 文本编辑器

在 Linux 系统中，即使在命令行状态下，也需要做大量的文本处理工作，如修改各种服务器程序配置文件，对创建的文件进行编辑等。Linux 上常用的文本编辑器有 Vim、ed、gedit、emacs 等，本节将以平常应用最多的 Vim 为例，讲解文本编辑器的使用方法。

5.1.1 Vim简介

在介绍 Vim 之前，先介绍 vi。vi 是一个命令行界面下的文本编辑工具，是由加州大学伯克利分校比尔·乔伊以原来的 UNIX 行编辑器 ed 等为基础开发出来的，取 visual（可视化）单词的前两个字母进行命名。在 Linux 诞生时，vi 与基本的 UNIX 应用程序一样被保留下来，成为管理系统的好帮手，为用户提供了一个全屏幕的窗口编辑平台。同时 vi 也融合了强大的行编辑器 ex 的功能，用户在使用 vi 的同时，也可以使用行编辑器的命令。

1991 年，布莱姆·米勒（Bram Moolenaar）对 vi 进行了改进和优化，发布了 Vim（Vi Imitation 的缩写），其最大的特点是加入了对 GUI 的支持。即相对于 vi 来说，可以用颜色或底线等方式来表示一些特殊的信息，但两者的使用方法相同。大多数 Linux 的发行版本配备的都是 Vim，即在使用 vi 命令时，指向的也是 Linux 系统中的 Vim 程序。在终端输入 vi 命令，屏幕会显示图 5-1 所示的结果。

```
[user@localhost Desktop]$ vi
```

在此环境下，输入 ":q" 可退回到终端，后面会详细介绍 Vim 的操作。

```
                    VIM - Vi IMproved

                    version 7.4.160
                  by Bram Moolenaar et al.
             Modified by <bugzilla@redhat.com>
            Vim is open source and freely distributable

                 Help poor children in Uganda!
    type  :help iccf<Enter>        for information

    type  :q<Enter>                to exit
    type  :help<Enter>  or  <F1>   for on-line help
    type  :help version7<Enter>    for version info
```

图5-1 启动Vim程序的结果

有些 Linux 版本默认安装的是 Vim 的最小版本（Vim-tiny），功能不全面，只支持有限的 Vim 特性，如按上、下、左、右方向键时会显示 A、B、C、D。在终端输入 vi 命令，然后按两次 Tab 键，就可查看当前 Linux 系统中安装的 Vim 版本，如果显示的只有 vi 和 vim-tiny，则需要安装完全版的 Vim。在终端输入如下命令，等待安装完成即可。

```
[user@localhost Desktop]$ sudo apt-get install vim
```

5.1.2 Vim模式

Vim 有 3 种工作模式：命令模式（或称常规模式）、插入模式、末行模式（或称 ex 模式）。

1. 命令模式

Vim 启动后，默认进入命令模式，在任何模式下都可以按 Esc 键返回到命令模式，可以多按几次 Esc 键保证顺利返回到命令模式。在命令模式下，可以输入不同的命令完成选择、复制、粘贴、删除等操作。命令模式下常用的命令如表 5-1 所示。

Vim 文本编辑器介绍

表 5–1　命令模式下常用的命令

命令	说明
yy	复制当前行
yw	复制光标后的一个单词
y0	复制当前字符到当前行的起始处
y$	复制当前字符到当前行的末尾处
yG	复制当前行到文件末尾的内容
n+yy	复制 *n* 行
p	粘贴
x	删除当前字符
X	删除前一个字符
dd	删除当前行
dw	删除光标后的一个单词
d$	删除当前字符到当前行的末尾处
d0	删除当前字符到当前行的开始处
dG	删除当前行到文件末尾
J	与下一行合并
u	撤销上一个操作
r	替换当前字符

可以通过键盘控制光标在文本中的移动（最为熟悉的就是按键盘中的上、下、左、右方向键）。控制光标移动的常用命令如表 5-2 所示。注意：命令区分大小写。

表 5–2　控制光标移动的常用命令

命令	说明
h 或左方向键	左移一位
l（小写 L）或右方向键	右移一位
j 或下方向键	下移一行
k 或上方向键	上移一行
数字 0	移至本行开头
$	移动至行尾
w	移动到下一个单词的开头

续表

命令	说明
b	移动到上一个单词的开头
e	移动到当前单词的末尾
H	移动到屏幕最上面一行
M	移动到屏幕中间一行
L	移动到屏幕最下面一行
gg	移动到文件开头
G	移动到文件末尾

2. 插入模式

在插入模式下可以编辑文本内容。在命令行模式下按 I、A 等键可以进入插入模式，在此模式下可以输入文本，但命令执行后的字符插入位置不同，插入模式的常用命令如表 5-3 所示。

表 5-3 插入模式的常用命令

命令	执行后字符插入位置
i	当前字符之前
I	当前行首第一个非空白字符之前
a	当前字符之后
A	当前行尾
s	删除当前字符，光标停留在下一个字符处
S	删除当前行，光标停留在行首
o	在当前行的下方插入一个新行，光标停在新行行首
O	在当前行的上方插入一个新行，光标停在新行行首

3. 末行模式

在命令模式下输入"："进入末行模式。这时光标会移到屏幕底部，在这里可以保存修改或退出 Vim，也可以设置编辑环境、寻找字符串、列出行号等。末行模式的常用命令如表 5-4 所示。

表 5-4 末行模式的常用命令

命令	退出方式
:w filename	以指定的文件名（filename）保存（类似于另存为），并退出 Vim 环境
:w	保存当前修改，还可继续编辑
:wq	保存并退出 Vim 环境
:q	退出 Vim 环境

续表

命令	退出方式
:q!	不保存修改，并强制退出 Vim 环境
:x	保存并退出 Vim 环境，相当于 ":wq" 命令
ZZ	保存并退出 Vim 环境
:set number	显示行号
:! 系统命令	执行一个系统命令并显示结果
:sh	切换到命令行，按 Ctrl+D 组合键切换回 Vim 环境

在这些命令中有几个比较相似，如:q、:q!、:wq，但在使用时它们是有区别的。:q 命令用于退出 Vim 环境，如果在执行该命令前没有保存文本，就会出现错误提示。:q! 命令用于强制退出 Vim 环境，即使没有保存文本，也可成功退出。:wq 命令用于保存文本并退出 Vim 环境。下面通过具体示例说明这三者之间的区别。

在桌面上创建一个文件 test。

```
[user@localhost Desktop]$ vi test
```

按 I 键切换到插入模式，输入如下文本。

```
hello
student
are
you
ready
```

按 Esc 键回到命令模式后，输入 ":" 进入末行模式，在冒号后输入 q，系统将会提示修改的内容还没有保存，如下所示。

```
E37: No write since last change (add ! to override)
```

如果先保存文本再退出，就不会出现这样的提示。即在进入末行模式后，在冒号后输入 w 保存文本，屏幕下方会出现如下内容。

```
"test" 5L, 28C written
```

此时再进入末行模式，在冒号后输入 q 就可以成功退出 Vim 环境。在文本内容修改完成后，进入末行模式，在冒号后输入 wq 也可以成功退出 Vim 环境。但是如果想不保存就退出 Vim 环境，可输入 q!强制退出，这样不会出现上述提示。

当文本内容很多时，为方便查找文本，可以使用 set number（可简写为 set nu）给文本内容添加行号。进入末行模式，在冒号后面输入 set nu，输入完毕按 Enter 键，文本行的开头将显示相应的行号。

```
1 hello
2 student
3 are
4 you
5 ready
```

在 Vim 环境下也可以执行系统命令，有两种格式：接收一条命令和接收多条命令。

（1）接收一条命令。

这种方式每次只能执行一个系统命令。在末行模式的冒号后输入 "!command"。

此时不会保存文本内容，按 Enter 键会返回 Vim 环境。如输入"!ls -l"，在终端显示如下。

```
[No write since last change]
total 4
-rw-rw-r--. 1 user user 29 Feb 16 17:39 test

Press ENTER or type command to continue
```

（2）接收多条命令。

这种方式在不退出 Vim 环境的情况下，可以在终端连续执行操作。在末行模式的冒号后面输入 sh，就可以返回终端执行相关操作，按 Ctrl+D 组合键可以切换回 Vim 环境。

```
[No write since last change]
[user@localhost Desktop]$ ls -l
total 4
-rw-rw-r--. 1 user user 29 Feb 16 17:39 test
```

5.1.3　Vim环境下的查找和替换

Vim 具有一个十分强大的功能：查找和替换。在 Vim 环境下，该功能可以根据搜索条件将光标移动到指定的位置，并用不同颜色标记查找出的内容。需要注意的是，在执行文本的替换工作时，可以用命令控制是否需要用户确认才可以进行替换。

1. 行内搜索

命令 f 表示在光标所在的行内进行搜索。例如，ft 表示在光标所在行查找字母 t，光标会定位到第一个出现字母 t 的位置，此时输入分号";"表示继续往下查找，输入逗号","表示反方向查找。

2. 搜索整个文件

在命令行模式或末行模式下，输入"/"，在屏幕的底部会出现一个"/"符号，在"/"后面输入想要查找的内容，按 Enter 键结束，当然在"/"后面也可输入正则表达式进行搜索。使用 n 命令可以重复查找，如输入"/"，再输入关键词进行查找。按 N 键可以在查找到的关键词之间切换。查找到的内容会用颜色标识出来，方便观察。

3. 替换

替换文本内容是在末行模式下进行的，即如果需要替换则输入":"进入末行模式。如对上一小节中的 test 文件进行操作，将文本中的字母 e 替换为 r，命令如下。

```
:%s/e/r/g
```

输入完毕后，按 Enter 键，文本中的内容变化如下。

```
hrllo
studrnt
arr
you
rrady
```

由此可以看出替换成功，上述命令中各个字母的含义如表 5-5 所示。

表 5–5　替换命令中各字母的含义

命令组成	含义
%	确定操作范围，%代表从文本第一行到最后一行
s	执行替换操作
/e/r	搜索和替换的文本（搜索字母 e，将其替换为字母 r）
g	对搜索到的每一行的每一个实例进行替换；如果 g 缺失，则只替换每一行第一个符合条件的实例

假设替换命令改变如下。

```
:%s/e/r/gc
```

则在每次替换前都会要求用户确认，在屏幕最下方会出现如下内容。

```
replace with r (y/n/a/q/l/^E/^Y)?
```

用户可以选择括号中的任意字符进行回答，每一个字符的含义如表 5-6 所示。

表 5–6　用户确认中各字符的含义

字符	含义
y	执行替换操作
n	跳过此次替换
a	执行此次替换以及之后的所有替换
q	停止替换
l（小写 L）	执行此次替换并退出替换
^E（表示 Ctrl+E） ^Y（表示 Ctrl+Y）	^E 表示向下滚动，^Y 表示向上滚动，用于查看替换处的上下文内容

5.2　文本切片和切块

文本的切片和切块是指对文本数据进行提取。本节详细讲解 3 个命令：cut、paste 和 join。cut 命令用于剪切文本信息，paste 命令用于粘贴文本内容，join 命令用于对文本内容进行连接。

5.2.1　剪切命令cut

在 Linux 中，cut 命令用于在数据中提取需要的部分，注意 cut 命令是以行为对象来进行操作的。

cut 命令的格式为：cut option [file]。

其中 option 选项用于指定以何种方式进行剪切，并给出剪切的具体位置；file 是 cut 命令操作对象的文件名称，如果不指定 file 参数，cut 命令将读取标准输入。常用的 option 选项如表 5-7 所示，在执行 cut 命令时，必须指定-b、-c、-f 选项中的一个。

表 5–7　cut 命令中常用的 option 选项

选项	功能描述
-b	以字节为单位进行剪切
-c	以字符为单位进行剪切
-f	以域为单位进行剪切
-d	自定义分隔符（默认为制表符 Tab），与-f 一起使用，以指定提取区域
-n	取消分隔多字节字符。仅和-b 一起使用。如果字符的最后一个字节落在由 -b 标志的 List 参数指示的 范围内，该字符将被写出，否则该字符将被排除

例如，在终端输入 date 命令，以获取系统时间。

```
[user@localhost Desktop]$ date
Wed Dec 28 20:49:31 CST 2016
```

如果只需要"20:49:31"这部分，就可利用 cut 命令进行操作，命令如下。

```
[user@localhost Desktop]$ date |cut -c 12-19
20:49:31
```

其中，"|"表示将前面命令执行的结果赋予后面的表达式（在第 6 章的管道部分将详细介绍），即将 date 命令的输出结果作为 cut 命令的输入；"-c"表示以字符为单位进行截取，即获取"Wed Dec 28 20:49:31 CST 2016"字符串中第 12 个到第 19 个字符的内容：20:49:31。

为了接下来的示例方便管理，进入/home/user/主目录，创建 five 目录，在该目录下新建 cut_bc 文件，输入相应内容（执行 cat cut_bc 命令即可显示文件中的内容）。

```
[user@localhost Desktop]$ cd /home/user
[user@localhost ~]$ mkdir five
[user@localhost ~]$ ls
Desktop    Downloads  Music     Public     test
Documents  five       Pictures  Templates  Videos
[user@localhost ~]$ cd five
[user@localhost five]$ vi cut_bc
[user@localhost five]$ cat cut_bc
Tom:Jones:4404
Mary:Adams:2980
Sally:Chang:9999
Billy:Black:6666
```

cut 命令有 3 种剪切方式：以字节为单位进行剪切、以字符为单位进行剪切和以域为单位进行剪切。

1. 以字节为单位进行剪切

（1）提取每行中的第 n 字节。例如，对上文创建好的 cut_bc 文件进行操作，按照字节提取文本中每行的第 7 字节，在终端执行的命令及结果如下。

```
[user@localhost five]$ cut -b 7 cut_bc
n
d
```

```
C
B
```

（2）如果要提取的字节是连续的，则可以将字节开始和结束的位置用"-"连接。例如，提取 cut_bc 文件的第 2、第 7、第 8、第 9 字节，执行的命令及结果如下。

```
[user@localhost five]$ cut -b 2,7-9 cut_bc
ones
adam
aCha
iBla
```

使用-b 选项时，cut 会先把-b 后面给出的位置从小到大排序，即（2,7-9）和（7-9,2）的执行结果一样。

```
[user@localhost five]$ cut -b 7-9,2 cut_bc
ones
adam
aCha
iBla
```

（3）下面查看两个命令的执行结果。

```
[user@localhost five]$ cut -b -2 cut_bc
To
Ma
Sa
Bi

[user@localhost five]$ cut -b 2- cut_bc
om:Jones:4404
ary:Adams:2980
ally:Chang:9999
illy:Black:6666
```

"-2"表示提取前两字节，"2-"表示从第 2 字节开始一直提取到行尾，但是这两个参数的执行结果都包含第 2 字节。将-2 与 2-连用，结果如下。

```
[user@localhost five]$ cut -b -2,2- cut_bc
Tom:Jones:4404
Mary:Adams:2980
Sally:Chang:9999
Billy:Black:6666
```

由此可见，输出了整行，第 2 字节并没有重复出现。注意：一般不会这么用，因为要提取整行的话，也就不需要用 cut 命令了，本示例仅辅助理解。

2．以字符为单位进行剪切

（1）以字符为单位进行剪切与以字节为单位进行剪切的方法基本相同，就是把-b 换成-c。例如，从 cut_bc 文件中提取第 2、第 7、第 8、第 9 字节，执行的命令及结果如下。

```
[user@localhost five]$ cut -c 2,7-9 cut_bc
ones
adam
aCha
iBla
```

可以看到与上面以字节为单位进行剪切时的结果相同。这是因为 1 个英文字母占 1 字节，是单字节字符。若提取的文本中含有汉字，结果就会出现差异。此处涉及在 CentOS 7 中输入汉字，如果还未设置过，可按照下面的步骤①～步骤⑧进行设置。考虑到读者安装的 CentOS 7 的默认语言可能是英语或者汉语，这里以英语为示例，在英语后会给出汉语版对应的内容。读者也可以查看图标进行学习，两种语言对应的图标是一样的。

① 选择屏幕左上角的 Applications（系统应用程序）→System Tools（系统工具）→Settings（设置），如图 5-2 所示。

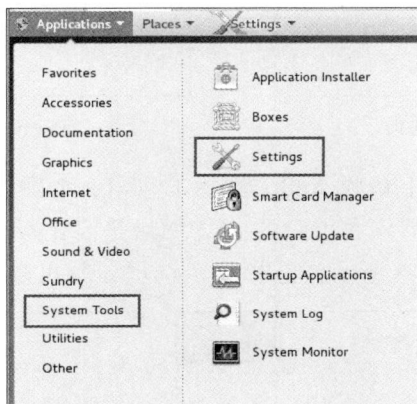

图5-2 选择CentOS 7系统设置选项

② 在弹出的对话框最上面一栏中选择 Region & Language（区域和语言），如图 5-3 所示。

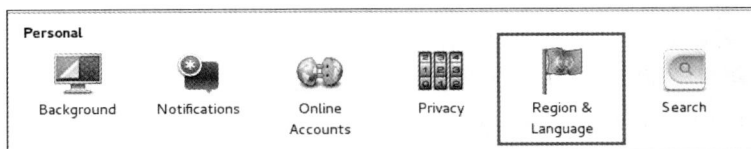

图5-3 选择区域和语言选项

③ 在弹出的窗口中，单击 Input Sources（输入源）左下角的"+"按钮，如图 5-4 所示。

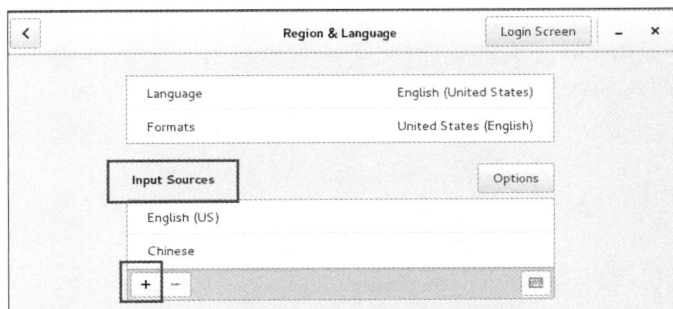

图5-4 选择输入源选项

④ 在弹出的对话框中选择 Chinese(China)（汉语（中国）），如图 5-5 所示。

⑤ 在弹出的对话框中选择 Chinese(Intelligent Pinyin)（汉语（智能拼音）），如图 5-6 所示。

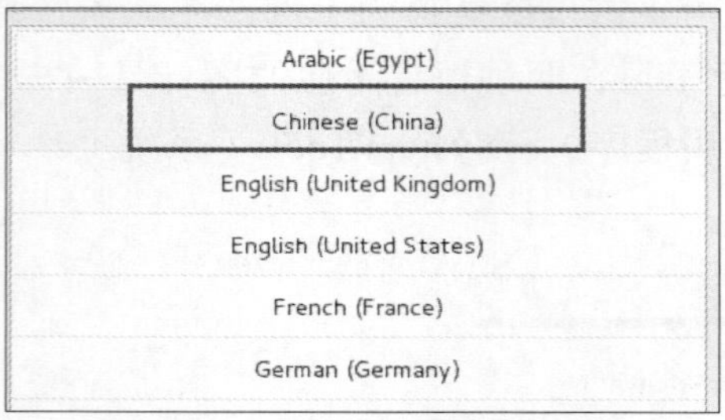

图5-5　选择汉语选项

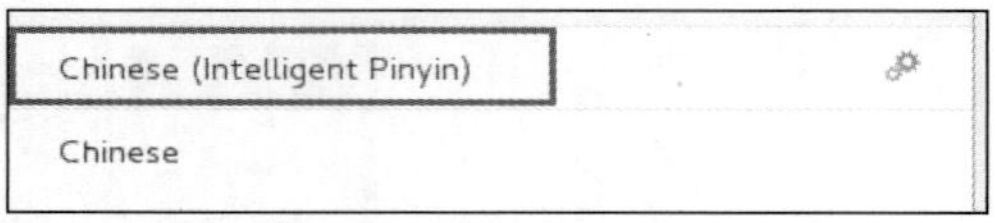

图5-6　选择汉语拼音选项1

⑥ 选择好后，单击右上角的 Add（添加）按钮，如图 5-7 所示。

⑦ 设置完成后，单击屏幕右上角的 en（如果是汉化版，则为 zh）按钮，出现刚才设置好的拼音选项，如图 5-8 所示，选择这个选项，就可以输入汉字了。

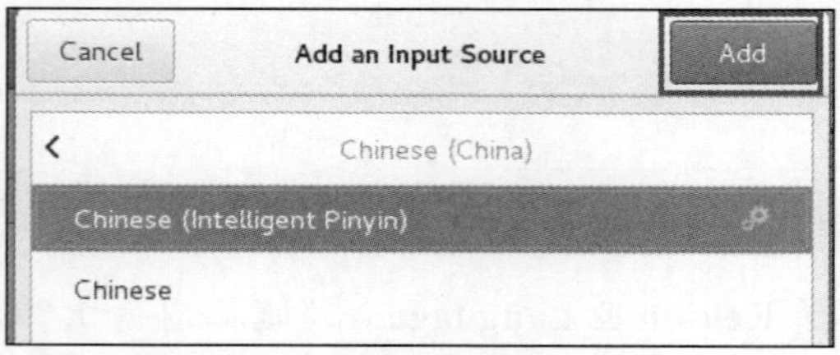

图5-7　添加汉语拼音

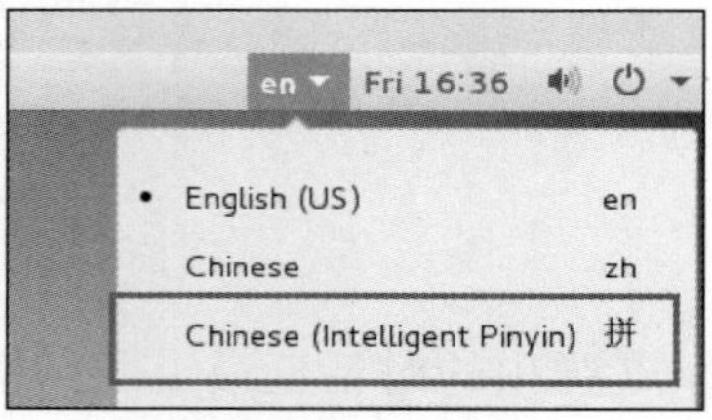

图5-8　选择汉语拼音选项2

⑧ 选择好之后，右上角的 en 会变为“中”，与在 Windows 系统中一样，可以使用 Shift 键进行中英文切换。

回到终端，进入 five 目录下，新建一个文件 cut_z，可以使用 touch cut_z 命令新建该文件，再打开文件输入文字。文件中的内容如下。

```
[user@localhost five]$ cat cut_z
今天天气很好呢
明天有雾霾
周六又可以放假啦
好开心呢
```

通过 cut 命令提取 cut_z 文件的字节和字符。

```
[user@localhost five]$ cut -b 2 cut_z
�
�
�
�
[user@localhost five]$ cut -c 2 cut_z
天
天
```

六

开

可以看出，按照字节（-b）提取时会出现乱码，按照字符（-c）提取就不会出现这样的问题。这是因为-b是按照8位二进制位来计算的。一个汉字占2字节。

（2）为了解决乱码问题，当遇到多字节字符时（如汉字），可以采用-nb选项，-n表示不要将多字节字符拆开。例如，仍然以字节为单位提取cut_z文件中的内容，使用-nb就不会出现乱码的问题，结果如下。

```
[user@localhost five]$ cut -nb 2 cut_z
天
天
六
开
[user@localhost five]$ cut -nb 1,2,3 cut_z
今天天
明天有
周六又
好开心
```

3. 以域为单位进行剪切

如果文本中有明确的分隔符，则可以按域提取文本内容。分隔符的形式有很多，如冒号、空格、制表符等。通过-d设置分隔符的格式，-f用于告诉cut命令想要提取的域的位置。分隔符是冒号的示例如下。

```
[user@localhost five]$ cut -d : -f 2 cut_bc
Jones
Adams
Chang
Black
```

当域连续时，可以采用数字通过连字符进行连接的方式，如下所示。

```
[user@localhost five]$ cut -d : -f 2-3 cut_bc
Jones:4404
Adams:2980
Chang:9999
Black:6666
```

需要注意的是，-d默认的分隔符是制表符，如果文本的分隔符是制表符，可以忽略-d选项，直接使用-f设置域的位置。如果是空格，则可以使用-d' '，两个引号之间要输入一个空格。

5.2.2 粘贴命令paste

paste命令的作用与cut命令正好相反，不是从文本中提取信息，而是向文本中添加信息。

paste命令的格式为：paste [option] [file1] [file2]。

其中，option选项可以省略，常用的option选项如表5-8所示；file1、file2表示进行合并的文件的名称。

表 5-8　paste 命令中常用的 option 选项

选项	功能描述
-s	将每个文件中的内容作为一行输出
-d	指定分隔符，若未使用该选项，则默认用制表符（Tab）分隔

下面通过示例了解 paste 命令的用法。

（1）将 cut_bc、cut_z 文件中的内容合并，paste 命令后不跟任何参数。

```
[user@localhost five]$ paste cut_bc cut_z
Tom:Jones:4404    今天天气很好呢
Mary:Adams:2980 明天有雾霾
Sally:Chang:9999    周六又可以放假啦
Billy:Black:6666    好开心呢
```

查看 cut_bc、cut_z 文件中的内容，结果如下。

```
[user@localhost five]$ cat cut_bc cut_z
Tom:Jones:4404
Mary:Adams:2980
Sally:Chang:9999
Billy:Black:6666

今天天气很好呢
明天有雾霾
周六又可以放假啦
好开心呢
```

由此可以看出，cut_bc、cut_z 文件中的内容并没有发生任何变化，原因是 paste 命令读取了多个文件，并将从每个文件中提取的内容合并为一个整体的标准输出流（标准输出内容参考第 6 章），对原文件不会产生任何影响。

（2）-s 选项的作用。

-s 选项会将读取到的每一个文件中的内容作为一行输出。

```
[user@localhost five]$ paste -s cut_bc cut_z
Tom:Jones:4404  Mary:Adams:2980 Sally:Chang:9999    Billy:Black:6666
今天天气很好呢    明天有雾霾    周六又可以放假啦    好开心呢
```

（3）-d 选项的作用。

-d 选项与 cut 命令的-d 选项的作用一样——指定分隔符，将 paste 命令读到的文件内容平行输出，不同文件的内容之间使用-d 指定的分隔符连接。

```
[user@localhost five]$ paste -d '-' cut_bc cut_z
Tom:Jones:4404-今天天气很好呢
Mary:Adams:2980-明天有雾霾
Sally:Chang:9999-周六又可以放假啦
Billy:Black:6666-好开心呢
```

5.2.3　连接命令join

join 命令的作用与 paste 命令类似，简单来说就是向文本中添加信息。

join 命令的格式为：join [option] file1 file2。

其中，option 选项可以省略，常用的 option 选项如表 5-9 所示；file1 和 file2 是要操作的文件的名称，file1 和 file2 必须是有序的，且包含相同的列。如果文件不是有序的，则会出现"join: filename is not sorted:"提示，若两个文件不包含相同的列，则 join 命令执行后的结果为空。

表 5-9 join 命令中常用的 option 选项

选项	功能描述
-a<1 或 2>	除了显示原来的输出内容之外，还显示指令文件中没有相同栏位的行
-e<String>	若在 file1、file2 中找不到指定的栏位，则在输出结果中填入选项中指定的字符串
-i	比较栏位内容时，忽略大小写的差异
-o<格式>	按照指定的格式来显示输出结果
-t<字符>	使用栏位的分隔符
-v<1 或 2>	跟 -a 相同，但只显示文件中没有相同栏位的行
-1<栏位>	连接 file1 指定的栏位
-2<栏位>	连接 file2 指定的栏位

下面通过示例加深对 join 命令的理解，为了使文件成为 join 命令可以操作的对象，做以下两步准备工作。

（1）分别对 cut_bc、cut_z 文件进行排序，并将排好序的文本分别保存在 join_file1、join_file2 文件中。sort 命令可以对文本内容进行排序，执行命令以及查看 join_file1、join_file2 文件内容的结果如下（">"是重定向符号，参考第 6 章的重定向部分）。

```
[user@localhost five]$ sort cut_bc > join_file1
[user@localhost five]$ sort cut_z > join_file2
[user@localhost five]$ cat join_file1 join_file2
Billy:Black:6666
Mary:Adams:2980
Sally:Chang:9999
Tom:Jones:4404
今天天气很好呢
周六又可以放假啦
好开心呢
明天有雾霾
```

（2）通过执行 vi 命令，在插入模式下对 join_file1、join_file2 文件中的文本添加行号并保存，使两个文件有相同的列，修改后的内容如下。

```
[user@localhost five]$ vi join_file1
```

```
[user@localhost five]$ cat join_file1
1 Billy:Black:6666
2 Mary:Adams:2980
3 Sally:Chang:9999
4 Tom:Jones:4404

[user@localhost five]$ vi join_file2
[user@localhost five]$ cat join_file2
1 今天天气很好呢
2 周六又可以放假啦
3 好开心呢
4 明天有雾霾
```

到此准备工作就完成了，下面使用 join 命令对文件 join_file1、join_file2 进行操作。

（1）join 后直接加文件名，将两个文件中的文本逐行进行连接。

```
[user@localhost five]$ join join_file1 join_file2
1 Billy:Black:6666 今天天气很好呢
2 Mary:Adams:2980 周六又可以放假啦
3 Sally:Chang:9999 好开心呢
4 Tom:Jones:4404 明天有雾霾
```

如果在 cut_bc 文件中添加一行内容"Adson:Blue:7809"，修改后的内容如下。

```
[user@localhost five]$ cat cut_bc
Tom:Jones:4404
Mary:Adams:2980
Sally:Chang:9999
Billy:Black:6666
Adson:Blue:7809
```

对 cut_bc 文件内容进行排序，并将排序的结果保存到 join_file1 文件中，使用 cat 命令查看 join_file1 中的内容，会发现原来 join_file1 中的内容已经被覆盖，然后在 join_file1 文件中为文本添加行号。

```
[user@localhost five]$ sort cut_bc > join_file1
[user@localhost five]$ cat join_file1
Adson:Blue:7809
Billy:Black:6666
Mary:Adams:2980
Sally:Chang:9999
Tom:Jones:4404
[user@localhost five]$ vi join_file1
[user@localhost five]$ cat join_file1
1 Adson:Blue:7809
2 Billy:Black:6666
3 Mary:Adams:2980
4 Sally:Chang:9999
5 Tom:Jones:4404
```

再次执行"join join_file1 join_file2"命令，结果如下。

```
[user@localhost five]$ join join_file1 join_file2
1 Adson:Blue:7809 今天天气很好呢
2 Billy:Black:6666 周六又可以放假啦
```

```
3 Mary:Adams:2980 好开心呢
4 Sally:Chang:9999 明天有雾霾
```

可以看出 join_file1 文件中共有 5 行文本，而此时只输出了前 4 行，最后一行并未输出。这是因为"5 Tom:Jones:4404"在 join_file2 文件中不存在相同的列与之匹配，无法连接。

（2）-a、-v 选项的作用。

如果想将 join_file1 文件中的第 5 行输出，可以使用-a 选项，-a 会按照后面的数字将指定文件中的内容完全输出，数字 1 表示第一个文件，数字 2 表示第二个文件。

```
[user@localhost five]$ join -a1 join_file1 join_file2
1 Adson:Blue:7809 今天天气很好呢
2 Billy:Black:6666 周六又可以放假啦
3 Mary:Adams:2980 好开心呢
4 Sally:Chang:9999 明天有雾霾
5 Tom:Jones:4404

[user@localhost five]$ join -a2 join_file1 join_file2
1 Adson:Blue:7809 今天天气很好呢
2 Billy:Black:6666 周六又可以放假啦
3 Mary:Adams:2980 好开心呢
4 Sally:Chang:9999 明天有雾霾
```

-a 后面必须跟数字，只使用-a 系统会报错。

```
[user@localhost five]$ join -a join_file1 join_file2
join: invalid field number: 'join_file1'
```

-v 与-a 正好相反，输出指定文件中的特有行，即只输出在指定文件中存在的文本。

```
[user@localhost five]$ join -v1 join_file1 join_file2
5 Tom:Jones:4404
```

（3）-1、-2 选项的作用。

默认情况下，判断两个文件能否连接，是看两个文件的第 1 列是否相同。如果需要改变连接字段，可以使用-1、-2 选项，在-1、-2 后面加上希望用作连接字段的列号。-1 指定第一个文件，-2 指定第二个文件。如"-1 2"表示第一个文件中的连接字段是第 2 列。为了使展示的结果更加清晰，将 join_file1 中的行号改到第 2 列，即"Adson:Blue:7809 1"。使用 cat 命令查看修改后的 join_file1 文件内容，结果如下。

```
[user@localhost five]$ cat join_file1
Adson:Blue:7809   1
Billy:Black:6666   2
Mary:Adams:2980   3
Sally:Chang:9999   4
Tom:Jones:4404    5
```

此时再使用 join 命令连接 join_file1、join_file1 两个文件，join 命令后不加任何选项，结果显示为空。

```
[user@localhost five]$ join join_file1 join_file2
[user@localhost five]$
```

通过"-1 2"将第一个文件中的连接字段指定为第 2 列，结果如下。

115

```
[user@localhost five]$ join -1 2 join_file1 join_file2
1 Adson:Blue:7809 今天天气很好呢
2 Billy:Black:6666 周六又可以放假啦
3 Mary:Adams:2980 好开心呢
4 Sally:Chang:9999 明天有雾霾
```

5.3 文本比较

程序员在编写程序时，会产生很多程序版本，可以通过比较各版本之间的不同分析代码的变化。本节主要讲解 3 个文件比较命令：comm、diff 和 patch 命令。comm 命令比较的文件必须是有序的，diff 命令比较的文件可以是无序的，patch 命令用于更新文本。

5.3.1 有序文件逐行比较命令comm

comm 命令将逐行比较已经排好序的文本文件，如果文本是杂乱的，则可以通过 sort 命令对文件进行排序。

comm 命令的格式为：comm [option] file1 file2。

其中，option 选项可以省略，常用的 option 选项如表 5-10 所示，其中-1、-2、-3 分别对应 comm 命令输出结果中的第 1 列、第 2 列、第 3 列；file1、file2 表示要操作文件的名称。

表 5-10　comm 命令中常用的 option 选项

选项	功能描述
-1	不显示输出结果的第 1 列
-2	不显示输出结果的第 2 列
-3	不显示输出结果的第 3 列

因为 comm 命令只能对已经排好序的文件进行操作，所以要先对文件进行排序。为了更好地查看结果，提取 cut_bc 文本内容的第一个域，分别保存到 cut_file1 和 cut_file2 文件中，并将 cut_file2 文件中的 Adson 改为 Jack，然后分别对 cut_file1 和 cut_file2 文件内容进行排序，并将结果输出到 comm_file1 和 comm_file2 文件中，操作过程如下。

```
[user@localhost five]$ cut -d: -f 1 cut_bc > cut_file1
[user@localhost five]$ cut -d: -f 1 cut_bc > cut_file2
[user@localhost five]$ vi cut_file2
[user@localhost five]$ cat cut_file2
Tom
Mary
Sally
Billy
Jack
[user@localhost five]$ sort cut_file1 > comm_file1
[user@localhost five]$ sort cut_file2 > comm_file2
```

```
[user@localhost five]$ cat comm_file1
Adson
Billy
Mary
Sally
Tom
[user@localhost five]$ cat comm_file2
Billy
Jack
Mary
Sally
Tom
```

用 comm 命令比较排好序的 comm_file1、comm_file2 两个文件，查看两个文件中的相同行以及不同行，结果如下。

```
[user@localhost five]$ comm comm_file1 comm_file2
Adson
        Billy
    Jack
        Mary
        Sally
        Tom
```

comm 命令的输出结果有 3 列，第 1 列表示第一个文件中独有的行，第 2 列表示第二个文件中独有的行，第 3 列表示两个文件中共有的行。

comm 命令后面还可以添加选项-1、-2、-3 来控制输出格式。"-1"表示不显示输出结果的第 1 列，"-2"表示不显示输出结果的第 2 列，"-3"表示不显示输出结果的第 3 列。

（1）输出第一个文件独有的行。

```
[user@localhost five]$ comm -23 comm_file1 comm_file2
Adson
```

（2）输出第二个文件独有的行。

```
[user@localhost five]$ comm -13 comm_file1 comm_file2
Jack
```

（3）输出两个文件共有的行。

```
[user@localhost five]$ comm -12 comm_file1 comm_file2
Billy
Mary
Sally
Tom
```

5.3.2　逐行比较命令diff

diff 命令同样用于对文件进行逐行比较，并且支持多种输出形式。相对于 comm 命令，diff 命令有两个优点：文件可以是无序的，也可以是比较大的文件集。在程序开发过程中，利用 diff 命令可以很方便地查找各版本之间的不同之处。

diff 命令的格式为：diff [option] file。

其中，option 选项可以省略，常用的 option 选项如表 5-11 所示；file 表示要操作文件的名称。

表 5–11　diff 命令中常用的 option 选项

选项	功能描述
-c	以上下文格式输出
-u	以统一格式输出
-y	以并排格式输出
-i	忽略大小写
-w	忽略空白符（空格和制表符）
-b	忽略空白符的数量
-B	忽略空白行
-s	若两个文件相同，也有输出结果

在刚开始使用 diff 命令时，可能会有点不适应它的显示结果。为了更好地理解 diff 命令的显示结果，先将 cut_file1 文件中的 Tom 改为 Tomi，然后在 cut_file2 文件中的 Adson 行后插入一行 Jack。修改后的 cut_file1、cut_file2 文件中的内容如下。

```
[user@localhost five]$ cat cut_file1
Tomi
Mary
Sally
Billy
Adson
[user@localhost five]$ cat cut_file2
Tom
Mary
Sally
Billy
Adson
Jack
```

两个文件之间的区别就是第一行内容不同，以及 cut_file2 比 cut_file1 多一行。使用 diff 命令比较两个文件，结果如下。

```
[user@localhost five]$ diff cut_file1 cut_file2
1c1
< Tomi
---
> Tom
5a6
> Jack
```

diff 命令显示的结果可以理解为如果要把 cut_file1 文件中的内容修改为 cut_file2 文件中的内容，需要在 cut_file1 文件中做哪些改动。如果两个文件之间没有区别，就不显示任何输出结果。

diff 命令的输出结果中有 3 个指示字符：c（change，改变）、d（delete，删除）、a

（append，追加）。c、d、a 两边的数字表示行号，可以是一个单独的行号，也可以是多个行号。左边的数字表示第一个文件中的行，右边的数字表示第二个文件中的行。例如，上述结果的 1c1 表示将第一个文件中的第 1 行改变成第二个文件中的第 1 行。5a6 表示在第一个文件的第 5 行之后追加第二个文件中的第 6 行。diff 命令会展示两个文件之间不同的具体内容（如上述结果中的 Jack），这些具体内容的前面会有一个"<"或者">"符号，"<"表示第一个文件中的行，">"表示第二个文件中的行，两个文件之间的内容由"---"分隔开。

在上述结果中只出现了 c、a 两个字符，d 字符的使用方式如下，只需要调换 cut_file1 和 cut_file2 文件的位置即可，由此也可以看出 diff 命令的输出结果与文件的位置有关。

```
[user@localhost five]$ diff cut_file2 cut_file1
1c1
< Tom
---
> Tomi
6d5
< Jack
```

一般情况下可以忽略 d 字符后面的数字，即结果中出现的 6d5 表示将第一个文件（cut_file2）改为第二个文件（cut_file1）时，需要删除第一个文件中的第 6 行。

diff 命令支持多种输出格式，有指示字符 c、d、a 的是默认格式。可以通过 option 选项控制输出格式，常用的输出格式有上下文格式、统一格式、并排格式。

（1）上下文格式。

使用-c 选项，输出结果的格式为上下文格式。文件内容全部输出，并分为上下两部分。

```
[user@localhost five]$ diff -c cut_file1 cut_file2
*** cut_file1   2017-01-17 16:07:21.623115356 +0800
--- cut_file2   2017-01-16 03:30:27.367771254 +0800
***************
*** 1,5 ****
! Tomi
  Mary
  Sally
  Billy
  Adson
--- 1,6 ----
! Tom
  Mary
  Sally
  Billy
  Adson
+ Jack
```

最上面两行展示的是文件信息，第一个文件由"*"表示，第二个文件由"-"表示，在其余部分出现的*和-分别表示它们各自代表的文件。"1,5"或者"1,6"表示文件的行数范围，在输出的文本内容行前出现的"!""+"等则表示文本内容的不同之处，这些符号及含义如表 5-12 所示。

表 5-12　上下文格式输出结果中展示内容不同的符号及含义

符号	含义
无	共有行
!	有改变的行
-	缺少的行，第一个文件有而第二个文件没有的行
+	添加的行，第一个文件没有而第二个文件有的行

（2）统一格式。

上下文格式输出的内容比较齐全，也容易理解。但是因为文件中的文本内容都要输出，所以输出的内容可能有重复，在文本内容很多时，会使得输出很烦琐。-u 选项正好解决了这一问题。-u 选项对应的输出格式为统一格式。

```
[user@localhost five]$ diff -u cut_file1 cut_file2
--- cut_file1   2017-01-17 16:07:21.623115356 +0800
+++ cut_file2   2017-01-16 03:30:27.367771254 +0800
@@ -1,5 +1,6 @@
-Tomi
+Tom
 Mary
 Sally
 Billy
 Adson
+Jack
```

这样输出的内容就不会出现重复，相同的内容只输出一次，这使得输出相对来说比较精简。-u 选项同样也是先输出两个文件的信息，@@部分表示文件各自的行范围，此时文本内容每行前面只会出现“-”“+”和“无符号”3 种形式，它们表示的含义与上下文格式中的符号含义一样。

（3）并排格式。

使用-y 选项，输出格式为并排格式，文件中的对应行并排显示。

```
[user@localhost five]$ diff -y cut_file1 cut_file2
Tomi                              | Tom
Mary                                Mary
Sally                               Sally
Billy                               Billy
Adson                               Adson
                                  > Jack
```

5.3.3　原文件比较命令patch

patch 命令用于更新文本文件，主要操作对象是 diff 命令生成的补丁文件，可以将旧版本文件更新成新文件。首先利用 diff 命令查找文件的不同，生成 patch 命令可操作的 diff 文件。操作过程如下。

```
[user@localhost five]$ diff cut_file1 cut_file2 > patch_file1
[user@localhost five]$ patch cut_file1 < patch_file1
patching file cut_file1
```

查看 cut_file1 文件中的内容，如果与 cut_file2 文件中的内容一样，表示更新成功。

```
[user@localhost five]$ cat cut_file1
Tom
Mary
Sally
Billy
Adson
Jack
```

当在 diff 命令后面添加-c 或-u 选项时，生成的 diff 文件在页眉中会包含文件名，此时 patch 命令后面可以不添加文件名。假设 cut_file1 文件中的内容还是原来的，利用-u 选项进行 diff/patch 操作，结果如下。

```
[user@localhost five]$ diff -u cut_file1 cut_file2 > patch_file2
[user@localhost five]$ patch < patch_file2
patching file cut_file1
[user@localhost five]$ cat cut_file1
Tom
Mary
Sally
Billy
Adson
Jack
```

5.4 文本格式化输出

为使输出的文本更加直观、清晰，Linux 提供了很多命令对文本的输出进行格式化。本节详细讲解 printf 命令、fmt 命令、nl 命令、fold 命令。printf 命令对标准输出进行格式化，fmt 命令对简单段落进行格式化，nl 命令为文本添加行号，fold 命令指定文本行的长度。

5.4.1 格式化输出命令printf

printf 命令可以格式化数据并将其输出到标准输出设备。

printf 命令的格式为：printf format [argument]。

其中，format 表示格式说明，不能省略，该格式将应用于 argument 代表的输入内容。

例如，输出字符串。

```
[user@localhost five]$ printf "I am working at %s\n" company
I am working at company
```

示例命令中的%s 指代字符串数据，各类型数据的格式替代符如表 5-13 所示。

表 5-13　各类型数据的格式替代符

替代符	含义
%d	带正负号的十进制整数
%f	浮点数
%s	字符串
%o	不带正负号的八进制整数
%u	不带正负号的十进制整数
%x	不带正负号的十六进制整数，用小写字母 a～f 表示 10～15
%X	不带正负号的十六进制整数，用大写字母 A～F 表示 10～15
%%	表示%符号

各类型数据的输出格式如下。

```
[user@localhost five]$ printf "%d %f %s %o %x %X\n" 100 100 100 100 100 100
100 100.000000 100 144 64 64
```

此外，为了使输出格式更加美观，可以利用转义字符输出一些特殊字符，转义字符及含义如表 5-14 所示。

表 5-14　转义字符及含义

转义字符	含义
\n	换行
\r	回车
\t	水平制表符
\v	垂直制表符
\f	换页
\b	后退
\\	一个反斜线

5.4.2　简单文本格式化命令fmt

　　fmt 命令的作用是格式化段落，使文本看上去更加整齐。默认情况下（fmt 命令后不跟任何选项或参数），在读取文件时 fmt 命令将所有的制表符换成空格，同时保留单词以及空行之间的所有缩进、空格。

　　fmt 命令的格式为：fmt [option] [file]。

常用的 option 选项如表 5-15 所示。

表 5-15　fmt 命令中的常用 option 选项

选项	功能描述
-c	保留段落的前两行缩进
-p string	只格式化以字符串 string 开头的行
-s	根据指定列宽截断长行，短行不会与其他行合并
-t	除每个段落的第一行外，每一行都缩进
-u	统一分隔符，字符之间用一个空格分隔，句子之间用两个空格分隔
-w width	每行文本不超过 width 个字符，默认值是 75

为演示 fmt 命令的执行结果，先创建一个 fmt_file 文件，使用的命令及文本内容如下。

```
[user@localhost five]$ vi fmt_file
#this article is about Steve Jobs
#Apple
#Steve Jobs' Resignation Letter
#January 27, 2010

I have always said if there ever
came a day

when I could no longer meet my duties and expectations as Apple's CEO
I would be the first to let you know

Unfortunately
that the day has come
```

可以看到文本内容是有些凌乱的。现在用 fmt 命令进行格式化。

```
[user@localhost five]$ fmt fmt_file
#this article is about Steve Jobs #Apple #Steve Jobs' Resignation Letter
#January 27, 2010

I have always said if there ever came a day

when I could no longer meet my duties and expectations as Apple's CEO
I would be the first to let you know

Unfortunately that the day has come
```

文本内容变得整齐多了，之前的空白行也都保留了下来，利用 -w 选项可以改变行宽。

```
[user@localhost five]$ fmt -w 45 fmt_file
#this article is about Steve Jobs #Apple
#Steve Jobs' Resignation Letter #January
27, 2010

I have always said if there ever came a day

when I could no longer meet my duties and
```

```
expectations as Apple's CEO I would be the
first to let you know

Unfortunately that the day has come
```

如果有时只想改变一部分内容，就可以利用-p选项，前提是文本行开头有相同的字符标志，如上述文本中的前几行都有"#"，通过-p选项可以只使这部分的内容发生改变，结果如下。

```
[user@localhost five]$ fmt -w 40 -p '#' fmt_file
#this article is about Steve Jobs Apple
#Steve Jobs' Resignation Letter January
#27, 2010

I have always said if there ever
came a day

when I could no longer meet my duties and expectations as Apple's CEO
I would be the first to let you know

Unfortunately
that the day has come
```

5.4.3 行标命令nl

nl命令的功能很简单却很实用，即为文本创建行号，如果不保存，nl命令只会在输出结果中添加行号，阅读起来更加方便，不会影响原文件的文本内容。

nl命令的格式为：nl [option] [file]。

其中，常用的option选项如表5-16所示。

表5-16　nl命令中常用的option选项

选项	功能描述		
-v	设置起始编号，默认值为1		
-i	改变增量，默认值为1		
-w	设置行号字段的宽度，默认值为6		
-b	正文编号	a	对所有行编号（包括空白行）
		t	仅对非空白行编号（默认项）
		n	不对任何行编号
		pregexp	只对与基本正则表达式匹配的行编号
-n	控制编号格式	ln	左对齐，无前导0
		rn	右对齐，无前导0
		rz	右对齐，有前导0

例如，对fmt_file文件进行编号，为了使结果看起来更清晰，调整文本内容如下。

```
this article is about Steve Jobs
Apple
Steve Jobs' Resignation Letter
January 27, 2010

I have always said if there ever came a day
when I could no longer meet my duties and expectations as Apple's CEO
I would be the first to let you know
Unfortunately that the day has come
I hereby resign as CEO of Apple.
I would like to serve
if the Board sees fit
as Chairman of the board director and Apple employee
```

通过 nl 命令为 fmt_file 中的文本添加行号，输出结果如下。

```
[user@localhost five]$ nl fmt_file
     1   this article is about Steve Jobs
     2   Apple
     3   Steve Jobs' Resignation Letter
     4   January 27, 2010

     5   I have always said if there ever came a day
     6   when I could no longer meet my duties and expectations as Apple's CEO
     7   I would be the first to let you know
     8   Unfortunately that the day has come
     9   I hereby resign as CEO of Apple.
    10   I would like to serve
    11   if the Board sees fit
    12   as Chairman of the board director and Apple employee
```

　　nl 命令有很多选项，如-v 用于改变起始编号、-i 用于改变增量，-b 用于控制正文内容编号的范围，而且由上述结果可知，nl 命令默认不对空白行进行编号。编号数字的对齐方式和格式可以通过-n 来实现。实现起始编号为 10，增量为 10，对空白行进行编号，编号数字右对齐并有前导 0 的命令如下。

```
[user@localhost five]$ nl -v 10 -i 10 -b a -n rz fmt_file
000010   this article is about Steve Jobs
000020   Apple
000030   Steve Jobs' Resignation Letter
000040   January 27, 2010
000050
000060   I have always said if there ever came a day
000070   when I could no longer meet my duties and expectations as Apple's CEO
000080   I would be the first to let you know
000090   Unfortunately that the day has come
000100   I hereby resign as CEO of Apple.
000110   I would like to serve
000120   if the Board sees fit
000130   as Chairman of the board director and Apple employee
```

5.4.4　指定行长度命令fold

　　fold 命令对行进行操作，将文本行进行折叠，长行分解成短行。

　　fold 命令的格式为：fold [option] [file]。

其中，常用的 option 选项如表 5-17 所示。

表 5-17　fold 命令中常用的 option 选项

选项	功能描述
-b	按照字节计算宽度
-c	按照字符计算宽度
-s	不分隔单词
-w	设置行宽（默认值是 80）

fold 命令的默认行宽是 80，如果想调整宽度就使用-w 选项。例如，设置 fmt_file 文本的宽度为 50，结果如下。

```
[user@localhost five]$ fold -w 50 fmt_file
this article is about Steve Jobs
Apple
Steve Jobs' Resignation Letter
January 27, 2010

I have always said if there ever came a day
when I could no longer meet my duties and expectat
ions as Apple's CEO
I would be the first to let you know
Unfortunately that the day has come
I hereby resign as CEO of Apple.
I would like to serve
if the Board sees fit
as Chairman of the board director and Apple employ
ee
```

由结果可以看出，空白行被保留了下来，但是有的单词被分开了，如最后的 employee。也就是 fold 命令会在指定的位置插入一个回车符，将原来的一行分成两行，不会考虑该指定位置是否在一个单词中间。为了避免这一情况，可利用-s 选项，告诉 fold 命令不在单词的中间进行分隔处理。

```
[user@localhost five]$ fold -s -w 50 fmt_file
this article is about Steve Jobs
Apple
Steve Jobs' Resignation Letter
January 27, 2010

I have always said if there ever came a day
when I could no longer meet my duties and
expectations as Apple's CEO
I would be the first to let you know
Unfortunately that the day has come
I hereby resign as CEO of Apple.
I would like to serve
if the Board sees fit
```

```
as Chairman of the board director and Apple
employee
```

5.5　文本分析工具

5.5.1　awk文本分析工具

awk 是一种优良的文本分析工具，其名称是贝尔实验室的 3 名开发者阿尔佛雷德·艾侯（Alfred Aho）、彼得·温伯格（Peter Wenberger）和布莱恩·柯林汉（Brian Kernighan）姓氏的首字母组合，主要完成字符串查找、替换、加工等操作，还包含可以进行模式装入、流控制、数学运算、进程控制等的语句。尽管 awk 具有完全属于其本身的语法，但在很多方面它也与 Shell 编程语言类似。它的设计思想来源于编程语言 SNOBOL 4、文本处理工具 sed、语言工具 yacc 和 lex，还从 C 语言中获取了一些优秀的思想。在最初创造 awk 时，目的是用于文本处理，并且这种语言的基础是，只要在输入数据中有模式匹配，就执行一系列命令。该实用工具扫描文件中的每一行，查找与命令行中给定内容相匹配的模式，如果发现匹配内容，则进行下一个编程步骤；如果找不到匹配内容，则继续处理下一行。

awk 的语法格式为：awk 'pattern {action}'file。

awk 扫描 file 中的每一行，对符合模式 pattern 的行执行操作 action。也可以只有 pattern 或者 action，在 action 操作中可能会用到一些特殊字符，常用的特殊字符及含义如表 5-18 所示。

表 5-18　action 中常用的特殊字符及含义

特殊字符	含义
$0	所有列
$1	第 1 列（$2 表示第 2 列，第 10 列用${10}表示）
NF	所有列数
NR	所有行数
-F	指定分隔符

使用 awk 操作 cut_bc 文件，为使结果更加清晰，在 cut_bc 文件中的文本前添加行号，修改后的 cut_bc 文件内容如下。

```
[user@localhost five]$ cat cut_bc
1 Tom:Jones:4404
2 Mary:Adams:2980
3 Sally:Chang:9999
4 Billy:Black:6666
5 Adson:Blue:7809
```

（1）匹配有"Sally"的行。

```
[user@localhost five]$ awk '/Sally/' cut_bc
```

```
3 Sally:Chang:9999
```

（2）输出 cut_bc 文件中的第 1 列。

```
[user@localhost five]$ awk '{print $1}' cut_bc
1
2
3
4
5
```

（3）匹配有"Sally"的行，并输出此行的第 2 列。

```
[user@localhost five]$ awk '/Sally/ {print $2}' cut_bc
Sally:Chang:9999
```

（4）用-F 指定分隔符。

```
[user@localhost five]$ awk -F: '{print $1}' cut_bc
1 Tom
2 Mary
3 Sally
4 Billy
5 Adson
```

5.5.2　sed编辑器

sed 是一个精简的、非交互式的编辑器，功能与 vi 编辑器相同，但不能进入文件进行编辑，只能在命令行下输入编辑命令，擅长对文本进行编辑，如替换文本。sed 命令后跟 s 选项将执行替换操作。例如，在 cut_bc 文件中搜索 Sally 字符串，并替换为 sally。

```
[user@localhost five]$ sed s/Sally/sally/g cut_bc
1 Tom:Jones:4404
2 Mary:Adams:2980
3 sally:Chang:9999
4 Billy:Black:6666
5 Adson:Blue:7809
```

g 表示进行全局搜索，替换所有匹配的字符串。如果不添加 g，只替换每一行中第一个出现的匹配字符串，即如果原文本为"3 Sally:Chang:9999 Sally"，执行命令"sed s/Sally/sally/"，结果为"3 sally:Chang:9999 Sally"。

默认情况下，sed 将输出写入标准输出，对原文件没有影响。例如，执行完上述替换操作后，查看 cut_bc 文件中的内容，会发现文件内容并没有变化，结果如下。

```
[user@localhost five]$ cat cut_bc
1 Tom:Jones:4404
2 Mary:Adams:2980
3 Sally:Chang:9999
4 Billy:Black:6666
5 Adson:Blue:7809
```

如果希望在进行替换操作时改变原文件，可以在 sed 命令后跟-i 选项，这种改变是永久性的，文本内容将发生变化，不可撤销。例如，仍然将 Sally 字符串替换为 sally，但是命令添加-i 选项，执行命令及 cut_bc 文本变化如下。

```
[user@localhost five]$ sed -i s/Sally/sally/g cut_bc
[user@localhost five]$ cat cut_bc
```

```
1 Tom:Jones:4404
2 Mary:Adams:2980
3 sally:Chang:9999
4 Billy:Black:6666
5 Adson:Blue:7809
```

sed 还可以只对指定的行进行操作，在 s 前添加行号，如"3s/sally/Sally/g"表示只对第 3 行进行替换操作。指定行的范围，用逗号将两个行号隔开，如"3,5 s/sally/Sally/g"表示对第 3 行至第 5 行进行替换操作。最后一行一般用"$"表示。为使下面示例的结果更加明显，在 cut_bc 文件中的"5 Adson:Blue:7809"行后添加"3 sally:Chang:9999"，修改后的文本如下。

```
1 Tom:Jones:4404
2 Mary:Adams:2980
3 sally:Chang:9999
4 Billy:Black:6666
5 Adson:Blue:7809
6 sally:Chang:9999
```

然后只替换第 3 行的 sally，第 6 行中的 sally 不会发生变化。执行命令及结果如下。

```
[user@localhost five]$ sed 3s/sally/Sally/g cut_bc
1 Tom:Jones:4404
2 Mary:Adams:2980
3 Sally:Chang:9999
4 Billy:Black:6666
5 Adson:Blue:7809
6 sally:Chang:9999
```

习 题

1. 说明Vim的3种工作模式。

2. 查看cut_bc文件中的内容，并以域为单位进行剪切。例如，"1 Tom:Jones:4404"提取到的内容为"1 Tom:Jones"。

3. 匹配cut_bc文件中含有Mary的行，指定分隔符为"："，并输出第二区域。

06

第 6 章　Linux 多命令协作

开源文化的核心理念之一是"不要重复发明轮子"（这句西方谚语来自计算机学界，意思是别人做好的模块我们直接拿来用就是高效和有意义的）。很多开源软件都是现有软件、代码、功能的重新组合，就好像用零件装配机器一样，每个零件完成特定的功能。源代码的开放性和共享性使这一理念成为可能，每一个开源软件都希望更多的人去使用或在此基础上修改、组合后使用，这大大提高了效率和生产力。

Linux 提供的命令渗透了不要重复发明轮子的理念。首先，Linux 命令大多数都很简单，很少出现复杂的命令，每个命令往往只实现一个或几个很简单的功能。因此，可以通过某项技术将不同的、功能简单的命令组合在一起使用，以达到完成某个复杂功能的目的。其次，在 Linux 系统中，几乎所有命令的返回数据都是纯文本的（因为命令都运行在 CLI 下），而纯文本形式的数据又是绝大多数命令的输入格式，这就让多命令协作成为可能。

Linux 的命令行提供了管道和重定向机制，即通过管道和重定向将不同的命令直接连在一起使用，实现多命令协作。

6.1　CLI数据流

在 Linux 系统中，命令行 Shell 数据流的定义如表 6-1 所示。在这里每个命令行涉及 3 个基本概念：标准输入（Standard Input，表示为 STDIN）、标准输出（Standard Output，表示为 STDOUT）和标准错误（Standard Error，表示为 STDERR）。这样处理是为了方便管理命令行 Shell 数据流，并且通过管道和重定向机制控制 CLI 数据流。

表 6–1　命令行 Shell 数据流的定义

名称	说明	编号	默认
STDIN	标准输入	0	键盘
STDOUT	标准输出	1	终端（屏幕）
STDERR	标准错误	2	终端（屏幕）

STDIN 是用来采集信息的，命令通过 STDIN 接收参数或数据，默认情况下，标准输入就是从键盘读入数据。STDOUT 和 STDERR 都是用来输出信息的，STDOUT 输出结果，STDERR 输出状态或错误信息等。默认情况下，标准输出和标准错误直接在终端（即屏幕）显示，而且不会被保存到磁盘文件中。

一个命令可以把生成的输出内容发送到任意的数据流中，这些数据流一般分为 3 类：标准输入数据流、标准输出数据流、标准错误数据流。Shell 在内部有特定的编号描述数据流，标准输入数据流编号为 0，标准输出数据流编号为 1，标准错误数据流编号为 2。

6.2　重定向

重定向是命令行界面（CLI）的概念，重定向是用来重定向输入和输出数据流的。重定向可分为 3 种：改变标准输入的来源地、将标准输出内容重定向到文件、将标准错误内容重定向到文件。默认情况下，输入内容由键盘输入，输出内容在屏幕显示。常用的重定向符号如表 6-2 所示。

重定向

表 6–2　常用的重定向符号

符号	动作
<	重定向标准输入 STDIN
>	重定向标准输出 STDOUT
>>	追加标准输出 STDOUT
2>	重定向标准错误 STDERR
2>>	追加标准错误 STDERR
2>&1	将重定向标准输出和标准错误结合在一起

131

> ！注意
> 　　重定向标准输入符"<"等价于"0<"，重定向标准输出符">"等价于"1>"，重定向标准错误输出符为"2>"，重定向标准错误可以看作重定向标准输出的一种特殊情况。

6.2.1　重定向标准输入

默认情况下，标准输入就是从键盘读入数据，每次一行，按 Ctrl+D 组合键结束数据输入，重新回到 Shell 命令环境。而重定向标准输入可以重新定义从文件中读入数据。通过重定向符号"<"，可以把标准输入重定向到文件，即从文件中读入数据作为某条命令的输入数据。

例如，创建 six 目录，并将 five 目录中的 cut_bc 文件复制到 six 目录下，操作流程如下。

```
[user@localhost ~]$ mkdir six
[user@localhost ~]$ ls
Desktop    Downloads  Music     Public  Templates  Videos
Documents  five       Pictures  six     test
[user@localhost ~]$ cd six
[user@localhost six]$ cp /home/user/five/cut_bc .  （末尾有一个点，表示当前路径）
[user@localhost six]$ ls
cut_bc
```

利用 cat 命令接收标准输入数据（从键盘输入），只在终端输入 cat 命令，不带任何参数。

```
[user@localhost six]$ cat
```

此时光标会跳到下一行一直闪动，没有其他任何反应，这是在等待从键盘读入数据。从键盘输入想输入的内容，按 Ctrl+D 组合键结束输入。由于 cat 会把标准输入的内容显示在屏幕上，因此当输入一行并按 Enter 键后，会显示刚刚输入的内容，在结束输入时，会有一种重复显示的效果。

```
[user@localhost six]$ cat
111111111
111111111
222222222
222222222
333333333
333333333
[user@localhost Desktop]$
```

当数据文件已经存在，不需要从键盘输入时，通过重定向符号"<"，可以将输入源定向为已经存在的文件，文件中的内容会直接在屏幕上显示。例如，将读取的内容定向到 cut_bc 文件，在终端输入"cat < cut_bc"命令即可。

```
[user@localhost six]$ cat < cut_bc
1 Tom:Jones:4404
2 Mary:Adams:2980
3 Sally:Chang:9999
4 Billy:Black:6666
5 Adson:Blue:7809
```

6.2.2　重定向标准输出

默认情况下，标准输出在屏幕上显示，而重定向标准输出可以重新定义输出内容到文件。重定向标准输出有两种格式，一种是通过重定向符号"＞"把标准输出重定向到文件，即将标准输出内容保存到文件中，是覆盖操作。也就是说，如果目标文件不存在，则创建文件并将标准输出内容保存进去；如果目标文件存在，则覆盖其中的内容。另一种重定向符号"＞＞"（中间没有空格）是追加操作，能连续保存文件中的内容，即原来的文本内容不会被覆盖，而是在文件尾部添加标准输出的内容。当然，如果文件不存在，也会自动创建。

例如，通过 echo 命令输出字符串"I am happy"，默认情况下，输出结果在终端显示。

```
[user@localhost six]$ echo "I am happy"
I am happy
```

但现在需要将输出结果"I am happy"保存到文件 stdout 中，此时就需要改变输出流的方向，将输出内容保存到目标文件中。先用 ls 命令查看 six 目录下存在的文件，此时只有 cut_bc，目标文件 stdout 并不存在。执行重定向标准输出操作后，原来在命令行输出的字符串"I am happy"并未在终端显示。

```
[user@localhost six]$ ls
cut_bc
[user@localhost six]$ echo "I am happy" > stdout
[user@localhost six]$
```

再次使用 ls 命令查看，原来不存在的 stdout 文件此时已经存在，说明重定向标准输出符号后跟的目标文件如果不存在，就会自动创建。通过 cat 命令查看 stdout 文件中的内容，字符串"I am happy"成功输出到 stdout 目标文件中。

```
[user@localhost six]$ ls
cut_bc  stdout
[user@localhost six]$ cat stdout
I am happy
```

如果再执行一次重定向命令，将"I am very happy"字符串输出到 stdout 文件中，stdout 文件中的文本变化如下。

```
[user@localhost six]$ echo "I am very happy" > stdout
[user@localhost six]$ cat stdout
I am very happy
```

原来的文本"I am happy"已经替换为"I am very happy"，说明目标文件存在，原来的文本内容会被覆盖。如果不希望原文本被覆盖，则可以采用重定向符号"＞＞"将新文本添加到目标文件中。例如，执行重定向操作，将"I am fine"输出到 stdout 文件中，原来的文本"I am very happy"则不会被覆盖。

```
[user@localhost six]$ echo "I am fine" >> stdout
[user@localhost six]$ cat stdout
I am very happy
I am fine
```

6.2.3　重定向标准错误

默认情况下，标准错误在屏幕上显示，而重定向标准错误可以重新定义输出错误内容到文件。重定向标准错误有两种格式，一种是通过重定向符号"2＞"把标准错误输出重定向到文件，即将标准错误内容保存到文件中，是覆盖操作。也就是说，如果目标文件不存在，则创建文件并将标准错误内容保存进去；如果目标文件存在，则覆盖其中的内容。此命令常用于日志中，执行一条指令可能有很多步操作，可是如果只想保存报错信息，就可用此命令。注意：如果指令正常执行了，即没有错误，就会发现它的标准输出在终端显示，因为没有错误，所以目标文件中不会保存任何内容。另一种重定向符号"2>&1"（中间没有空格）是将标准输出和标准错误结合在一起输出到文件，即将正确结果及错误全部输出到文件。从这里可以看出，标准输出和标准错误的数据流是分开输出的。

例如，查看 stdout 文件中的内容时命令不小心写成了"cat stdouu"，但是 stdouu 文件是不存在的，此时终端会显示错误信息以提示命令有误。

```
[user@localhost six]$ cat stdouu
cat: stdouu: No such file or directory
```

也可以通过重定向将错误信息保存到文件中，以便后期查阅。将错误信息保存到文件中，可以通过重定向符号"2>"实现。例如，将上述终端输出的错误信息"cat: stdouu: No such file or directory"保存到 stderr 文件中。

```
[user@localhost six]$ cat stdouu 2> stderr
[user@localhost six]$ cat stderr
cat: stdouu: No such file or directory
```

在终端执行"cat cut_bc stdouu"命令，cut_bc 文件存在，文件中的文本会在终端输出；stdouu 文件不存在，则会在终端输出错误信息。

```
[user@localhost six]$ cat cut_bc stdouu
1 Tom:Jones:4404
2 Mary:Adams:2980
3 Sally:Chang:9999
4 Billy:Black:6666
5 Adson:Blue:7809
cat: stdouu: No such file or directory
```

因为重定向标准错误只能将错误信息保存到文件中，所以如果命令可以正确执行，结果作为标准输出在终端显示，不会被保存到目标文件中。例如，执行命令"cat cut_bc stdouu 2> stderr"，会发现屏幕上没有显示"cat: stdouu: No such file or directory"这一行。因为 cut_bc 文件存在，命令可以正确执行，虽然使用了重定向符号，但结果仍在终端显示，不会被保存到 stderr 文件中；如果 stdouu 文件不存在，错误信息会被重定向保存到 stderr 文件中。

```
[user@localhost six]$ cat cut_bc stdouu 2> stderr
1 Tom:Jones:4404
2 Mary:Adams:2980
3 Sally:Chang:9999
4 Billy:Black:6666
5 Adson:Blue:7809
[user@localhost six]$ cat stderr
cat: stdouu: No such file or directory
```

实现标准输出与标准错误同时被重定向到目标文件中的命令格式为 command>file 2>&1。表示先将标准输出重定向到文件 file 中，然后用"2>&1"将标准错误重定向到标准输出（数字 1 表示标准输出），由于标准输出已经重定向到 file 文件中，所以标准错误也会被重定向到目标文件 file 中，因而实现了标准输出与标准错误同时被保存到目标文件 file 中。

```
[user@localhost six]$ cat cut_bc stdouu > stderr 2>&1
[user@localhost six]$ cat stderr
1 Tom:Jones:4404
2 Mary:Adams:2980
3 Sally:Chang:9999
4 Billy:Black:6666
5 Adson:Blue:7809
cat: stdouu: No such file or directory
```

6.3　管道

管道就是把几个命令组合起来并行使用，实现多命令协作，即管道是将一个命令的标准输出作为另一个命令的标准输入。命令之间用管道操作符"|"分隔，以完成更复杂的任务。一般情况下，是将两至三个命令组合，需要注意的一点是，组合管道的命令必须是能够从标准输入读取文本，并向标准输出写入文本的。

管道语法格式为 command1 | command2 |***。

例如，获取系统当前用户信息，并从用户信息中获取含有指定关键词的行。假设关键词是 pts，就可以通过 who 命令获取当前登录的用户信息，然后将 who 命令的输出结果作为 grep 的搜索文本，grep 指定关键词 pts，从而获取含有关键词 pts 的行。先通过 who 命令查看系统当前用户，再执行"who | grep pts"命令。

```
[user@localhost six]$ who
user     :0          2017-02-19 13:36 (:0)
user     pts/0       2017-02-19 14:04 (:0)
[user@localhost six]$ who | grep pts
user     pts/0       2017-02-19 14:04 (:0)
```

6.3.1　统计命令wc

wc（word count，单词统计）命令可以统计行、单词和字符的数量。很多时候，统计的数据来自一个或多个文件，或者其他命令的标准输入，因此 wc 命令与管道息息相关，在分析文本内容时有很大的作用。

wc 命令的格式为 wc [option] [file]。

其中，option 选项控制 wc 命令的输出结果，可以省略，常用的 option 选项如表 6-3 所示；file 是 wc 命令要操作的文件的名称，也是可以省略的。

表 6-3　wc 命令中常用的 option 选项

选项	功能描述
-l（小写 L）	统计行数
-w	统计单词数
-c	统计字符数
-L	统计最长行的长度

下面通过具体示例说明 wc 命令的用法以及如何与管道结合使用。

1. 统计 cut_bc 文件的文本信息

wc 命令后不跟任何选项，输出结果如下。

```
[user@localhost six]$ wc cut_bc
5 10 91 cut_bc
```

管道符的使用

此时 wc 命令的输出结果为默认输出。结果中包含 3 个数字，这 3 个数字分别代表行数、单词数、字符数，即 cut_bc 文件中有 5 行、10 个单词（注意：Tom:Jones:4404 算是一个单词）、91 个字符。行、单词、字符的含义如下。

（1）行：以新行字符（如回车符）结尾的一串字符。

（2）单词：一串连续的字符，用空格、制表符或新行字符分隔。

（3）字符：字母、数字、标点符号、空格、制表符或新行字符。

2. 同时统计多个文件

wc 命令同时统计多个文件时，每个文件的统计结果作为一行输出，并且在最后一行显示所有文件总的行数、单词数、字符数。例如，同时统计 cut_bc、stdout 文件中的文本信息，输出结果如下。

```
[user@localhost six]$ wc cut_bc stdout
5  10  91 cut_bc
2   7  26 stdout
7  17 117 total
```

3. 只输出行数、单词数、字符数的一个或两个

有时候需要的结果可能只是行数或者字符数，而不需要把 3 个数字都输出，此时可以在 wc 命令后添加对应选项来控制输出结果。例如，只输出 cut_bc 文件中的行数和单词数，输出结果如下。

```
[user@localhost six]$ wc -lw cut_bc
5  10 cut_bc
```

4. wc 命令与管道结合使用

因为 wc 命令有统计功能，所以在管道中也有非常重要的作用，可以统计其他命令的输出结果。例如，Linux 允许多用户同时登录，可以通过 who 命令查看系统当前登录的用户，一个用户的详细信息作为一行输入，所以统计 who 命令的输出结果就可以知道用户数量。因此可以通过 "who | wc -l" 将 who 命令的输出结果作为 wc 命令的输入，统计当前登录用户的数量。

```
[user@localhost six]$ who
user    :0              2017-02-19 13:36 (:0)
user    pts/0           2017-02-19 14:04 (:0)
[user@localhost six]$ who | wc -l
2
```

6.3.2　管道线分流命令tee

tee 命令的作用是从标准输入读取数据，并向标准输出和一个或多个文件发送数据，即将读到的数据在终端显示，同时将其保存到一个或多个文件中。也就是说，当需要把获得的数据在同一时刻发送到两个地方时（同时完成两个任务），就可以使用 tee 命令。

tee 命令的格式为：tee [option] [file]。

其中，option 选项控制文本添加方式，可以省略；file 是 tee 命令要操作的文件的名称，也是可以省略的。

例如，将 cut_bc 文件中的文本输出到屏幕，并保存到 file1 文件中。在不借助 tee 命令的情况下，要通过 "cat cut_bc" "cat cut_bc > file1" 两条命令来完成。

```
[user@localhost six]$ cat cut_bc
1 Tom:Jones:4404
2 Mary:Adams:2980
3 Sally:Chang:9999
4 Billy:Black:6666
5 Adson:Blue:7809
[user@localhost six]$ cat cut_bc > file1
[user@localhost six]$ cat file1
1 Tom:Jones:4404
2 Mary:Adams:2980
3 Sally:Chang:9999
4 Billy:Black:6666
5 Adson:Blue:7809
```

通过 tee 命令将两条命令连接起来，同样能实现上述功能，cut_bc 文件中的文本在屏幕输出的同时被成功保存到 file1 文件中。因为是两个命令的组合，所以需要借助管道来完成。

```
[user@localhost six]$ cat cut_bc | tee file1
1 Tom:Jones:4404
2 Mary:Adams:2980
3 Sally:Chang:9999
4 Billy:Black:6666
5 Adson:Blue:7809
[user@localhost six]$ cat file1
1 Tom:Jones:4404
2 Mary:Adams:2980
3 Sally:Chang:9999
4 Billy:Black:6666
5 Adson:Blue:7809
```

到此，已将 cut_bc 文件中的文本两次保存到 file1 文件中，但是目前 file1 文件中只包含一次的文本信息。这是因为 tee 命令的默认输出就是标准输出，也就是直接在屏幕上显示。如果 tee 命令后面跟的文件不存在，就自动创建；如果存在，则将原来的内容覆盖。如果希望在目标文件的文本末尾添加内容，就要在 tee 命令后添加-a 选项。例如，在屏幕输出 stdout 文件中的文本，并将其添加到 file1 文件中，执行命令和结果如下。

```
[user@localhost six]$ cat stdout | tee -a file1
I am very happy
I am fine
[user@localhost six]$ cat file1
1 Tom:Jones:4404
2 Mary:Adams:2980
3 Sally:Chang:9999
4 Billy:Black:6666
5 Adson:Blue:7809
```

```
I am very happy
I am fine
```

因为管道允许同时使用多个命令，所以可以同时使用 cat 命令、tee 命令、wc 命令。例如，将 cut_bc 中的文本保存到 file1 中，并统计 file1 文本的行数，执行命令和结果如下。

```
[user@localhost six]$ cat cut_bc | tee file1 | wc -l
5
[user@localhost six]$ cat file1
1 Tom:Jones:4404
2 Mary:Adams:2980
3 Sally:Chang:9999
4 Billy:Black:6666
5 Adson:Blue:7809
```

tee 命令后可以添加多个文件名，例如，把 cut_bc 中的内容保存到 file1、file2 中，并统计行数，执行命令和结果如下。

```
[user@localhost six]$ cat cut_bc | tee file1 file2 | wc -l
5
[user@localhost six]$ cat file1
1 Tom:Jones:4404
2 Mary:Adams:2980
3 Sally:Chang:9999
4 Billy:Black:6666
5 Adson:Blue:7809
[user@localhost six]$ cat file2
1 Tom:Jones:4404
2 Mary:Adams:2980
3 Sally:Chang:9999
4 Billy:Black:6666
5 Adson:Blue:7809
```

6.3.3 查找重复行命令uniq

uniq 命令会一行一行地检查数据，查找出连续重复的行。注意 uniq 只能查找有序的文件，所以重复行一定是连续的。uniq 命令可以执行 4 项不同的任务：消除重复行、选取重复行、选取唯一行和统计重复行的数量。

uniq 命令的格式为 uniq [option] [input [output]]。

其中，option 选项可以省略，常用的 option 选项如表 6-4 所示；input 是输入文件，可以省略，若指定了该参数，uniq 命令从该文件读入数据；output 是输出文件，同样可以省略，若指定了该参数，则 uniq 命令将输出结果保存到该文件中。

表 6-4 **uniq 命令中常用的 option 选项**

选项	功能描述
-c	在输出行前面加上其在输入文件中出现的次数
-d	仅显示重复行
-u	仅显示不重复的行

为了使 uniq 命令的结果更加明显，对 **cut_bc** 文件进行修改，修改后的内容如下。

```
[user@localhost six]$ cat cut_bc
1 Tom:Jones:4404
2 Mary:Adams:2980
1 Tom:Jones:4404
3 Sally:Chang:9999
4 Billy:Black:6666
5 Adson:Blue:7809
4 Billy:Black:6666
```

以下示例为保证文件是有序的，通过管道，将 sort 的排序结果传入 uniq 命令。

（1）消除重复行，uniq 命令后不跟任何选项，输出结果会屏蔽重复行。

```
[user@localhost six]$ sort cut_bc | uniq
1 Tom:Jones:4404
2 Mary:Adams:2980
3 Sally:Chang:9999
4 Billy:Black:6666
5 Adson:Blue:7809
```

（2）只显示重复行。

```
[user@localhost six]$ sort cut_bc | uniq -d
1 Tom:Jones:4404
4 Billy:Black:6666
```

（3）仅显示不重复的行。

```
[user@localhost six]$ sort cut_bc | uniq -u
2 Mary:Adams:2980
3 Sally:Chang:9999
5 Adson:Blue:7809
```

（4）在输出行前面添加出现的次数（注意：第一个数字是结果中的次数，第二个数字是文本中原来就存在的，不要混淆）。

```
[user@localhost six]$ sort cut_bc | uniq -c
      2 1 Tom:Jones:4404
      1 2 Mary:Adams:2980
      1 3 Sally:Chang:9999
      2 4 Billy:Black:6666
      1 5 Adson:Blue:7809
```

习　题

1. 将字符串"hey hero"输出到test文件。

2. 通过ls命令查看cut_bc、stderr文件的详细信息，将stderr文件名错写为stdere，将标准输出与错误信息保存在test文件中，且不能覆盖test原文件中的内容。

3. 将test文件中的内容保存到testFile文件中，并统计字符数。

07 第7章　Shell编程

在前面的章节中使用 Shell 时只局限于命令行，而 Linux 中的 Shell 还提供了编程功能。采用 Shell 编程，不仅可以提高系统的使用效率，还能协助用户完成那些需要重复操作的任务，因此掌握 Shell 编程技术是学习 Linux 系统的一项高级要求。本章将由浅入深地介绍 Shell 编程的相关知识，首先介绍 Linux 编程及脚本的基础知识，然后讲解 Shell 编程的变量、输入和输出、语句、参数等，最后分析提升代码效率的两种方法——数组和函数。

7.1 Linux编程基础

Linux 作为一款优秀的开源操作系统，提供了许多强大的编程工具，使得用户可以在 Linux 环境中编程。在深入学习 Shell 编程之前，需要了解程序编译的知识，所谓编译，就是把程序员编写的源代码翻译成计算机能识别的语言。本节主要说明在 Linux 环境中应掌握的一些编译工具及其使用方法，包括使用 GCC 编译 C 语言程序、使用 make 编译 C 语言程序和通过编译源代码安装程序。

7.1.1 使用GCC编译C语言程序

我们使用的计算机在与低层硬件交互时使用一种称为机器语言的程序。机器语言是由一系列二进制指令组成的，这些指令描述了一些非常基本的操作，如"指向内存中某个位置""写入一字节""删除一字节"等。如果程序员以这样的方式操作计算机将极其低效并难以理解，因此 Linux 提供了编译器将高级语言或汇编语言转换为机器语言。GCC 便是 Linux 环境中最常用的编译器。

GCC（GNU Compiler Collection，GNU 编译器套件）是 GNU 推出的多平台编译器，支持编译 C、C++、Java、Objective C、Fortran 等多种语言。CentOS 7 默认安装 GCC 编译器，读者也可以使用以下命令自行安装。

```
yum install gcc
```

下面以编译 C 语言程序为例，介绍 GCC 的用法。在学习 C 语言时，我们都知道使用编译器编译 C 语言源代码经历了两个步骤：先将源代码编译成扩展名为.o 的目标文件，也就是机器语言；然后链接.o 文件，生成可执行文件。在 Linux 下使用 gcc 命令可以一次性完成这些工作。

gcc 命令的格式为：gcc [option] [file]。

假设待编译的程序为当前目录下的 hello.c 文件，代码内容如下。

```
#include<stdio.h>
main()
{
    printf("Hello World!\n")
}
```

使用 gcc 命令编译此文件。

```
[user@localhost ~]$ gcc -o hello hello.c
[user@localhost ~]$ ./hello
Hello World!
[user@localhost ~]$
```

可以发现 hello.c 已被编译成可执行文件，位置由-o 选项设置，如果未设置-o 选项，编译结果为当前目录下的 a.out 文件。

当程序依赖一个以上的文件时，可以先将每个文件编译成目标文件，再把所有目标文件链接成可执行文件。例如，hello.c 的 main 函数调用 greeting.c 中的 func 函数，代码如下。

hello.c 文件内容如下。

```
#include<stdio.h>
#include"greeting.h"
main()
{
    func("Tom");
}
```

greeting.c 文件内容如下。

```
void func(char *str)
{
    printf("Hello %s!\n",str);
}
```

greeting.h 头文件内容如下。

```
#ifndef _H_GREETING
#define _H_GREETING
 void greeting(char *str);
#endif
```

使用 gcc 命令的-c 选项，将.c 文件编译成.o 文件，然后将所有.o 文件链接成可执行文件。

```
[user@localhost ~]$ gcc -c greeting.c
[user@localhost ~]$ gcc -c hello.c
[user@localhost ~]$ gcc -o hello hello.o greeting.o
[user@localhost ~]$ ./hello
Hello Tom!
[user@localhost ~]$
```

这样就完成了多文件依赖程序的编译。

7.1.2　使用make编译C语言程序

在 7.1.1 小节介绍了 GCC 的用法并使用 GCC 编译了多个文件。然而在大型项目中，涉及的源文件非常多，在编译时，如果还是用 GCC，效率会非常低，而且对程序员来说极其痛苦，虽然可以使用 Shell 脚本的方式代替人工编译，但 Shell 脚本也存在弊端（后面将对此进行解释）。再者，在项目的开发过程中，源文件会频繁地修改，每一次修改都需要重新编译，使用 GCC 不仅效率低下，而且存在错编、漏编的情况，这对整个项目来说是致命的；即使使用 Shell 脚本来编译，也会将所有源文件重新编译一次，对于只修改了少量源文件的情况，这种方法造成了大量的重复工作。

为了解决上述问题，Linux 提供了 make 工具来实现对项目的控制和管理。make 可以获知所管理项目中源文件的修改情况，根据程序员设定的规则，自动编译被修改过的部分，而那些没有修改的部分将不会重新编译。这样既保证了程序的正确性，又大大提高了项目开发的效率。

那么 make 是如何知晓哪些文件被修改了呢？需要执行什么指令才能保证程序的正确？这涉及一个重要的文件——makefile，make 通过 makefile 文件描述的内容自动进行编译工作。makefile 文件需要程序员按照某种格式编写，并说明项目中各个源文件之间的依赖情况。在 Linux 系统中，makefile 文件通常以 Makefile 作为文件名。下面用一个简单的例子说明 make 和 makefile 文件的工作原理。

假设程序 prog 由 3 个源文件 file1.c、file2.c 和 file3.c 编译生成，这 3 个源文件有各自的头文件 file1.h、file2.h 和 file3.h。通常情况下，编译器会生成 3 个目标文件 file1.o、file2.o 和 file3.o，然后用这 3 个目标文件链接成 prog 程序，其过程如图 7-1 所示。

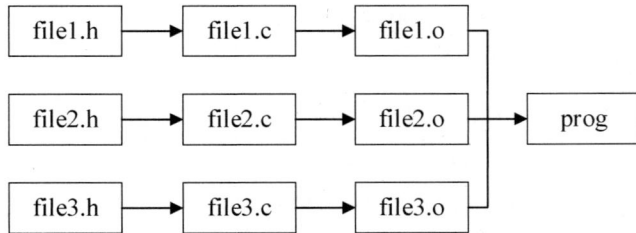

图7-1　程序prog的生成过程

要使用 make 对 prog 程序进行管理，则 makefile 文件应按如下内容编写。

```
prog:file1.o file2.o file3.o
cc -o prog file1.o file2.o file3.o
file1.o:file1.c file1.h
cc -c file1.c
file2.o:file2.c file2.h
cc -c file2.c
file3.o:file3.c file3.h
cc -c file3.c
```

在该 makefile 文件中，第 1 行说明了程序 prog 由 3 个目标文件 file1.o、file2.o 和 file3.o 链接生成，第 3、第 5、第 7 行又说明了这 3 个目标文件依赖的.c 文件及.h 文件。第 2、第 4、第 6、第 8 行则是根据这些依赖关系，编译目标文件或可执行文件。有了 makefile 文件，make 就可以根据源文件的修改情况智能地重新编译项目。例如，对 file2.c 中的内容进行修改，则 file2.o 的最后修改时间就会比 file2.c 的修改时间靠前，因此 make 根据 makefile 中的规则执行 "cc -c file2.c" 命令重新编译生成 file2.o；而 file2.o 更新后，prog 的最后修改时间又比 file2.o 的修改时间靠前，因此还要执行 "cc -o prog file1.o file2.o file3.o" 命令更新 prog 程序。以此类推，所有具有依赖关系的源文件发生修改时，都会产生新的编译或链接操作，而那些没有被修改的文件将不会触发此操作，这样 make 工具在保证程序正确的情况下，减少了许多不必要的编译工作。

有了 makefile 文件后，用户只需要执行 make 命令，就可以编译那些修改过的文件。

make 命令的格式为：make [flag] [macro definition] [target]。

其中，flag 为标志位，表 7-1 列出了常用的标志位选项；macro definition 为宏命令，在这里指定的宏命令将覆盖 makefile 文件中的宏命令；target 为要编译的文件，允许定义多个目标文件，按从左到右的顺序依次编译，如果此项省略，则默认指向 makefile 文件中第一个目标文件。

表 7-1 常用标志位选项

选项	说明
-f file	指定 file 文件为 makefile 文件。若此项省略，则系统默认指定当前目录下名为 makefile 的文件
-i	忽略命令执行返回的错误信息
-s	沉默模式
-r	禁止使用 build-in 规则
-n	非执行模式，输出所有执行命令，但不执行
-q	make 操作将根据目标文件是否已更新返回 0 或非 0 的状态信息
-p	输出所有宏定义和目标文件描述
-d	Debug 模式，输出有关文件和检测时间的详细信息
-c dir	在指定目录 dir 下读取 makefile 文件
-I dir	当包含多个 makefile 文件时，利用 dir 指定搜索目录
-w	在处理 makefile 之前和之后都显示工作目录

7.1.3 通过编译源代码安装程序

许多发行商将自己开发的软件预编译成二进制库，用户下载并解压后就能马上使用。尽管这样十分方便，但很多时候也需要通过编译源代码安装软件，原因如下。

（1）软件开发商在更新版本时，会开发一些全新的功能，但为了保证程序的稳定性并不会将其加入当前的发行版本。因此想要获取最新的功能，必须编译源代码。

（2）有时候软件并不能满足用户的全部需求，用户希望在程序中加入自定义的部分。这种情况也需要编译源代码。

在 Linux 系统中，许多程序都是直接提供源代码的，这样就可以利用 7.1.2 小节介绍的 make 和 makefile 文件编译源代码并完成程序的安装。

pcre（Perl Compatible Regular Expressions，Perl 语言兼容正则表达式）是一个 Perl 库，用于代替庞大的 Boost 解决 C 语言中使用正则表达式的问题。下面以安装 pcre 为例，介绍通过编译源代码安装程序的步骤。

（1）登录 pcre 官方网站下载最新版本的 pcre 源代码，这里以 pcre2-10.23 为例。其中 wget 命令用来从指定的 URL（Unified Resource Location，统一资源定位符）下载文件。

```
[user@localhost ~]$ wget https://ftp.pcre.org/pub/pcre/pcre2-10.23.tar.gz
--2017-03-07 22:06:06-- https://ftp.pcre.org/pub/pcre/pcre2-10.23.tar.gz
Resolving ftp.pcre.org (ftp.pcre.org)... 131.111.8.88
Connecting to ftp.pcre.org (ftp.pcre.org)|131.111.8.88|:443... connected.
HTTP request sent, awaiting response... 200 OK
Length: 2020247 (1.9M) [application/x-gunzip]
Saving to: 'pcre2-10.23.tar.gz'
```

```
   100%[=======================================>] 2,020,247     323KB/s    in
7.2s

   2017-03-07 22:06:15 (273 KB/s) - 'pcre2-10.23.tar.gz' saved [2020247/2020247]

   [user@localhost ~]$
```

（2）解压.tar 文件后，可以看到目录中包含的文件如下。

```
[user@localhost ~]$ tar -xzf pcre2-10.23.tar.gz
[user@localhost ~]$ cd pcre2-10.23/
[user@localhost pcre2-10.23]$ ls
132html           config.sub         libpcre2-8.pc.in        PrepareRelease
aclocal.m4        configure          libpcre2-posix.pc.in    README
ar-lib            configure.ac       LICENCE                 RunGrepTest
AUTHORS           COPYING            ltmain.sh               RunGrepTe    st.bat
ChangeLog         depcomp            m4                      RunTest
CheckMan          Detrail            Makefile.am             RunTest.bat
CleanTxt          doc                Makefile.in             src
cmake             HACKING            missing                 testdata
CMakeLists.txt    INSTALL            NEWS                    test-driver
compile           install-sh         NON-AUTOTOOLS-BUILD
config-cmake.h.in libpcre2-16.pc.in  pcre2-config.in
config.guess      libpcre2-32.pc.in  perltest.sh
[user@localhost ~]$
```

（3）在目录中可以发现一个名为 configure 的脚本程序，它随着源代码一起发布。configure 脚本的作用是分析当前系统的环境，并且检查系统是否已经安装了必要的外部工具和组件，然后生成合适的 makefile 文件以便下一步编译。目前许多软件都是设计成可移植的，程序的源代码可以在各种 UNIX 系统上编译，在编译时，各系统之间会有细微的不同，因此需要使用 configure 脚本进行调整。另外，configure 还可以使用选项 "--prefix" 指定程序的安装路径，默认路径为/usr/local。

（4）下面运行 configure，部分输出结果如下。

```
[user@localhost pcre2-10.23]$ ./configure
checking for a BSD-compatible install... /usr/bin/install -c
checking whether build environment is sane... yes
checking for a thread-safe mkdir -p... /usr/bin/mkdir -p
checking for gawk... gawk
checking whether make sets $(MAKE)... yes
checking whether make supports nested variables... yes
checking whether make supports nested variables... (cached) yes
checking for gcc... gcc
checking whether the C compiler works... yes
checking for C compiler default output file name... a.out
checking for suffix of executables...
checking whether we are cross compiling... no
checking for suffix of object files... o
checking whether we are using the GNU C compiler... yes
```

（5）如果在检查过程中发现了某些导致安装无法进行的问题，如缺少开发用的某些软件或开发库，configure 会以失败告终。若没有发现此类问题，则可以使用 make 命令编译程序，命令如下。

```
[user@localhost pcre2-10.23]$ make
rm -f src/pcre2_chartables.c
ln -s /home/user/nginx-1.10.3/pcre2-10.23/src/pcre2_chartables.c.dist /
home/user/nginx-   1.10.3/pcre2-10.23/src/pcre2_chartables.c
make  all-am
make[1]: Entering directory '/home/user/nginx-1.10.3/pcre2-10.23'
  CC         src/libpcre2_8_la-pcre2_auto_possess.lo

//省略若干内容

  CCLD         pcre2test
make[1]: Leaving directory '/home/user/nginx-1.10.3/pcre2-10.23'
```

（6）若编译顺利完成，就可以使用命令 make install 进行安装了。该命令会在安装目录下生成可执行程序，如下所示。

```
[user@localhost pcre2-10.23]$ sudo make install
```

7.2 Shell脚本

7.1 节中介绍了 Linux 的基本编程知识，有了这些基础知识后便可以正式进入 Shell 编程的学习了。早在第 1 章就提到过 Shell 不仅是一种用户交互接口，还是一个命令解析器。Shell 作为用户交互接口在前面的章节中已有很多体现，但是 Shell 作为命令解析器时是什么情况呢？其实这个命令解析器通过 Shell 脚本工作，在整个 Linux 体系的学习当中，Shell 脚本是非常重要的一环，本章中的大部分例子都使用 Shell 脚本的方式呈现。

7.2.1 什么是Shell脚本

到目前为止，我们都是以用户交互接口的方式使用 Shell 的，即人工通过输入设备在 CLI 命令行中输入命令，等待系统执行并将结果输出在屏幕上。设想一下，如果重复完成一个需要输入多条命令的任务，采用人工在命令行中一条一条输入的方法十分烦琐且容易出错，如果

什么是 Shell 脚本

让 Shell 记住这些命令并自动完成输入会大大提升效率（可以联想到上一节提到的 make 工具）。将命令设计与组合后，记录到一个特定的文件中，Shell 就作为命令解析器执行文件中的一系列命令，这里的文件就是 Shell 脚本。

简单来说，Shell 脚本是一个包含一系列命令的文件。Shell 读取这个文件，然后执行这些命令，就好像这些命令是直接输入命令行中的一样。从这个角度看，作为用户交互接口的 Shell 和作为命令解析器的 Shell 所做的工作是完全一样的，大多数能在命令行中完成的工作都可以在 Shell 脚本中完成，反之亦然。而使用 Shell 脚本的原因除了刚才提到的效率问题外，还基于以下 3 点考虑。

（1）简单：Shell 是一个高级语言，通过它可以简洁地表达复杂的操作。

（2）可移植：使用 POSIX 定义的功能，可以实现脚本无须修改就可在不同的系统上执行。

（3）开发容易：可以在短时间内完成一个功能强大又好用的脚本。

作为用户交互接口的 Shell 称为交互式 Shell，而作为命令解析器的 Shell 称为非交互式 Shell。因为它只需要通过 Shell 脚本就可以完成工作，不需要人为干预。需要特别注意的是，交互式 Shell 和非交互式 Shell 指的是同一个 Shell。换句话说，Shell 既是交互式的又是非交互式的，这取决于用户如何使用它。

7.2.2 开始编写Shell脚本

Shell 脚本本质上是 Linux 系统下的文本文件，通过第 5 章的学习我们已经掌握文本处理的方法。运用 Vim 文本编辑器提供的"语法高亮"功能，可以很方便地编写 Shell 脚本。仍然以经典的 Hello World 程序为例，启动 Vim 文本编辑器并输入以下内容。

开始编写 Shell
脚本

```
#!/bin/bash
#My first shell script.
echo Hello World!
```

脚本第 1 行开头的"#!"是一个约定标记，称为 shebang，用来告知操作系统需要用什么解析器来执行此脚本，这里表示使用 bash 来执行 Shell 脚本；第 2 行为注释，Shell 的注释以"#"开头，与所有编程语言一样注释内容不会执行，在命令行中也是如此；第 3 行看起来非常熟悉，它是一个 echo 命令加上字符串参数，与命令行中的写法完全一样。

编写完后将脚本保存为 HelloWorld.sh，这里以.sh 为脚本扩展名并没有什么特殊含义，仅为了表明这是一个 Shell 脚本，达到见名知义的目的，类似于 Python 脚本的.py 或 PHP 脚本的.php。

然后给文件增加可执行权限并运行。

```
[user@localhost ~]$ chmod +x HelloWorld.sh
[user@localhost ~]$ ./HelloWorld.sh
Hello World!
[user@localhost ~]$
```

可以看到，Shell 脚本的执行结果和直接在命令行中输入命令的结果完全相同。在上面的例子中，使用 3 行内容的 Shell 脚本完成了命令行中 1 行命令的工作，这是为了向读者介绍编写 Shell 脚本最基本的方法，在本章后面的内容中将展示 Shell 编程强大的功能。

7.3 变量及其使用方法

变量是计算机语言中能存储计算结果或能表示值的抽象概念，在编程中扮演着非常重要的角色。与各种编程语言相比，Shell 中的变量既有相同点，又有不同点，理解变量的相关知识对 Shell 编程十分重要。本节将介绍 Shell 编程中变量的基本概念以及一个称为环境变量的特殊变量，然后演示变量的几种操作。

7.3.1 Shell变量和环境变量

作为一名程序员，应该理解和熟练使用局部变量和全局变量。在 Shell 中也存在类似的两种变量，即 Shell 变量和环境变量。但 Shell 变量和环境变量与其他编程语言中的局部变量和全局变量又存在区别。

1．Shell 变量

首先回顾一下在学习各种编程语言时对变量的定义。变量是一个用来存储数据的实体。每个变量都有一个变量名和一个值，其中变量名是引用变量的标识符，值是存储在变量中的数据。

与许多编程语言的变量一样，Shell 变量在命名时需要遵守一些规则：变量名必须由大写字母（A～Z）、小写字母（a～z）、数字（0～9）或下画线（_）构成；变量名的第一个字符不能是数字。

对于变量的值，大多数编程语言都可以包含多种不同类型的数据，而 Shell 变量只有字符串一种类型，即无论赋予 Shell 变量什么值，在存储时都会将其转换为字符串。

Shell 变量只能在创建它的 Shell 中使用，对于其他 Shell 是不可见的，并且 Shell 变量也不会从父进程传递给子进程，这一点与局部变量非常相似。因此在编写 Shell 程序的过程中，当需要临时存储数据时，可以使用 Shell 变量。

2．环境变量

在学习各种编程语言的变量时，往往会提及全局变量的概念。全局变量可以在程序的任何地方使用，通常设计成可供函数在任何时候获取和修改。在 Shell 编程中，这一功能由环境变量实现。环境变量是一种特殊的变量类型，系统中的所有进程都可以使用，这与全局变量十分相似，但环境变量并不完全等同于全局变量，因为子进程对环境变量的修改不会传递到父进程中，关于进程的内容将在第 9 章详细介绍。

环境变量的命名和值类型与 Shell 变量相同，但需要注意的是，在 bash 中，系统定义的环境变量全部使用大写字母命名，如 PATH。表 7-2 列出了 bash 中常用的环境变量以及它们的说明，其他类型的 Shell（如 C Shell、TC Shell、PowerShell）环境变量的命名会有区别。

表 7-2　常用环境变量及说明

环境变量	说明
PATH	指定命令的搜索路径
PWD	当前工作目录
HOME	当前用户的主工作目录
SHELL	当前用户使用的 Shell
TERM	当前正在使用的终端类型
USER	当前用户标识
HOSTNAME	当前主机的名称
LOGNAME	当前用户标识
ENV	环境文件的名称

下面使用 PATH 介绍环境变量具有的全局性，PATH 表示命令执行时系统的搜索路

径，输出 PATH 的值如下。

```
[user@localhost ~]$ echo $PATH
/usr/lib64/qt-3.3/bin:/usr/local/bin:/usr/local/sbin:/usr/bin:/usr/sbin:/
bin:/sbin:/home/user/.l
ocal/bin:/home/user/bin
[user@localhost ~]$
```

命令执行时，Shell 会在以上目录中寻找命令。回顾上面的 HelloWorld.sh 脚本，在执行时是通过"./"的方式显式指定脚本路径的。而对于一些常用的脚本，通常会把它们放在 PATH 指定的目录里，运行时 Shell 自动搜索，而不需要用户指定路径。因此将 HelloWorld.sh 脚本复制到 PATH 中的一个名为"/home/user/bin"的目录下（这个目录是存放个人脚本的理想位置），然后再执行脚本。

```
[user@localhost ~]$ cp HelloWorld.sh /home/user/bin/
[user@localhost ~]$ HelloWorld.sh
Hello World!
[user@localhost ~]$
```

此时就不必显式指定脚本的路径了，这就是环境变量发挥的作用。

7.3.2　变量的操作

无论是 Shell 变量还是环境变量，对于它们的操作可以归纳为 4 种：创建变量、获取变量的值、修改变量的值和删除变量。

1. 创建变量

变量的创建十分简单，只需要指定变量名称和变量值，它们之间用等号（=）连接，等号两边不能有空格。创建变量的语法为：NAME=value。

变量创建好后，可以使用"$"符号后面接变量名的方式获取变量的值。例如，定义一个名为 os 的变量，它的值为 CentOS，然后用 echo 命令输出变量的值。

```
[user@localhost ~]$ os=CentOS
[user@localhost ~]$ echo $os
CentOS
[user@localhost ~]$
```

如果希望使用一个包含空白符的值，则需要将值放在双引号中，如下所示。

```
[user@localhost ~]$ os="CentOS 7"
[user@localhost ~]$ echo $os
CentOS 7
[user@localhost ~]$
```

变量的值并不是必需的，如果变量在创建时没有赋值，则系统默认此变量的值为 null。另外，当使用"$"符号获取一个并没有被创建过的变量时，系统会自动创建变量，并为变量赋初始值 null。例如，获取一个没有被创建的变量 os1。

```
[user@localhost ~]$ echo $os1

[user@localhost ~]$
```

同样，也可以在 Shell 脚本中使用变量。在前面的 HelloWorld.sh 脚本中编辑如下内容。

```
#!/bin/bash
```

```
#My first shell script.
echo Hello World!
os=CentOS
echo My Linux distribution is $os
```

然后运行如下脚本。

```
[user@localhost ~]$ ./HelloWorld.sh
Hello World!
My Linux distribution is CentOS
[user@localhost ~]$
```

对于环境变量，情况又有所不同。bash 中允许直接创建环境变量，每个新变量被自动设置为 Shell 变量。如果希望某个变量同时成为环境变量，需要将 Shell 变量导出到环境中。导出命令为 export。

export 命令的格式为：export [-fnp] [name]=[value]。

最简单的用法是将一个已有的变量导出为环境变量。

```
[user@localhost ~]$ export os
```

此时变量 os 已经是环境变量了，在新 Shell 中也能使用变量 os。

2．获取变量的值

前面已经提到过，可以使用$符号获取变量的值。然而考虑一种情况，如果变量后面需要紧跟其他字符将怎么办呢？如需要将一个名为 file 的文件改名为 file1，用户可以通过 mv 命令快速实现。但在实际编程当中，往往不会显式地给出文件名，而是用变量的方式存储文件名，就目前学到的知识可以按下面的方式执行 mv 命令。

```
[user@localhost ~]$ fname=file
[user@localhost ~]$ mv $fname $fname1
mv: missing destination file operand after 'file'
Try 'mv --help' for more information.
[user@localhost ~]$
```

在系统给出的错误提示中可以看到，在 file 后面缺少了参数。这是因为系统把 fname1 当成了一个变量，因为此变量没有被创建，所以其值为空值。为了区分变量名和变量名后面紧跟的字符，可以使用花括号{}将变量名括起来。

```
[user@localhost ~]$ mv $fname ${fname}1
[user@localhost ~]$
```

这样 Shell 就不会把 1 当成变量名的一部分了。

另外，还可以使用 set 命令和 env 命令显示所有 Shell 变量和环境变量。下面的例子展示了 env 命令的部分输出。

```
[user@localhost ~]$ env
XDG_VTNR=1
SSH_AGENT_PID=3622
XDG_SESSION_ID=2
HOSTNAME=localhost.localdomain
IMSETTINGS_INTEGRATE_DESKTOP=yes
GPG_AGENT_INFO=/run/user/1001/keyring/gpg:0:1
VTE_VERSION=3803
TERM=xterm-256color
SHELL=/bin/bash
XDG_MENU_PREFIX=gnome-
```

```
HISTSIZE=1000
GJS_DEBUG_OUTPUT=stderr
WINDOWID=35651591
OLDPWD=/home/user
QTDIR=/usr/lib64/qt-3.3
QTINC=/usr/lib64/qt-3.3/include
GJS_DEBUG_TOPICS=JS ERROR;JS LOG
os=CentOS 7
IMSETTINGS_MODULE=none
QT_GRAPHICSSYSTEM_CHECKED=1
USER=user
```

从中可以看到，刚才导出的 os 变量也出现在了结果中。值得注意的是，在 bash 中，除了用户自定义的变量外，Shell 变量和环境变量都是用大写字母命名的。如果要区分系统的 Shell 变量和环境变量，唯一的办法就是比较 set 命令和 env 命令的输出。因为 set 命令显示当前 Shell 会话中定义的所有变量，包括环境变量和 Shell 变量，而 env 命令只显示环境变量及其对应的值。

3．变量的修改与删除

修改变量与创建变量使用相同的语法，如果变量已经存在，重复对它进行赋值就可以改变变量的值。例如，将 os 变量的值由 CentOS 改为 ubuntu。

```
[user@localhost ~]$ os=CentOS
[user@localhost ~]$ os=ubuntu
[user@localhost ~]$ echo $os
ubuntu
[user@localhost ~]$
```

环境变量的修改与 Shell 变量有所不同，因为子进程对环境变量的修改不会传递到父进程中。例如，在下面的例子中，编写脚本修改 PATH 环境变量，在当前 Shell 中执行此脚本，再查看当前 PATH 环境变量的情况。

编写脚本 test，代码如下。

```
PATH="PATH has been removed"
echo $PATH
```

运行脚本，并查看 PATH 环境变量。

```
[user@localhost ~]$ ./test
PATH has been removed
[user@localhost ~]$ echo $PATH
/usr/lib64/qt-3.3/bin:/usr/local/bin:/usr/local/sbin:/usr/bin:/usr/sbin:/
bin:/sbin:/home/user/.l ocal/bin:/home/user/bin
[user@localhost ~]$ HelloWorld.sh
Hello World!
[user@localhost ~]$
```

在上面的例子中，Shell 启动一个子进程执行 test 脚本，并修改 PATH 环境变量。然而从当前 Shell 中的输出情况来看，PATH 并没有被改变。最后使用不显式指定路径的方式执行 HelloWorld.sh 脚本，也说明了当前 Shell 中的 PATH 没有被修改。

如果希望修改环境变量并应用于所有进程，正确的办法是将修改写入配置文件中，如.bashrc 文件。例如，通过编辑.bashrc 文件加入以下内容。

```
export PATH=$PATH:/home/user/sbin
```

这样就将用户目录下的 sbin 目录加入了 PATH，并且每次启动系统时都会进行此操作。

对 Shell 变量来说，通常不需要主动删除变量，因为 Shell 变量只能在当前 Shell 中使用。如果需要删除变量，可以使用 unset 命令。

unset 命令的格式为：unset NAME。

使用 unset 命令同样可以删除环境变量。值得注意的是，用户可以通过 export 命令将 Shell 变量导出为环境变量，但没有办法将环境变量再恢复成 Shell 变量。换句话说，移除一个环境变量唯一的办法就是删除它。

7.4 输入、输出和引用

在前面的章节中，已经出现了很多输入、输出操作，可以说 Linux 的大部分内容都是由用户输入命令和系统输出执行结果这两种动作组成的。Shell 编程就是对这两种内容进行更精细的设计，本节将总结 Shell 编程中的输入、输出操作，并介绍其中重要的引用问题。

7.4.1 输入与输出

1. 输出

在输出操作中使用最多的是 echo 命令，echo 命令的功能是将字符串输出到屏幕。

echo 命令的格式为：echo [-ne] [string]。

其中，string 表示要输出的字符串。选项-n 表示输出中不换行，示例如下。

```
[user@localhost ~]$ echo -n Hello;echo ' World!'
Hello World!
[user@localhost ~]$
```

选项-e 表示处理特殊字符，例如，在下面的例子中，echo 命令识别并输出制表符"\t"。

```
[user@localhost ~]$ echo -e 'Hello\tWorld!'
Hello    World!
[user@localhost ~]$
```

所有可以被-e 选项处理的特殊字符如表 7-3 所示。

表 7-3　echo 命令的-e 选项能处理的特殊字符

特殊字符	说明
\a	发出警告声
\b	删除前一个字符
\c	最后不加上换行符号
\f	换行但光标仍停留在原来的位置
\n	换行且光标移至行首
\r	光标移至行首，但不换行
\t	插入制表符

续表

特殊字符	说明
\v	与\f相同
\\	插入"\"字符
\xxx	插入 ASCII 值为 xxx 的字符

除了 echo 命令外，还有一种功能更强大的输出命令——printf。Shell 中的 printf 命令与 C 语言中的 printf 函数非常相似，功能都是格式化输出数据。

printf 命令的格式为：printf format [argument]。

其中，format 为输出的格式，argument 为要输出的数据。使用 printf 输出时必须指定数据的格式。

```
[user@localhost ~]$ printf "%s\n" 'Hello World!'
Hello World!
[user@localhost ~]$
```

其中格式部分用引号引起来，单引号或双引号都可以。"%s"为格式符，表示输出的格式为字符串，类似的还有"%d""%c""%f"等，代表的格式与 C 语言中的相同。与 echo 命令不同的是，printf 命令不会自动换行，所以要达到换行的效果，就需要在格式最后加上换行符"\n"。

printf 命令提供了强大的格式控制功能。例如，编写一个输出成绩单的脚本 score.sh。其中格式符"%-s"中的"-"表示左对齐；使用制表符"\t"分隔数据列；格式符"%-4.2f"表示左对齐的格式化小数，".2"指保留两位小数，"4"指格式化后整个数的位数。脚本如下。

```
#!/bin/bash

printf "%-s\t%-s\n" 'Name' 'Score'
printf "%-s\t%-4.2f\n" 'Lily' '96.1234'
printf "%-s\t%-4.2f\n" 'Tom' '78.6543'
printf "%-s\t%-4.2f\n" 'Jack' '87.9876'
```

执行脚本，输出结果如下。

```
[user@localhost ~]$ ./score.sh
Name       Score
Lily       96.12
Tom        78.65
Jack       87.99
[user@localhost ~]$
```

更多类似的用法请在 C 语言的课程中学习。这里再介绍一个与 C 语言 printf 函数的相同点，即在 Shell 的 printf 命令中，格式设置的数量不必和参数相同。当格式数与实际输出参数数量不一致时，仍然按照定义好的格式输出。例如，实际输出参数数量小于预定格式数，不足的部分用 null（数值格式则为 0）值补充。

```
[user@localhost ~]$ printf "%s\n%s\n%s\n" 'one' 'two'
one
two
```

```
[user@localhost ~]$
```

如果实际输出参数数量大于预定格式数，多余的部分将继续按格式输出。

```
[user@localhost ~]$ printf "%s %s %s\n" 'one' 'two' 'three' 'four' 'five'
one two three
four five
[user@localhost ~]$
```

2. 输入

有时候编写程序需要考虑到程序的交互性，更准确地说应该是程序与用户的互动能力。增强互动性最直接的办法就是从用户处获取输入。在 Shell 中获取用户输入可以使用 read 命令。

read 命令的作用是从标准输入读取一行数据。此命令可以用于读取键盘输入或应用重定向读取文件中的一行。

read 命令的格式为：read [option] [variable]。

先通过一个简单的例子来感受一下 read 命令的用法。修改 HelloWorld.sh 脚本如下。

```
#!/bin/bash
#My first shell script.
echo Hello World!
read os
echo My Linux distribution is $os
```

然后运行脚本。

```
[user@localhost ~]$ ./HelloWorld.sh
Hello World!
```

此时程序执行完 echo 命令，等待用户输入以执行 read 命令。输入 CentOS 并按 Enter 键。

```
[user@localhost ~]$ ./HelloWorld.sh
Hello World!
CentOS
My Linux distribution is CentOS
[user@localhost ~]$
```

在上面的输出中，第 3 行为用户输入内容。Shell 使用 read 命令将 CentOS 赋给 os 变量，最后通过 echo 输出。

read 命令的选项如表 7-4 所示。

表 7-4　read 命令的选项

选项	说明
-a array	将输入值从索引值为 0 的位置开始赋给 array
-d str	将字符串 str 的第一个字符作为输入的结束标志
-e	使用 readline 处理输入
-n num	从输入中读取 num 个字符
-p str	使用字符串 str 作为输入提示

续表

选项	说明
-r	不将"\"当作转义字符
-s	输入时不显示输入的字符
-t sec	在等待 sec 秒后结束输入，并返回非 0 退出状态
-u fd	从文件描述符 fd 中读取输入

使用不同的选项，read 命令可以达成不同的效果。下面以-t 和-p 选项为例，编写一个计算题的小程序 calculate.sh，-p 选项给出题干，-t 选项设置超时时间。

```
#!/bin/bash

read -t 5 -p 'Enter the result of 4+4 in 5 seconds:' result
echo Your result is $result
```

执行脚本，在提示输入时输入计算结果。

```
[user@localhost ~]$ ./calculate.sh
Enter the result of 4+4 in 5 seconds:8
Your result is 8
[user@localhost ~]$
```

若超过 5 秒没有输入，系统会自动停止程序（读者可以自己测试）。

read 命令也可以接收多个值的输入。例如，用 read 命令同时指定 3 个变量 var1、var2 和 var3，用来接收用户输入。

```
[user@localhost ~]$ read var1 var2 var3
1 2 3
[user@localhost ~]$ echo $var1;echo $var2;echo $var3
1
2
3
[user@localhost ~]$
```

与 printf 命令类似，若用户实际的输入数量与 read 命令的预期接收数量不同，则会做一些特殊处理。如果输入数量少于预期，则多余的接收变量值为空。例如，由于实际输入只有两个，所以变量 var3 为空。

```
[user@localhost ~]$ echo $var1;echo $var2;echo $var3
1
2

[user@localhost ~]$
```

如果输入数量多于预期，则最后一个接收变量包含所有多余的输入。例如，由于实际输入大于 3 个，所以变量 var3 接收了字符"3 4 5"。

```
[user@localhost ~]$ echo $var1;echo $var2;echo $var3
1
2
3 4 5
[user@localhost ~]$
```

还有一种情况，如果没有指定任何变量接收用户输入，则默认使用一个名为 REPLY

的变量接收所有输入。

```
[user@localhost ~]$ read
1 2 3
[user@localhost ~]$ echo $REPLY
1 2 3
[user@localhost ~]$
```

7.4.2 引用

在 Linux 的日常使用中，需要输入各种命令。命令由字母、数字和一些其他字符组成，某些字符有特殊的含义，如表示单条命令结束的分号";"，重定向符号"<"和">"，以及刚提到的变量取值符"$"等，我们将这些具有特殊含义的字符称为元字符。如果输出结果包含元字符，但并不想使用它们的特殊含义该怎么办呢？

例如，想输出的内容是"This pen is $1"，可能读者会按照下面的格式输入。

```
[user@localhost ~]$ echo This pen is $1
This pen is
[user@localhost ~]$
```

这并不是我们预期的输出，因为 Shell 使用了$的特殊含义，把 1 当成了变量。在这种情况下，我们可以采用转义字符"\"加元字符的方式告诉 Shell 不使用特殊含义并原样输出。

```
[user@localhost ~]$ echo This pen is \$1
This pen is $1
[user@localhost ~]$
```

在上面的例子中，使用转义字符取消了元字符的特殊含义，这样的操作称为引用。理论上，转义字符可以满足所有需要引用的情况。但是如果需要引用的字符过多，插入转义字符会降低命令的可读性。

```
[user@localhost ~]$ echo I am using Linux\(CentOS\)\;My username is \<$USER\>.
I am using Linux(CentOS);My username is <user>.
[user@localhost ~]$
```

这样使用多个转义字符，不仅麻烦而且不易阅读。为此 Linux 提供了两种引用的方式：单引号引用和双引号引用。

以下是使用单引号引用的例子。

```
[user@localhost ~]$ echo 'I am using Linux(CentOS);My username is <$USER>.'
I am using Linux(CentOS);My username is <$USER>.
[user@localhost ~]$
```

在这个例子中，单引号之间的所有内容都被引用了，这样做比使用转义字符高效许多。但是，原来输出中使用了环境变量 USER，而此时转义字符"$"已被引用，导致所有内容都原样输出。一种解决办法是，将"$"排除在单引号引用的范围之外。

```
[user@localhost ~]$ echo 'I am using Linux(CentOS);My username is <'$USER'>.'
I am using Linux(CentOS);My username is <user>.
[user@localhost ~]$
```

这样做仍然比使用大量的转义字符省事，但一种更高效的办法是使用双引号引用。

```
[user@localhost ~]$ echo "I am using Linux(CentOS);My username is <$USER>."
I am using Linux(CentOS);My username is <user>.
[user@localhost ~]$
```

这时双引号中的内容除了"$"符号，其余的元字符都被引用了。另外，双引号引用还会保留"\"和"`"这两个元字符的特殊含义。

现在已经讨论了 3 种引用方式，读者可以根据实际需求选择使用任意一种或几种，下面对它们进行总结。

（1）转义字符：用于引用任意的单个字符。

（2）单引号引用：也称为强引用，用于引用包含的字符串。

（3）双引号引用：也称为弱引用，用于引用包含的字符串，但保留"$"、"\"和"`"的特殊含义。

7.5 分支控制语句

目前为止编写的 Shell 程序都是顺序的，即程序从上往下一行行地执行。然而实际往往没有这么简单就能完成任务，如有时需要构建分支结构以适应各种情况。与大部分编程语言一样，Shell 用经典的 if 语句和 case 语句来控制分支结构，并且可以用 test 命令定义判断的表达式。

分支控制语句

7.5.1 if语句

if 语句是最常见的分支语句，语法格式如下。

```
if expression; then
    command…
[elif expression; then
    command…]
[else
    command…]
fi
```

下面通过命令行中的一个简单例子说明 if 语句的用法。

```
[user@localhost ~]$ if true; then echo "it's true"; else echo "it's false";
fi
it's true
[user@localhost ~]$ if false; then echo "it's true"; else echo "it's false";
fi
it's false
[user@localhost ~]$
```

执行哪一个分支由 if 后的表达式结果决定。在第一个 if 语句中，if 后面的表达式为 true，执行 then 后的命令；在第二个 if 语句中，if 后面的表达式为 false，执行 else 语句后面的命令。需要创建多分支时，可以使用 elif 指定其余分支。

从 if 语句的结构可以看出，关键字 if、else、elif 等决定了语句的分支情况，表达式决定了执行哪一条分支。表达式根据实际需求变化，在复杂的判断条件中，需要使用 test 命令或组合表达式的方式完成。

1. test 命令

test 命令经常出现在 if 语句表达式的编写中，用于执行各种检查和比较。

test 命令的格式为：[expression]。

先用一个例子说明 test 命令的使用方法。对于前面提到的计算题小程序，可以使用 if 语句加 test 命令来完善其功能。修改 calculate.sh 脚本，代码如下。

```bash
#!/bin/bash

if read -t 5 -p 'Enter the result of 4+4 in 5 seconds:' result; then
    if [ $result -eq 8 ] ; then
        echo "The result is correct!"
    else
        echo "The result is wrong!"
    fi
else
    echo -e "\nTime out!"
fi
```

现在分析这个脚本。最外层的 if 语句后的表达式是一个 read 命令，-t 选项的存在使得 read 可以根据输入延迟返回不同的状态值，如果在 5 秒内输入，则返回 0 状态值，程序进入内层嵌套的 if 语句，否则进入外层 else 语句。在内层 if 语句中判断 result 变量的值，方括号中的内容为 test 命令，其中“-eq”是判断两个整数是否相等的表达式。整个 test 命令表示如果变量 result 的值等于 8，就返回 TRUE，否则返回 FALSE。通过 if 语句的分支控制，实现了程序判断对错和限制回答时间的功能。

上面的例子中使用了“-eq”表达式判断整数，所有判断整数的表达式如表 7-5 所示。

表 7-5 判断整数的表达式

表达式	返回 TRUE 的条件
num1 -eq num2	num1 和 num2 相等
num1 -ne num2	num1 和 num2 不相等
num1 -le num2	num1 小于等于 num2
num1 -lt num2	num1 小于 num2
num1 -ge num2	num1 大于等于 num2
num1 -gt num2	num1 大于 num2

另外 test 命令还提供了判断字符串和文件的表达式，如表 7-6 和表 7-7 所示。

表 7-6 判断字符串的表达式

表达式	返回 TRUE 的条件
str	str 为空
-n str	str 的长度大于 0
-z str	str 的长度等于 0
str1 == str2	str1 等于 str2
str1 != str2	str1 不等于 str2

表 7–7 判断文件的表达式

表达式	返回 TRUE 的条件
file1 -ef file2	file1 和 file2 指向同一个文件
file1 -nt file2	file1 比 file2 新
file1 -ot file2	file1 比 file2 旧
-b file	file 存在并且是一个块文件
-c file	file 存在并且是一个字符文件
-d file	file 存在并且是一个目录文件
-e file	file 存在
-f file	file 存在并且是一个普通文件
-g file	file 存在并且有组 ID
-L file	file 存在并且是一个符号链接文件
-p file	file 存在并且是一个管道文件
-r file	file 存在并且可读
-s file	file 存在并且长度大于 0
-S file	file 存在并且是一个套接字文件
-t fd	fd 是一个定向到终端的文件描述符
-w file	file 存在并且可写
-x file	file 存在并且可执行

bash 还提供了一个增强的 test 命令，其语法格式如下。

```
[[ expression ]]
```

使用这种格式的 test 命令支持所有 test 命令表达式，并且增加了一个重要的功能——支持正则表达式匹配。匹配符号为"=~"，若"=~"左边的字符串匹配"=~"右边的正则表达式，则返回 TRUE，否则返回 FALSE。如下是一个使用这种方法检查用户输入是否为整数的例子。

```
#!/bin/bash

read -p 'Please entry an integer:'
if [[ $REPLY =~ ^[0-9]+$ ]];then
    echo   "Verification passed!"
else
    echo   "Verification failed!"
fi
```

2. 组合表达式

有些时候分支的判定条件比较复杂，if 语句可以使用逻辑运算符将表达式组合起来，实现更复杂的计算。可用的逻辑运算符有 3 种，分别为逻辑与、逻辑或和逻辑非。这 3 种逻辑运算符的操作符与说明如表 7-8 所示。

表 7-8　逻辑运算符

名称	操作符	说明
逻辑与	&&	若操作符两边的表达式都为真，返回 TRUE，否则返回 FALSE
逻辑或	||	若操作符两边的表达式都为假，返回 FALSE，否则返回 TRUE
逻辑非	!	若操作符后的表达式为真，返回 FALSE，否则返回 TRUE

下面是一个逻辑与的使用例子。这个脚本可用来检查一个数是否属于某个范围。

```
#!/bin/bash

num=50
if [ $num -ge 40 ]&&[ $num -le 60 ];then
    echo "The number between 40 and 60."
fi
```

在这个脚本中，检查变量 num 的值是否在 40～60 内。if 后的两个表达式被逻辑与运算符"&&"分隔，判断顺序从左往右，只有前一个表达式为真时，才会判断下一个表达式，如果所有表达式为真，则返回 TRUE，否则返回 FALSE。

下面是一个逻辑或的使用例子。这个脚本可用来检查一个数是否在某个范围之外。

```
#!/bin/bash

num=20
if [ $num -lt 40 ]||[ $num -gt 60 ];then
    echo "The number is outside 40 to 60."
fi
```

在这个脚本中，检查变量 num 的值是否在 40～60 之外。if 后的两个表达式被逻辑或运算符"||"分隔，判断顺序仍然是从左往右，但是只要有一个表达式为真，就返回 TRUE，只有当表达式为假时，才会判断下一个表达式，如果所有表达式为假，则返回 FALSE。

逻辑非运算符"!"会对表达式的运算结果取反。如果表达式为 FALSE，则返回 TRUE；反之，如果表达式为 TRUE，则返回 FALSE。因此为第一个例子中的表达式加上逻辑非运算符，将与第二个例子完全等价。

```
#!/bin/bash

num=20
if !([ $num -ge 40 ]&&[ $num -le 60 ]);then
    echo "The number is out of range!"
fi
```

需要注意的是，因为"!"运算符仅对后面的第一个表达式有效，所以需要将整个表达式用圆括号括起来。

7.5.2　case语句

在分支控制中，if 语句可以满足很多情况下的需求。但是当分支条件非常多时，if 语句也随之变长，如下面的例子在多个允许值中判断输入字符的值。

```
#!/bin/bash
```

```
read -p "input an integer in range 0 to 9:" num
if [ $num -eq 0 ];then
    echo "The number is 0."
elif [ $num -eq 1 ];then
    echo "The number is 1."
elif [ $num -eq 2 ];then
    echo "The number is 2."
elif [ $num -eq 3 ];then
    echo "The number is 3."
elif [ $num -eq 4 ];then
    echo "The number is 4."
elif [ $num -eq 5 ];then
    echo "The number is 5."
elif [ $num -eq 6 ];then
    echo "The number is 6."
elif [ $num -eq 7 ];then
    echo "The number is 7."
elif [ $num -eq 8 ];then
    echo "The number is 8"
elif [ $num -eq 9 ];then
    echo "The number is 9."
else
    echo "The number is out of range!."
fi
```

在这个例子中，尽管 if 语句可以达到预期的效果，但是过于烦琐。使用 case 语句可以很好地完成这种多分支任务。case 语句为多选择语句，可以用 case 语句匹配一个值与一个模式，如果匹配成功，则执行相匹配的命令。case 语句格式如下。

```
case value in
    [ expression)    command…
    ;;
    …
    ]
esac
```

使用 case 语句可以将上面的例子简化，代码如下。

```
#!/bin/bash

read -p "input an integer in range 0 to 9:" num
case $num in
    0)  echo "The number is 0."
    ;;
    1)  echo "The number is 1."
    ;;
    2)  echo "The number is 2."
    ;;
    3)  echo "The number is 3."
    ;;
    4)  echo "The number is 4."
    ;;
    5)  echo "The number is 5."
    ;;
    6)  echo "The number is 6."
```

```
    ;;
    7)  echo "The number is 7."
    ;;
    8)  echo "The number is 8."
    ;;
    9)  echo "The number is 9."
    ;;
    *)  echo "The number is out of range!."
    ;;
esac
```

符号")"前面的表达式称为待匹配的模式，其取值将检测匹配的每一个模式。一旦模式匹配，则执行完匹配模式相应命令后不再继续匹配其他模式。如果无一匹配模式，使用星号"*"捕获该值。

另外 case 语句还支持多语句组合，使用"|"符号连接多个模式，可以达到在模式间"或"的功能。例如，下面的例子中，忽略了用户输入的大小写。

```
#!/bin/bash

read -p "What day is today?:" str
case $str in
    sunday|SUNDAY)  echo "Today is sunday."
    ;;
    monday|MONDAY)  echo "Today is monday."
    ;;
    tuesday|TUESDAY)   echo "Today is tuesday."
    ;;
    wednesday|WEDNESDAY)    echo "Today is wednesday."
    ;;
    thursday|THURSDAY)  echo "Today is thursday."
    ;;
    friday|FRIDAY)  echo "Today is friday."
    ;;
    saturday|SATURDAY)  echo "Today is saturday."
    ;;
    *)  echo "Input error!"
    ;;
esac
```

7.6   循环控制语句

在上一节中介绍了分支语句以适应各种不同的需求。现在考虑另一种情况：程序并不是执行一次就能完成任务，而是需要重复执行，也就是迭代运行。这时就需要使用循环控制。Shell 提供了 while 循环、until 循环和 for 循环 3 种循环，它们的循环控制条件也是通过 test 命令完成的。

7.6.1   while和until循环

在编写一段需要重复运行的程序时，要明确哪些工作需要重复、什么时候结束。使用 while 命令或 until 命令可以达到这样的目的。

while 命令的语法格式如下。

```
while expression; do
      command…
done
```

until 命令的语法格式如下。

```
until expression; do
      command…
done
```

与 if 命令一样，while 和 until 会判断表达式的返回值，从而控制循环条件，这里的表达式也经常使用 test 命令。而 do 和 done 之间为重复执行的命令。while 命令的表达式返回值为真时，循环一直进行，直到返回值为假。而 until 命令正好相反，当表达式返回值为假时，循环一直进行，直到返回值为真。

通过下面的例子了解这两种循环的基本用法，编写脚本 while_test.sh。

```
#!/bin/bash

count=0
echo "Example of while:"
while [ $count -lt 6 ];do
    echo $count
    count=$[$count+1]
done

echo "Example of until:"
until [ $count -lt 1 ];do
    echo $count
    count=$[$count-1]
done
```

脚本 while_test.sh 执行结果如下所示。

```
[user@localhost ~]$ ./while_test.sh
Example of while:
1
2
3
4
5
Example of until:
6
5
4
3
2
1
 [user@localhost ~]$
```

在上面的例子中，count 的初始值为 0，while 循环条件返回 TRUE，程序进入 while 循环，在循环体中 count 自增，直到 count 值为 6 时，while 循环条件返回 FALSE；此时正好满足 until 的循环条件，程序进入 until 循环，在循环体中 count 自减，直到 count 值为 0 时，until 循环条件返回 TRUE。while 循环和 until 循环除了循环条件相反外，其余功能完全相同，使用哪一种循环完全取决于用户的习惯。

正如本节开头所说，循环被设计来完成那些需要迭代运行的程序。这样的程序非常多，常见的有菜单、文件读取等。下面的例子为一个带菜单的程序，通过输入选项来选择程序的功能。程序的脚本如下。

```
#!/bin/bash

selection=100
while [ $selection -ne 0 ];do
    echo "Menu:
        1.Show my user name.
        2.What time is it now?
        3.Show my disk info.
        0.Exit"
    read -p "Select the function(1-3):" selection
    case $selection in
        0)  echo "bye!"
        ;;
        1)  echo "Your user name is $USER."
        ;;
        2)  echo -n "It's ";date +%H:%M
        ;;
        3)  df -h
        ;;
        *)  echo "Invalid entry!"
        ;;
    esac
done
```

上面的例子中，用 echo 命令输出菜单选项，用 read 命令接收用户的选择。这些内容都放在了 while 循环中，这意味着程序在执行完一个用户请求后，还可以重复展示菜单并且用户可以再次使用程序，直到用户选择退出。

另外使用 while 循环可以很方便地读取文件，程序脚本 readfile.sh 如下。

```
#!/bin/bash

while read line;do
    echo $line
done < readfile.sh
```

脚本的最后一行似乎有些奇怪。这里在 done 后面加重定向符号，将文件重定向到了循环中，然后 while 循环使用 read 命令读取重定向文件中的每一行，直到文件末尾 read 命令返回 FALSE 时结束循环。在这个例子中，程序输出了它本身的脚本文件。

执行此脚本的结果如下。

```
[user@localhost ~]$ ./readfile.sh
#!/bin/bash

while read line;do
echo $line
done < readfile.sh
```

7.6.2 for循环

Shell 中还提供了另一种循环结构——for 循环。在处理数值序列的循环时，for 循环比 while 循环和 until 循环有效。for 循环使用 for 命令，其语法格式如下。

```
for (( expression1; expression2; expression3;));do
    command…
done
```

for 循环执行过程如下：先执行 expression1，再判断 expression2，若返回 TRUE，则进入循环执行 command 命令，完成每次循环后都需要执行 expression3。因此 for 循环等同于如下结构的 while 循环。

```
expression1
while expression2;do
    command…
    expression3
done
```

仿照 7.6.1 小节的 while_test.sh 脚本，编写脚本 for_test.sh。

```
#!/bin/bash

for (( i=1; i<6 ; i=i+1));do
    echo $i
done

for ((; i>0; i=i-1));do
    echo $i
done
```

脚本 for_test.sh 的执行结果如下。

```
[user@localhost ~]$ ./for_test.sh
1
2
3
4
5
6
5
4
3
2
1
[user@localhost ~]$
```

for 循环还提供了另外一种命令格式，如下所示。

```
for variable [in sequence]; do
    command…
done
```

使用这种格式的 for 命令，可以方便地处理在序列中的循环。例如，运用这种格式的 for 命令来备份目录下的所有文件，脚本如下。

```
#!/bin/bash

dir=$HOME
# Create the backup directory
if [ ! \( -d $dir/backup \) ];then
    mkdir $dir/backup
fi
```

```
for file in $dir/*;do
    # if the file have a backup already ,skip to next file
    if [ -f $file ]&&[ ! \( -f $dir/backup/${file##*/} \) ]; then
        # copy the file to a backup directory
        cp $file $dir/backup/${file##*/}
        echo "$file has been backed up."
    fi
done
```

在这个脚本中，先指定待备份的目录，在该目录下创建备份目录 backup，然后循环目录下的所有文件，将没有备份过的文件复制到 backup 目录。在 for 循环中，循环条件为序列"$dir/*"，即变量 file 在指定目录下循环赋值，直到遍历完目录中的所有文件。在循环体中，判断目标是否是文件并判断备份目录中是否已存在此文件，对满足条件的目标执行 cp 命令。这里取文件名时使用了"${file##*/}"的写法，该命令的作用是返回从左边开始算起的最后一个"/"右边的内容。

7.6.3 跳出循环

在循环语句中，并不是只有循环条件能够控制循环。bash 还提供了两种在循环体内控制循环的命令：break 和 continue。其中 break 命令为跳出当前循环，continue 为开始下一次循环。下面的例子说明了这两个命令的用法。

编写脚本 bkANDctn.sh，在相同的循环中使用两种跳出命令。

```
#!/bin/bash

echo "Example of break:"
for (( i=1; i<6; i=i+1 ));do
    if [ $i -eq 3 ];then
        break
    fi
    echo $i
done

echo "Example of continue:"
for (( i=1; i<6; i=i+1 ));do
    if [ $i -eq 3 ];then
        continue
    fi
    echo $i
done
```

脚本 bkANDctn.sh 的执行结果如下。

```
[user@localhost ~]$ ./bkANDctn.sh
Example of break:
1
2
Example of continue:
1
2
4
5
[user@localhost ~]$
```

通过这个例子可以理解两种跳出命令的区别。在第一个循环中，当变量 i 等于 3 时，执行 break 命令，然后程序就跳出了这个循环；而在下一个循环中，当变量 i 等于 3 时，跳过当前循环剩下的命令，继续下一次循环。

还需要注意的是，如果在嵌套的循环中使用跳出命令，只对 break 或 continue 所在的循环起作用，而不会影响外层循环。

7.7　数组

经过本章前面部分的学习，读者可以在各种需求下进行 Shell 编程了。为了提升编程效率，现在开始使用一种全新的数据结构——数组。几乎所有程序语言都支持数组，目前的 bash 版本也提供了创建一维数组的功能。本节将介绍 Shell 编程中数组的使用方法。

7.7.1　为什么使用数组

目前我们使用的变量都是由变量名和变量值组成的，并且一个变量只能包含一个值，这种数据结构称为标量变量。如果在编程中需要使用多个数据，使用标量变量将会产生多个变量，这样会影响计算机处理的效率，并且使用多个变量名也会给编程带来极大的麻烦。为了解决这些问题，在许多计算机语言中使用数组来存放数据类型相同的数据。在 Shell 中，因为没有数据类型的约束，数组的使用更加灵活。

数组是可以在内存中连续存储多个元素的结构，也可以理解为一次存放多个值的变量。数组由数组名、数组元素和元素下标组成，图 7-2 为数组在内存中的存储情况。

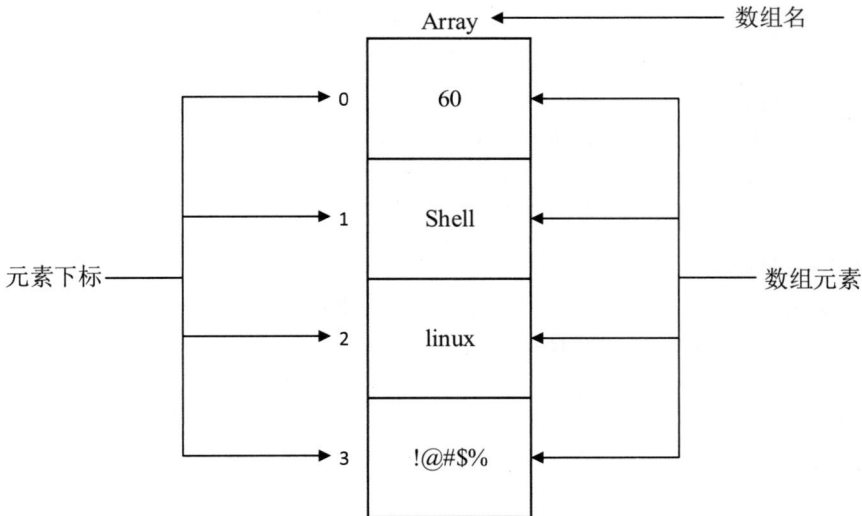

图7-2　数组在内存中的存储情况

在计算机内存中，同一数组的所有元素按顺序依次存放在相邻的存储单元中，使用下标访问每一个元素，这样大大提高了内存的访问效率，并且在同一数组中存放逻辑功能相同的数据，为编程提供了便利。

7.7.2　数组的创建、赋值和删除

与 bash 中的其他变量一样，数组的创建和赋值可以同时进行，但是需要注明数组元素的下标。数组创建与赋值的命令格式如下。

```
array[subscript]=value
```

其中 array 为数组名，是数组的唯一标识；subscript 为从 0 开始的数组元素下标；value 为对应元素的值。下面是数组创建和赋值的例子。

```
[user@localhost ~]$ array[2]=10
[user@localhost ~]$ echo $array[2]
[2]
[user@localhost ~]$ echo ${array[2]}
10
[user@localhost ~]$
```

在这个例子中，第一条命令将 10 赋给数组 array 中下标为 2 的元素。在后面的两条命令中演示了访问数组元素的方法，在取数组元素的值时，需要用花括号指明数组元素的完整名称，以免 Shell 将元素名扩展成路径名。可以看出数组除需要注意元素下标外，使用方法和 Shell 变量非常相似。与其他编程语言不同的是，Shell 数组只会给被赋值了的元素分配内存，如这个例子中只为下标为 2 的元素分配了内存，而在其他编程语言中，下标为 0 和 1 的元素会被初始化为空值并占用内存。

作为能够存储多个数值的数据结构，数组还支持一次为多个数据赋值，命令格式如下。

```
array=(value1 value2…)
```

其中 value1、value2 等值依次赋予从下标为 0 开始的数组元素。

```
[user@localhost ~]$ array=(one two three four)
[user@localhost ~]$ echo ${array[0]} ${array[1]} ${array[2]} ${array[3]}
one two three four
[user@localhost ~]$
```

另外，也可以指定一个下标来给特定的元素赋值。

```
[user@localhost ~]$ array=([0]=1 [3]=4)
[user@localhost ~]$ echo ${array[0]} ${array[1]} ${array[2]} ${array[3]}
1 two three 4
[user@localhost ~]$
```

在许多编程语言中出现的"+="运算符也可以使用在 Shell 的数组中，作用是在数组的尾部追加新元素。例如，在数组 array 尾部追加两个元素并分别赋值为 5 和 6。

```
[user@localhost ~]$ array+=(5 6)
[user@localhost ~]$ echo ${array[0]} ${array[1]} ${array[2]} ${array[3]} ${array[4]}     ${array[5]}
1 two three 4 5 6
[user@localhost ~]$
```

对于数组的删除操作，可分为删除数组和删除数组中的指定元素。删除操作需要使用 unset 命令，删除数组的命令格式如下。

```
unset array
```

示例如下。

```
[user@localhost ~]$ array=(1 2 3 )
```

```
[user@localhost ~]$ echo ${array[0]} ${array[1]} ${array[2]}
1 2 3
[user@localhost ~]$ unset array
[user@localhost ~]$ echo ${array[0]} ${array[1]} ${array[2]}

[user@localhost ~]$
```

删除数组中指定元素的命令格式如下。

```
unset array[subscript]
```

示例如下。

```
[user@localhost ~]$ array=(1 2 3 )
[user@localhost ~]$ echo ${array[0]} ${array[1]} ${array[2]}
1 2 3
[user@localhost ~]$ unset array[1]
[user@localhost ~]$ echo ${array[0]} ${array[1]} ${array[2]}
1 3
[user@localhost ~]$
```

7.7.3　遍历数组元素

在前面的例子中使用了下标对数组元素进行创建和赋值等操作。在处理多个值时，这么做显然没有发挥数组的作用，特别是在一些数组长度不确定，需要遍历数组中的每一个元素的情况下。循环是一种非常适合遍历数组的方法，如下面的例子使用循环对数组进行赋值和访问。

编写脚本 **array1.sh**，使用 for 循环对数组进行赋值。

```
#!/bin/bash

array1[0]=1
for (( i=1; i<10; i=i+1 ));do
    array1[$i]=$[${array1[$i-1]}*2]
done
```

上面的脚本用一个等比数列的前 10 项为数组 array1 的前 10 个元素赋值。现在增加脚本内容，使用 until 循环访问数组 array1 的所有元素，代码如下。

```
#!/bin/bash

array[0]=1
for (( i=1; i<10; i=i+1 ));do
    array[$i]=$[${array[$i-1]}*2]
done

i=0
until [ -z ${array[$i]} ];do
    echo ${array[$i]}
    i=$[$i+1]
do
```

脚本 **array1.sh** 的执行结果如下。

```
[user@localhost ~]$ ./array1.sh
1
2
```

```
4
8
16
32
64
128
256
512
[user@localhost ~]$
```

上面的例子演示了数组的循环赋值和遍历方法。一般情况下，使用 until 循环数组下标直到元素不为空的方法可以遍历数组。然而有一种更简便、更强大的数组遍历方法。通过学习位置参数，我们知道使用双引号引用的 "$@" 可以列出所有参数并保持它们的完整性。在数组中，符号 "@" 也有类似的作用，使用 "@" 作为数组的下标将会得到数组的所有元素，如果再使用双引号引用，则可以得到完整的元素序列。修改脚本 array1.sh，修改数组的遍历方式，代码如下。

```
#!/bin/bash

array[0]=1
for (( i=1; i<10; i=i+1 ));do
    array[$i]=$[${array[$i-1]}*2]
done

for i in "${array[@]}";do
    echo $i
done
```

这样修改脚本以后和修改前的执行效果完全一样。另外，使用 "#" 符号能取得元素序列的长度，添加如下代码到脚本 array1.sh 中。

```
#!/bin/bash

array[0]=1
for (( i=1; i<10; i=i+1 ));do
    array[$i]=$[${array[$i-1]}*2]
done

echo "${#array[@]} elements of array show behind:"
for i in "${array[@]}";do
    echo $i
done
```

脚本 array1.sh 的执行结果如下。

```
[user@localhost ~]$ ./test.sh
10 elements of array show behind:
1
2
4
8
16
32
64
```

```
128
256
512
[user@localhost ~]$
```

这样便能获取数组元素的数目，为编程带来很大的帮助。

7.8 函数

随着程序规模扩大和复杂度的增加，程序的设计、编码和维护都将变得越发困难。所以在设计任何大型项目时，最好将庞大、复杂的任务拆分成一系列小的、简单的任务。这是一种模块化的思想，通过模块化，可以使程序的设计和维护变得简单，并且便于重用代码。使用函数便是实现模块化的有效手段，本节将介绍 Shell 编程中函数的使用方法。

7.8.1 函数的定义与调用

函数可以看作对特定代码的封装，用户定义函数后，可以在任何位置调用函数。Shell 中函数的定义有两种格式。第一种格式如下。

```
function name{
    command…
    [return]
}
```

第二种格式如下。

```
name(){
    command…
    [return]
}
```

这两种格式是等价的，其中 name 为函数名，return 是可选项，表示函数的返回值。下面的脚本 func1.sh 演示了函数的调用方法。

```
#!/bin/bash

myfunc(){
    echo "Calling the function!"
}

echo "Before calling"
myfunc
echo "After calling"
```

脚本 func1.sh 的执行结果如下。

```
[user@localhost ~]$ ./func1.sh
Before calling
Calling the function!
After calling
[user@localhost ~]$
```

脚本执行时会跳过函数的定义部分，直接执行第一个 echo 命令，输出"Before calling"。然后调用函数 myfunc，执行函数体中的命令，也就是第二个 echo 命令，输出"Calling the function!"。函数执行完后，继续执行函数调用后的代码，即第三个 echo 命

171

令,输出"After calling"。因为在 Shell 中函数仍然遵循先定义后调用的原则,所以 myfunc 的定义代码写在了调用代码之前, 否则 Shell 会认为这是一个外部函数。

7.8.2 在函数中使用位置参数

向函数传递参数与向脚本传递参数的情况非常相似,使用的参数符号也与脚本中的位置参数相同。下面的例子演示了向函数传递参数的情况。

脚本 func2.sh 中定义了函数 add,用于实现两个整数的加法运算,代码如下。

```bash
#!/bin/bash

add(){
    if [ $# -ne 2 ];then
        echo "Invalid argument number,expected 2 received $#"
        return
    fi
    echo "$1+$2=$[$1+$2]"
}

add 2 2
```

脚本 func2.sh 的执行结果如下。

```
[user@localhost ~]$ ./func2.sh
2+2=4
[user@localhost ~]$
```

在这个例子中,调用 add 函数时传递了两个参数,在 add 函数体中使用"$1"和"$2"接收了这两个参数,并且还使用"$#"判断参数数量的合法性。这些都与脚本的位置参数如出一辙,所以 Shell 函数可以被视为位于脚本中的迷你脚本。需要注意的是,函数体内部的 "$1""$#" 等符号代表传递给函数的相关参数,不能与脚本的位置参数相混淆。在本例中,add 函数的 "$1""$2" 和 "$#" 都为 2,而脚本位置参数 "$1" 和 "$2" 为空,"$#" 为 0。

7.8.3 使用函数返回值

函数中的关键字 return 用于指定函数的返回值,返回值作为函数执行的结果返回给函数调用命令。前面提到过, Shell 函数是迷你的脚本,所以函数返回值类似于程序的退出状态,可以使用变量 "$?" 获取。例如,下面的例子在 add 函数中使用了返回值。

修改脚本 func2.sh, 代码如下。

```bash
#!/bin/bash

add(){
    if [ $# -ne 2 ];then
        echo "Invalid argument number,expected 2 received $#"
        return
    fi
    return $[$1+$2]
}

add 2 2
```

```
echo "The result is $?"
```

脚本 func2.sh 的执行结果如下。

```
[user@localhost ~]$ ./func2.sh
The result is 4
[user@localhost ~]$
```

在上面的例子中，add 函数返回了参数的运算结果，在函数调用完成后，使用变量"$?"接收到了返回值。尽管函数返回值与程序退出状态如此相似，但它们之间也存在区别。return 关键字只能用于函数中，表示将返回值提供给函数的调用命令；exit 关键字可以用于程序的任意位置，表示退出当前程序并将退出状态返回到父进程。因此，如果把脚本 func2.sh 返回运算结果的 return 改为 exit，就只能在运行脚本的 Shell 中取得返回值。代码如下。

```
[user@localhost ~]$ ./func2.sh
[user@localhost ~]$ echo $?
4
[user@localhost ~]$
```

7.8.4 将函数保存到文件

利用函数可以将程序功能模块化，如前面将加法功能模块化到了 add 函数中。模块化最大的优势之一就是方便代码重用，现在只能在当前程序中使用 add 函数，如何让其他程序也使用 add 函数呢？可以将函数保存到文件中，程序在需要时可以读取文件中的函数，达到代码重用的目的。

读取文件可以使用 source 命令，source 命令是 bash 的内部命令。功能是使 Shell 读入指定的 Shell 程序文件并依次执行文件中的所有语句。

source 命令的语法格式如下。

```
source filename
```

删除 func2.sh 中除 add 函数以外的内容，并编写脚本 func3.sh，用于调用 func2.sh 中的 add 函数，代码如下。

```
#!/bin/bash

source ./func2.sh

echo "func3.sh calling add function"
add 14 17
echo "The result is $?"
```

脚本 func3.sh 的执行结果如下。

```
[user@localhost ~]$ ./func3.sh
func3.sh calling add function
The result is 31
[user@localhost ~]$
```

脚本 func3.sh 使用 source 命令读取脚本 func2.sh，并调用其中的 add 函数，甚至可以将函数写入 .bashrc 文件中，如下所示。这样函数在系统启动后将一直有效。

```
# .bashrc
```

```
# Source global definitions
if [ -f /etc/bashrc ]; then
          . /etc/bashrc
fi

# Uncomment the following line if you don't like systemctl's auto-paging
feature:
# export SYSTEMD_PAGER=

# User specific aliases and functions

add(){
     if [ $# -ne 2 ];then
               echo "Invalid argument number,expected 2 received $#"
               return
     fi
     return $[$1+$2]
}
```

从以上例子可以看到，将函数保存到文件中，可以使其他程序重用一些常用代码，这在大型项目中是非常常见的。

习　题

1. 假设现在有一个程序program，它由一个数据提取文件data.c和两个处理文件process1.c、process2.c组成，其中process1.c、process2.c调用了工具库tool.c中的函数，而tool.c又依赖头文件head1.h，data.c依赖头文件head1.h和head2.h。请画出程序program生成过程的示意图，并为程序program编写makefile文件。

2. 简述Shell变量与环境变量的区别。

3. 以下哪些字符串可以作为合法的变量名？

A. CentOS　　　　B. Cent OS　　　　C. Cent_OS　　　　D. Cent&OS　　　　E. 2CentOS

F. CentOS2　　　　G. _CentOS

4. 编写Shell脚本，输出100以内的所有质数。

5. 编写Shell脚本，使用test命令检查当前用户目录下所有文件的类型。

6. 编写Shell脚本，使用冒泡排序算法将数组[47,39,66,98,75,11,30,43]中的各元素升序排列。

7. 分别将4～6题Shell脚本中的内容封装成3个函数primeNumber、fileType和bubbleSort，并满足下面的要求。

（1）primeNumber函数可以在用户指定的任意范围内寻找质数。

（2）fileType函数可以在用户指定的任意目录下检查文件类型。

（3）bubbleSort函数的排序功能可以选择升序或降序，并由用户指定待排序的数组。

（4）所有用户自定义内容以参数形式传递，并检查用户输入内容的合法性。

08 第 8 章　在 Linux 系统中安装软件

　　安装软件是用户学习操作系统时必须掌握的一项技能。在各个操作系统中，软件的安装方法不尽相同。如在 Windows 系统中，用户最常用的软件安装方法是下载某个软件的安装包，然后根据官方的提示完成安装过程。在该过程中，用户只需进行一些简单的操作（如设置安装路径，是否开启开机自启动服务等）就能完成安装，从整体的发展趋势而言，软件的安装方法正在趋向于简单化。而在 Linux 系统中，安装软件的操作会相对复杂一些。主要原因是 Linux 系统是命令行操作系统，而非视窗操作系统。因此，在学习安装软件的过程中，用户可以从命令的层面更好地理解软件的安装原理，在软件从服务器端输送至本地客户端之后，认识哪些操作能够使其生效启用等，从而拓宽知识面。目前，Linux 系统下安装软件的方法可以分为 3 种，分别是 RPM 安装软件、yum 安装软件及编译安装软件。本章将详细介绍这 3 种安装软件的方法，对它们做简要介绍的同时，分别叙述它们的常用命令以及一些实际操作，并在最后通过具体安装案例帮助读者全面了解这 3 种安装方法。

8.1 RPM简介

RPM（RPM Package Manager）即 RPM 软件包管理器，是 Red Hat Linux 版本专用于管理 Linux 中各项套件的程序。虽然它的名称中出现了 Red Hat 的相关字样，但它原始的设计理念却是开放式的，并且由于它遵循 GPL（General Public License，通用公共许可证）规则，功能上又十分强大，因此逐渐被 Open Linux、Turbo Linux、CentOS 等 Linux 的分发版本采用。RPM 的出现使得 Linux 在安装、升级方面的难度大大降低，提升了 Linux 的适用度。

RPM 的最大特点在于，它将用户需要安装的软件先进行编译，然后打包成 RPM 机制的文件，随后，RPM 会访问并查询该打包文件的一些内部信息，进而判断该软件在安装时是否已经满足了相关条件，而不必安装额外的依赖软件或环境。当用户在 Linux 系统下正式开始安装某个软件时，RPM 会先查询当前主机下的环境能否满足该软件的安装条件，如果不能满足，那么将终止相关安装；反之则在安装时将软件的相关信息写入 RPM 的数据库中，以便未来对该软件进行查询、验证以及卸载等操作。

由于 RPM 包文件中的数据都已预编译完成，因此软件的安装环境必须与该软件安装包的 RPM 文件中指明的环境一致，安装才能够正确进行。

在对 RPM 的相关概念以及优缺点进行简单认识之后，下面介绍 RPM 的相关命令及它们的作用。

（1）安装命令。

RPM 的安装命令用于安装某具体软件，用户可通过相关的参数查看安装的具体信息、进度，以及设置安装的方式等。安装命令的一般形式如下所示。

```
rpm [选项] RPM 包文件
```

在选项处，可输入不同的选项以实现不同的目的，常用的选项如表 8-1 所示。

表 8-1　rpm 安装命令中的常用选项

选项	功能描述
-i	用于安装一个 RPM 软件包
-h	以"#"符号开头，显示安装的相关进度
-v	显示安装过程中的详细信息，如正在安装的文件等
--nodeps	在安装软件时忽略相关的依赖关系，即如果本次 RPM 安装需要软件 A，使用了该选项后，即使软件 A 不存在，也能安装成功
--justdb	当 RPM 数据库受损或因为其他缘故产生错误时，可以使用该选项对软件在数据库中的相关信息进行更新
--test	用于测试软件能否被安装至用户所在的 Linux 环境中

实际使用中，通常会同时使用前 3 个选项，写为-ivh，以便在安装软件的同时查看软件的安装进度以及其他相关信息。

（2）升级或更新命令。

该命令用于对 RPM 包文件进行升级或更新，以实现用户对软件版本的特定需求。升级或安装命令的一般形式如下。

```
rpm ［选项］ RPM 包文件
```

常用的选项如表 8-2 所示。

表 8-2 rpm 升级或更新命令中的常用选项

选项	功能描述
-U	升级指定的 RPM 包文件，若该文件还未安装，则在安装后再进行更新操作
-F	更新指定的 RPM 包文件，若该文件还未安装，则终止更新操作
--nodeps	在执行更新操作时，忽略更新所需的依赖关系

（3）卸载命令。

卸载功能对用户而言非常重要，但它的相关选项却非常少，该命令的一般形式如下。

```
rpm -e ［软件名］
```

"软件名"中常用的选项如下。

--nodeps：在执行软件的卸载操作时，忽略其所需的依赖关系。

（4）查询命令。

查询命令用于查找已安装软件的相关信息，一般形式如下。

```
rpm -［子选项］ ［软件名］
```

子选项处，常用的选项如表 8-3 所示。

表 8-3 rpm 查询命令中的常用选项

选项	功能描述
-qa	查看系统中已安装的 RPM 软件包，并将它们以列表的形式展示出来
-ql	查找指定软件包的安装目录、文件列表
-qc	仅显示软件包安装后产生的配置文件
-qd	仅显示软件包安装后产生的文档文件
-qi	显示指定软件包的详细信息，如包名、安装时间、版本和软件的提供厂商等

查询命令同样也可用于查询尚未安装的 RPM 包，只需将-q 改为-qp 即可，查询已安装软件命令中的大部分选项可以沿用至查询未安装的软件。

8.2 yum简介

yum 命令介绍

yum 是一个在 Fedora 和 RedHat 以及 CentOS 等 Linux 发行版本中使用的 Shell 前端软件包管理器。yum 基于 RPM 软件管理包，并在此基础上做出改进，专用于解决包的依赖关系，可以将 yum 类比于 Windows 系统中的电脑管家、应用商城等软件，通过 yum 可以实现软件的快捷安装、更新以及卸载操作。也可以将 yum 视为对 RPM 的升级与更新，它能够很好地解决 RPM 安装软件时所需的各种依赖关系。

·   yum 工作原理如下：yum 将所有的 RPM 包存放至它的服务器端，并将各个包之间的依赖关系记录下来，保存至一个依赖关系文件中；当用户使用 yum 安装 RPM 包时，系统会先从服务器端下载包的依赖关系文件，通过查询安装时所需的依赖关系，一次性从服务器端下载所有需要的 RPM 包。

8.2.1 网络yum源配置

在了解 yum 的工作原理后，可以发现 yum 会将所有的 RPM 包存放至它的服务器端，因此 yum 在使用前需先与 yum 的服务器端进行连接，从而获取所需的 RPM 包文件。通常情况下，当主机能够与互联网进行连接时，用户可直接使用 yum 的网络源而无须对配置文件进行修改，因此，下文将仅对网络 yum 源的配置文件做介绍。

网络 yum 源的相关配置文件位于/etc/yum.repos.d/目录下，通常这类配置文件的扩展名均为 ".repo"（只要扩展名为 ".repo" 的文件都是 yum 源的配置文件）。通过 ls /etc/yum.repos.d 命令可查看 yum.repos.d 目录下的文件。

```
[0910@localhost ~]$ ls /etc/yum.repos.d/
CentOS-Base.repo        CentOS-fasttrack.repo  CentOS-Vault.repo
CentOS-CR.repo          CentOS-Media.repo      CentOS-x86_64-kernel.repo
CentOS-Debuginfo.repo  CentOS-Sources.repo
```

该目录下存在 8 个网络 yum 源配置文件，通常情况下 CentOS-Base.repo 文件会发挥主要作用。打开此文件，命令如下。

```
[root@localhost yum.repos.d]# vim /etc/yum.repos.d/ CentOS-Base.repo
[base]
name=CentOS-$releasever - Base
mirrorlist=http://******list.centos.org/? release= $releasever&arch=
$basearch&repo=os
baseurl=http://******.centos.org/centos/$releasever/os/$basearch/
gpgcheck=1
gpgkey=file:///etc/pki/rpm-gpg/RPM-GPG-KEY-CentOS-7
```

此文件中 base 容器发挥主要作用，故此处只列出了 base 容器的相关信息，其他容器和 base 容器类似。base 容器中各参数的含义如下。

① [base]：用于指明容器的名称，名称通常需要放置在[]中。

② name：用于对容器进行说明，可由用户自行编辑。

③ mirrorlist：用于指定镜像站点。

④ baseurl：指定本机上的网络 yum 源服务器的地址。默认情况下是 CentOS 官方

的网络 yum 源服务器，但访问速度会比较慢，可根据需要改为国内的网络 yum 源地址。

⑤ enabled：用于设置此容器是否生效，如果不进行设置或设置为 enabled，那么表示此容器生效；如果设置为 enabled=0，则表示此容器不生效。

⑥ gpgcheck：用于设置 RPM 的数字证书是否生效。如果为 1，表示数字证书生效；如果为 0，表示数字证书无效。

⑦ gpgkey：用于指定数字证书的公钥文件保存位置。

8.2.2 本地yum源配置

网络 yum 源的存在使得用户在连接互联网时能够正常连接 yum 的服务器端。但在用户的实际使用中，也存在无法连接互联网的情况。此时就需要配置 yum 本地源，通常使用镜像文件作为本地 yum 源。

虚拟机安装 Linux 的镜像文件中含有常用的 RPM 包，可通过压缩文件直接打开镜像文件（.iso 文件），然后进入镜像文件的 Packages 子目录中，找到以"vim"开头、".rpm"结尾的文件，如图 8-1 所示。

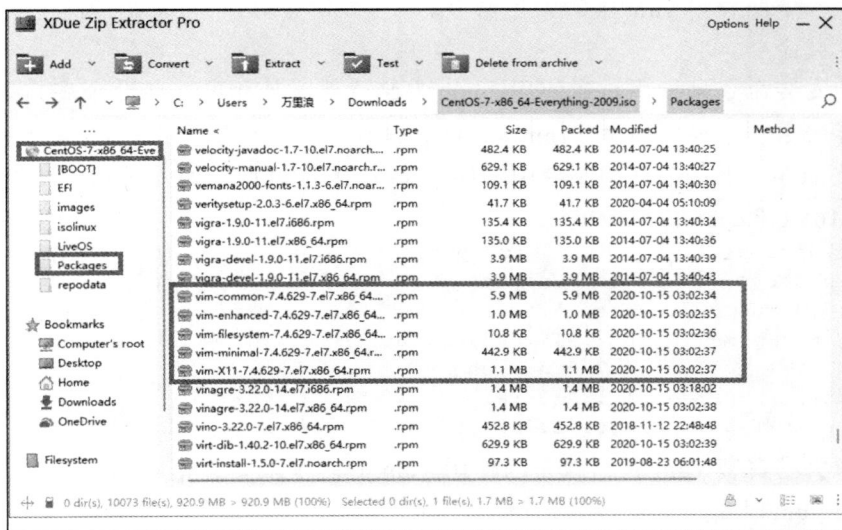

图8-1　镜像文件中的RPM包

yum 本地源的配置需要在 Linux 系统中进行，用户需要在 Linux 系统中打开 /etc/yum.repos.d/目录下的 CentOS-Media.repo 文件，该文件是 yum 本地源的模板文件，需要根据用户环境对文件中的参数进行更改。配置 yum 本地源的具体操作如下。

（1）新建一个目录作为挂载点，将镜像文件挂载到指定位置，使用的代码如下。

```
[0910@localhost ~]# mkdir /mnt/cdrom
#创建 cdrom 目录，作为镜像文件的挂载点
[0910@localhost ~]# mount /dev/cdrom /mnt/cdrom/
mount: block device/dev/sr0 is write-protected, mounting read-only
#挂载镜像文件到/mnt/cdrom 目录下
```

（2）在/etc/yum.repos.d/目录下新建一个名为 xxx.repo 的 yum 源文件，如新建的 yum

源文件名称为 testyum.repo，新建 testyum.repo 文件前，需要先将/etc/yum.repos.d/目录下的文件全部删除。

```
[0910@localhost ~]# vim testyum.repo
```

在 testyum.repo 文件中输入以下内容。

```
[yumSource]                #yum 源名称
name=yumSource             #yum 源名称
baseurl=file:///abc        #yum 源所在的本地路径，file://是指在本地硬盘上
gpgcheck=0                 #不校验软件包是否为官方发布
```

（3）文件内容输入完成后保存并退出，查看/etc/yum.repos.d 目录下是否已生成 testyum.repo 文件，使用命令"yum repolist all"查看 yum 源仓库是否建立成功。

（4）使用命令"yum clean all"清除缓存后，再使用命令"yum repolist"重新加载库，上述操作成功执行后，就可以使用 yum 本地源安装软件包了。

8.2.3　yum常用命令

与 RPM 类似，yum 中也存在许多命令，用户可以根据自身需要调用相关的命令实现某些功能，下面介绍 yum 中的常用命令。

（1）安装命令。

此处的安装命令是指用户在使用 yum 安装软件时使用的一些命令集，如安装、删除、更新等命令。用户可通过"rpm -qa|grep yum"命令查看本机上是否已经安装 yum。如果已安装 yum，那么会在控制台中输出 yum 的版本信息，如下所示。此处 yum 的版本为 3.4.3-168.el7.centos.noarch。

```
[0910@localhost ~]$ rpm -qa|grep yum
yum-langpacks-0.4.2-7.el7.noarch
yum-3.4.3-168.el7.centos.noarch
PackageKit-yum-1.1.10-2.el7.centos.x86_64
yum-utils-1.1.31-54.el7_8.noarch
yum-metadata-parser-1.1.4-10.el7.x86_64
yum-plugin-fastestmirror-1.1.31-54.el7_8.noarch
```

确定本机已安装 yum 后，就可以使用 yum 的命令来安装相应的软件了，下面主要讲解在使用 yum 时常用的命令。

① 使用 yum 命令安装软件包。

```
yum  install  软件名  [-y]
```

如果在命令中使用了-y，那么在安装软件时命令行中不会出现提醒语句"Is this ok[y/N]"，该语句用于提醒用户是否确认安装该软件。这样，用户就不需要在命令行中输入 y 或 N，可以直接安装软件。

对于安装有依赖包的软件，使用 yum 命令特别方便，yum 命令会直接匹配依赖包，然后直接进行安装，这是使用 yum 安装软件的优点之一。如果用 rpm 命令，那么必须先安装依赖包，再安装软件包。

② 使用 yum 命令卸载软件包。

```
yum  remove 软件名
```

使用卸载命令时要注意的是，卸载指定软件的同时，也会卸载所有与该软件包有依赖关系的其他软件包，有些属于系统运行必备文件的依赖包也会因此丢失，所以在执行卸载命令时必须慎重。

③ 用 yum 命令更新软件。

```
yum -y update 软件包名
yum -y update
```

上面两条命令分别用于更新某个特定的软件包以及更新所有软件包。在实际的使用场景中要考虑系统的稳定性，因此通常只更新某个特定的软件包。

（2）查询命令。

用户可以使用查询命令查看本机上已经安装完成的 yum 软件、查看本机中满足安装条件的 yum 软件、从 yum 源服务器上查找与关键词相关的所有软件包以及查询指定软件包的详细信息。

① 查询所有已安装和可安装的软件包。

使用"yum list"命令后出现的结果如下所示。

```
[0910@localhost yum.repos.d]# yum list
#查询所有可用软件包列表
Installed Packages
#已经安装的软件包
libvorbis.x86_64              1:1.3.3-8.el7.1              @anaconda
libvpx.x86_64                 1.3.0-8.el7                 @anaconda
libwacom.x86_64               0.30-1.el7                  @anaconda
libwacom-data.noarch          0.30-1.el7                  @anaconda
libwayland-client.x86_64      1.15.0-1.el7                @anaconda
libwayland-cursor.x86_64      1.15.0-1.el7                @anaconda
……
Available Packages
#可以安装的软件包
zlib-static.i686              1.2.7-20.el7_9              updates
zlib-static.x86_64            1.2.7-20.el7_9              updates
zsh.x86_64                    5.0.2-34.el7_8.2           base
zsh-html.x86_64               5.0.2-34.el7_8.2           base
zziplib.i686                  0.13.62-12.el7             base
zziplib.x86_64                0.13.62-12.el7             base
zziplib-devel.i686            0.13.62-12.el7             base
zziplib-devel.x86_64          0.13.62-12.el7             base
zziplib-utils.x86_64          0.13.62-12.el7             base
```

以上信息表明，"yum list"命令不仅能够显示本机上已经安装或是可以安装的软件包，还会显示出该软件的版本信息等。此外，也可在 list 后指定想要查询的软件名，以查询指定软件的安装情况，从而避免输出无关信息。

```
[0910@localhost ~]$ yum list samba
Loaded plugins: fastestmirror, langpacks
Loading mirror speeds from cached hostfile
 * base: mirrors.******.com
 * extras: mirrors.******.com
 * updates: mirrors.cqu.edu.cn
Available Packages
```

```
samba.x86_64                        4.10.16-20.el7_9                        updates
```

② 从 yum 服务器上直接查找软件包。

使用"yum search [关键词]"命令，可直接在 yum 服务器上查找与关键词有关的软件包，具体使用方法如下。

```
[0910@localhost ~]$ yum search samba
centos-release-samba411.noarch : Samba 4.11 packages from the CentOS Storage
SIG
                          : repository
kdenetwork-fileshare-samba.x86_64 : Share files via samba
pcp-pmda-samba.x86_64 : Performance Co-Pilot (PCP) metrics for Samba
samba-client.x86_64 : Samba client programs
samba-client-libs.i686 : Samba client libraries
samba-client-libs.x86_64 : Samba client libraries
samba-common.noarch : Files used by both Samba servers and clients
……
```

③ 查询指定软件包的具体信息。

使用"yum info"命令，能够查询指定软件包的详细信息，如是否安装、版本、大小等，具体使用方法如下。

```
[0910@localhost ~]$ yum info samba
Installed Packages
Name        : yum                    #名称
Arch        : noarch                 #适合的硬件平台
Version     : 3.4.3                  #版本
Release     : 168.el7.centos         #发布版本
Size        : 5.6 M                  #大小
Repo        : installed
From repo   : anaconda
Summary     : RPM package installer/updater/manager
URL         : http://yum.*******.org/
License     : GPLv2+
Description : Yum is a utility that can check for and automatically download
and
            : install updated RPM packages. Dependencies are obtained and
            : downloaded automatically, prompting the user for permission as
            : necessary.
```

（3）清除缓存。

yum 在使用过程中会产生一些无用文件，从而占用系统硬盘空间，使用清除命令能够清理此类无用文件，提升系统的运行速度。yum 中常用的清除命令如下。

```
yum clean packages
#清除缓存目录下的软件包
yum clean headers
#清除缓存目录下的 headers
yum clean oldheaders
#清除缓存目录下旧的 headers
yum clean all (= yum clean packages; yum clean oldheaders)
#清除缓存目录下的软件包及旧的 headers
```

8.3 编译安装源码包

源码包是软件工程师使用特定的格式和语法书写的文本代码,是人为书写的计算机语言的命令,一般由英文单词组成。在 Linux 系统中,源码包也指一些由程序员按照特定的格式和语法所编写的程序集合。

众所周知,计算机只能识别机器语言,即二进制语言,因此源码包在安装时需要一名"翻译官"将"源码"翻译成二进制语言,这名"翻译官"通常被称为编译器。

在实际的编译安装源码包场景中,用户前往所需安装软件的官方网站下载官方提供的软件源码包,在当前计算机环境中编译安装该源码包。该方法是当前常用的软件安装方法。尤其是在 Windows 环境下,通过下载源码包安装软件是用户最常用的安装方法。使用源码包安装软件有以下优点。

(1)能够获得软件的最新版本,及时修复 bug。

(2)软件是编译安装的,所以更加适合用户的系统,更加稳定,效率也更高,用户可以根据自身需求选择安装的功能。

(3)源码包适用于各种平台,在 Windows、Linux 等系统中都能使用源码包安装软件。

由于 Linux 操作系统开放源代码,因此在该系统中安装的软件大部分都是开源软件,如 Apache、Tomcat 和 PHP 等。开源软件基本上都提供源码下载功能,可采用源码安装的方式安装软件。

软件的源代码即软件的原始数据,任何相关人员都可以通过源代码查看该软件的设计架构和实现方法,但软件源代码无法在计算机中直接运行安装,需要将源代码编译转换为计算机可以识别的机器语言,才可进行相关的安装操作。

Linux 系统中,绝大多数软件的源代码都是由 C 语言编写的,少部分由 C++(或其他语言)编写。因此,在安装源码包前,必须安装 GCC 编译器以及 make 编译命令。如果涉及 C++源码程序,则还需要安装 g++。

在介绍编译安装源码包的具体步骤前,用户还需要检查本机上是否已经安装 GCC和 make 编译命令,可通过以下命令查询。

```
[[0910@localhost ~]$ rpm -q gcc
#检查是否安装 GCC
gcc-4.8.5-44.el7.x86_64
[0910@localhost ~]$ rpm -q make
#检查是否安装 make 编译命令
make-3.82-24.el7.x86_64
```

检查好环境后,下面将正式介绍编译安装源码包的具体步骤。

首先用户需要前往目标软件的官方网站下载软件的压缩包文件,这类文件通常以".tar.gz"或".tar.bz2"结尾。

(1)解压源码包。

解压是指解包、释放出源代码文件,通常会将从互联网上下载的压缩文件默认解压至/user/local/src/目录下，解压完成源代码会出现在/user/local/src/软件名-版本号/处，可以从 APACHE 网站下载任意一个以".tar.gz"结尾的压缩文件，在本次介绍中将下载"httpd-2.2.15.tar.gz"文件。

下载完成后，文件会默认保存至当前用户 root 的/root/Downloads 目录下。如果是其他普通用户登录时进行的下载操作，那么会将下载文件默认保存至/home/普通用户名/Downloads/目录下。

```
[0910@localhost Downloads]$ ls
httpd-2.2.15.tar.gz
```

对于下载的源码压缩包，用户可以使用命令"md5sum"进行校验，防止源码包在下载过程中被人篡改。具体的校验方法是执行命令"md5sum [完整的软件名]"，将校验后的 MD5 校验和与官方提供的值进行比较，如果一致，那么说明压缩包没有被篡改。

```
[0910@localhost Downloads]$ md5sum httpd-2.2.15.tar.gz
31fa022dc3c0908c6eaafe73c81c65df  httpd-2.2.15.tar.gz  #MD5 校验和
```

校验完成后，就可以使用 tar 命令解压下载的压缩包。

```
[0910@localhost Downloads]$ tar zxvf httpd-2.2.15.tar.gz -C /home/0910/src/
```

此处有几个说明事项。

① tar 文件：一般使用 tar 命令进行解压操作。如果是其他格式的压缩文件，那么需要使用对应的解压命令。

② –C 选项：用于指定文件的解压路径。如果不注明路径，或者不使用-C 选项，那么文件会默认解压至当前控制台程序所在的文件路径下。

③ zxvf：z 指的是 gz 压缩格式，如果是 bz2 压缩格式，则需要将 z 改为 j；x 表示解压文件；v 表示详细地列出每一步解压的文件；f 表示指定文件名。

解压完成后的文件如下所示。

```
[0910@localhost httpd-2.2.15]$ ls
ABOUT_APACHE  config.layout  INSTALL         NOTICE            srclib
acinclude.m4  configure      InstallBin.dsp  NWGNUmakefile     support
Apache.dsw    configure.in   LAYOUT          os                test
build         docs           libhttpd.dsp    README            VERSIONING
BuildAll.dsp  emacs-style    LICENSE         README.platforms
BuildBin.dsp  httpd.dsp      Makefile.in     README-win32.txt
buildconf     httpd.spec     Makefile.win    ROADMAP
CHANGES       include        modules         server
```

（2）源码包的配置。

配置操作指的是在当前的安装环境中，对软件的一些参数进行配置，以便软件能够更好地在当前环境中运行。此步骤还会生成一个 Makefile，为后续的编译做准备。

使用命令"./configure --help"可以查看官方提供的帮助信息。下面将对解压后的文件进行配置。

```
[0910@localhost httpd-2.2.15]$ ./configure --prefix=/home/0910/src
checking for chosen layout... Apache
checking for working mkdir -p... yes
checking build system type... x86_64-unknown-linux-gnu
checking host system type... x86_64-unknown-linux-gnu
```

```
checking target system type... x86_64-unknown-linux-gnu
……
```

此处有几个注意事项。

① 使用"./configure"命令时，需要将路径切换至软件所在的文件夹下。

② --prefix 选项用于配置安装的路径。如果不配置该项，那么安装后产生的可执行文件会默认存放至/user/local/bin 文件夹下，库文件默认存放至/user/local/lib 文件夹下，配置文件默认存放至/user/local/etc 文件夹下，其他资源文件会存放至/user/local/share 文件夹下。在该情况下文件散乱存放，因此通常需要使用--refix 选项将安装文件统一存放至某一个文件夹下，方便统一集中管理。

（3）源码包的编译。

编译即将源码包转换成二进制的可执行文件，通常需要使用 make 命令。make 命令是 Linux 开发套件中可自动化编译的一个控制程序，它借助 Makefile 中编写的编译规范自动调用 GCC、id 以及运行某些需要进行编译的程序。一般情况下，它所借助的 Makefile 会通过 configure 配置步骤并根据当前的系统环境以及给定的参数生成。

（4）源码包的正式安装。

通常使用"make install"命令正式安装软件，一般情况下执行此命令需要具有 root 权限，若执行此命令的用户具有最高权限，则不需要使用 root 权限。

```
[0910@localhost httpd-2.2.15]$ make install
```

8.4 RPM安装JDK

Java 是如今最流行的编程语言之一，几乎每一位从事编程工作的人员都会在自己所用的计算机上安装 Java。JDK 是 Java 语言的软件开发工具包，它是整个 Java 开发的核心，包括 Java 运行环境、Java 基础类库以及 Java 工具，成功安装 JDK 即成功安装 Java 环境。下面将演示如何通过 RPM 安装 JDK，步骤如下。

（1）下载 JDK 的 RPM 包。

前往 Oracle 官方网站，下载 RPM 安装包，下载页面如图 8-2 所示。

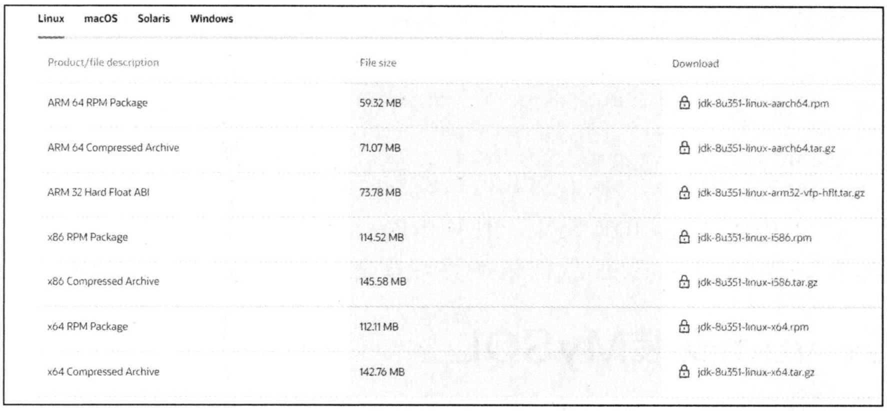

Linux macOS Solaris Windows		
Product/file description	File size	Download
ARM 64 RPM Package	59.32 MB	jdk-8u351-linux-aarch64.rpm
ARM 64 Compressed Archive	71.07 MB	jdk-8u351-linux-aarch64.tar.gz
ARM 32 Hard Float ABI	73.78 MB	jdk-8u351-linux-arm32-vfp-hflt.tar.gz
x86 RPM Package	114.52 MB	jdk-8u351-linux-i586.rpm
x86 Compressed Archive	145.58 MB	jdk-8u351-linux-i586.tar.gz
x64 RPM Package	112.11 MB	jdk-8u351-linux-x64.rpm
x64 Compressed Archive	142.76 MB	jdk-8u351-linux-x64.tar.gz

图8-2 RPM安装包下载页面

（2）JDK 的安装。

正式安装前，需要先检查本机中是否已经安装 JDK，可以通过以下命令查询。

```
rpm -qa |grep -i jdk
```

如果显示已经安装某个版本的 JDK，则可使用如下命令进行卸载。

```
rpm -e --nodeps jdk
```

此处的 jdk 要根据用户自身的情况做修改。

检查或卸载完成后，进行 JDK 的安装操作。在 JDK 安装包文件所在的文件夹下，执行如下命令。

```
[root@localhost Downloads]# rpm -ivh jdk-8u251-linux-x64.rpm
```

若显示以下内容，则表示 JDK 安装成功。

```
Preparing...                        ################################ [100%]
Updating / installing...
   1:jdk1.8-2000:1.8.0_251-fcs       ####################################
[100%]
Unpacking JAR files ...
       tools.jar...
       plugin.jar...
       javaws.jar...
       deploy.jar...
       rt.jar...
       jsse.jar...
       charset.jar...
       Localeddata.jar...
```

安装结束后，可以使用 "java -version" 命令查看 JDK 是否安装成功。因为此次 JDK 是通过 RPM 安装，所以无须配置环境变量。但通过其他方式安装 JDK 时需配置环境变量，此处作为补充内容，介绍如何配置 JDK 的环境变量。

通过以下命令，进入并修改系统文件。

```
[root@localhost Downloads]# vim /etc/profile
```

进入 profile 文件后输入以下内容。

```
export JAVA_HOME=/home/0910/Downloads/jdk/jre1.8.0_351
#设置 jre 的路径，这里需要根据自身情况修改相关路径
export PATH=$JAVA_HOME/bin:$PATH
```

配置完成后，保存并退出，执行 "java -version" 命令即可查看 JDK 是否安装成功。安装成功后，会出现以下内容。

```
[root@localhost Downloads]# java -version
openjdk version "1.8.0_262"
OpenJDK Runtime Environment (build 1.8.0_262-b10)
OpenJDK 64-Bit Server VM (build 25.262-b10, mixed mode)
```

至此，通过 RPM 安装 JDK 结束。使用 RPM 安装软件十分简捷，能够免去配置环境变量的操作。如果所需安装的软件依赖关系复杂，那么不建议使用 RPM 安装。

8.5 yum安装MySQL

MySQL 是目前最流行的关系数据库管理系统之一，它由瑞典的 MySQL AB 公司开

发，隶属于 Oracle 公司旗下。在 Web 应用方面，MySQL 是最好的关系数据库管理系统（Relational Database Management System，RDBMS）应用软件之一。

与其他的大型数据库（如 Oracle、DB2、SQL Server 等）相比，MySQL 存在不足之处，但这丝毫不影响它在用户群体中受欢迎的程度。对一般的个人使用者和中小型企业来说，MySQL 提供的功能已经绰绰有余，而且由于 MySQL 是开放源代码的软件，因此本案例选择安装 MySQL 作为演示。

在正式安装前，需要检查本机环境下是否已经安装 MySQL。

```
[root@localhost Downloads] #yum list installed mysql*
[root@localhost Downloads] #rpm -qa|grep mysql*
[root@localhost Downloads] #yum list mysql*
```

（1）安装 MySQL 客户端。

安装命令如下。

```
[root@localhost Downloads] #yum install mysql*
```

若出现以下内容，则表示安装成功。

```
……
Running transaction check
Running transaction test
Transaction test succeeded
Running transaction
  Installing : 1:mariadb-5.5.68-1.el7.x86_64                          1/1
  Verifying  : 1:mariadb-5.5.68-1.el7.x86_64                          1/1
Installed:
  mariadb.x86_64 1:5.5.68-1.el7
Complete!
```

（2）安装 MySQL 服务器端。

如果此处使用的 Linux 版本为 CentOS 7，那么需要额外增加一个步骤：添加 MySQL 社区的 Repo。

```
[root@localhost Downloads]# sudo rpm -Uvh
Retrieving http://dev.*****.com/get/mysql-community-release-el7-5.noarch.rpm
Preparing...                      ############################### [100%]
Updating / installing...
    1:mysql-community-release-el7-5      ###############################
[100%]
```

添加完成后，输入安装服务器端的命令。

```
[root@localhost Downloads]# yum install mysql-server
[root@localhost Downloads]# yum install mysql-devel
```

当控制台出现 Completed 字样时，表示安装成功。数据库安装成功之后，还需要对数据库进行一些简单的配置。

（3）配置 MySQL 系统文件。

进入/etc 目录下，打开 my.cnf 配置文件，将默认字符集修改为 utf-8。

```
[root@localhost 0910]# vim /etc/my.cnf
```

修改后的界面如图 8-3 所示。

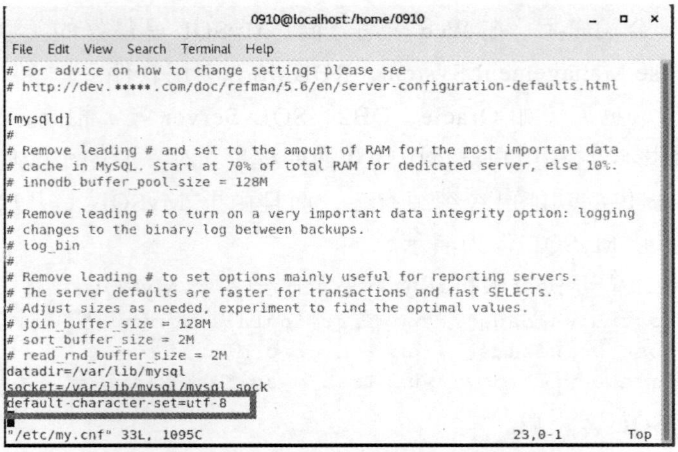

图8-3 修改默认字符集

修改完成后，可以使用相关命令测试 MySQL 是否能够运行，测试命令以及 MySQL 正常运行后所显示的内容如下所示。

```
[root@localhost 0910]# service mysqld start
Redirecting to /bin/systemctl start mysqld.service
[root@localhost 0910]# lsof -i:3306
COMMAND  PID  USER   FD   TYPE DEVICE SIZE/OFF NODE NAME
mysqld  1966 mysql   10u  IPv6  33894      0t0  TCP *:mysql (LISTEN)
```

（4）创建用户。

在 Linux 中，可以通过 "mysqladmin -u root password" 命令创建 MySQL 用户。创建完成后，执行命令 "mysql -u root -p"，并输入 root 用户的登录密码后，可进入 MySQL 中，界面如图 8-4 所示。

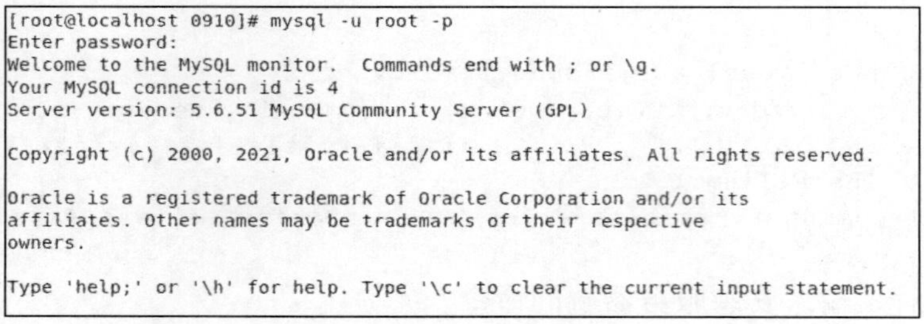

图8-4 登录数据库

至此，MySQL 的安装完成。

8.6 编译安装Tomcat

Tomcat 是 Apache 软件基金会（Apache Software Foundation）的 Jakarta 项目中的核心项目，由 Apache、Sun 和其他一些公司及个人共同开发而成。由于有了 Sun 的参与和支持，最新的 Servlet 和 JSP 规范总能在 Tomcat 中得到体现，Tomcat 5 支持 Servlet 2.4

和 JSP 2.0 规范。Tomcat 技术先进、性能稳定，而且免费，因此深受 Java 爱好者的喜爱并得到了部分软件开发商的认可，成为当前流行的 Web 应用服务器。

Tomcat 服务器是一个免费的开放源代码的 Web 应用服务器，属于轻量级应用服务器，在中小型系统和并发访问用户量小的场合被普遍使用，是开发和调试 JSP 程序的首选，适合初学者使用，因此本次以安装 Tomcat 为例演示编译安装程序的方法。

（1）Tomcat 的安装。

首先前往 Apache Tomcat 的官方网站，下载所需版本的 Tomcat 压缩包，本次安装所选的版本为 Tomcat 9.0，具体页面如图 8-5 所示。

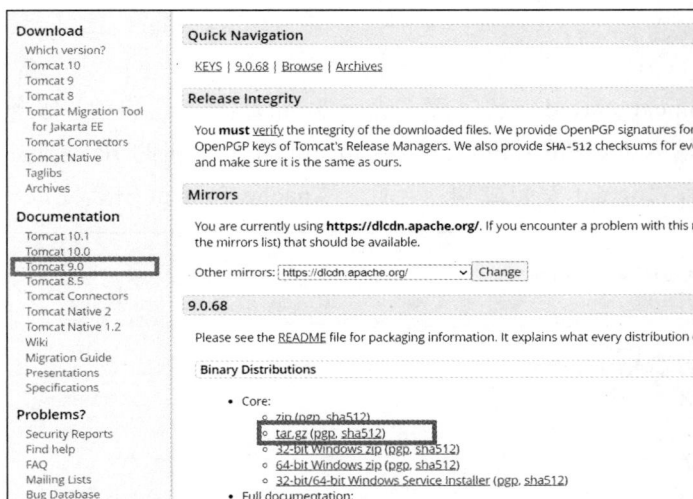

图8-5　Tomcat官方网站的下载页面

此外，Tomcat 在安装前需要本机上已经安装 JDK，可通过 "java -version" 命令查看本机上是否已经安装 JDK。

（2）解压 Tomcat 压缩包。

下载完 Tomcat 的压缩包之后，将 Tomcat 解压至/home/user/Downloads/Tomcat/目录下。

```
[0910@localhost Downloads]$ tar zxvf apache-tomcat-9.0.68.tar.gz -C
/home/0910/Downloads/Tomcat
```

解压完成后，Tomcat 文件夹中会出现一个以 tomcat 及其版本号命名的文件夹。

（3）Tomcat 的配置。

安装完成后，需要为防火墙添加访问端口（默认为 8080）。配置代码如下。

```
[0910@localhost Downloads]$ firewall -cmd --zone=public --add-port=8080/tcp
--permanent
#向防火墙添加访问端口，--permanent 用于使添加的端口永久生效，否则重启服务后端口会失效
[0910@localhost Downloads]$ firewall -cmd --reload
#重新加载防火墙
```

当控制台中出现 success 字样时，表示添加成功。

（4）启动 Tomcat 服务。

Tomcat 服务的启动文件位于 Tomcat 解压文件的 bin 目录下，因此需要先将路径切换至 bin 目录中，然后通过 "./startup.sh" 命令启动服务，相关内容如下所示。

```
[0910@localhost bin]$ ./startup.sh
Using CATALINA_BASE:   /home/0910/Downloads/Tomcat/apache-tomcat-9.0.68
Using CATALINA_HOME:   /home/0910/Downloads/Tomcat/apache-tomcat-9.0.68
Using CATALINA_TMPDIR: /home/0910/Downloads/Tomcat/apache-tomcat-9.0.68/
temp
Using JRE_HOME:        /usr
Using CLASSPATH:       /home/0910/Downloads/Tomcat/apache-tomcat-9.0.68/
bin/bootstrap.jar:/home/0910/Downloads/Tomcat/apache-tomcat-9.0.68/bin/tomcat
-juli.jar
Using CATALINA_OPTS:
Tomcat started.
```

如果出现 Tomcat started 字样，那么表示 Tomcat 服务已启动。服务启动完成后，可以打开浏览器，输入 localhost:8080，其中 localhost 为本机的 IP 地址。若出现图 8-6 所示的页面，则表示 Tomcat 安装成功。至此，Apache Tomcat 安装完成。

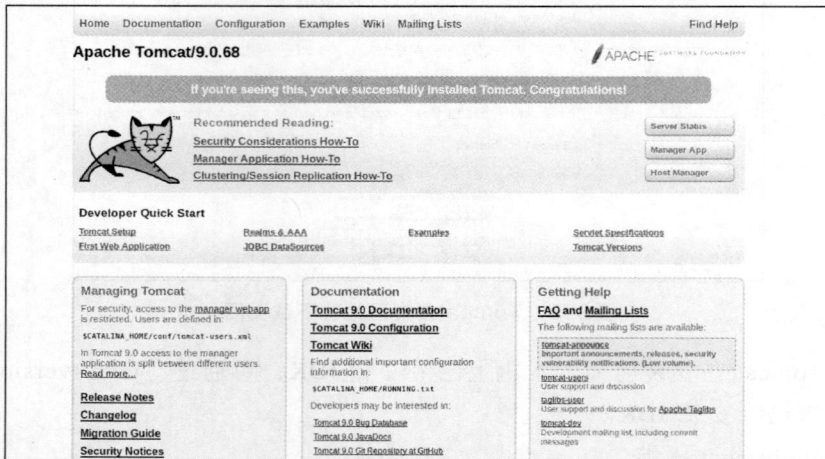

图8-6　Tomcat主页面

习　题

1. _____是Red Hat Linux版本专用于管理Linux中各项套件的程序。它遵循了_____规则，功能上十分强大，因此逐渐被_____、_____等Linux的分发版本采用。

2. 简述yum的工作原理。

3. 简述RPM与yum以及编译安装相比的优缺点。

4. 简述编译安装过程中解压、配置以及编译的具体操作。

09

第9章　进程与设备管理

　　Linux 支持多个程序并发执行，为了描述执行程序的过程以及共享资源的使用情况，产生了进程的概念。为了支持程序的正常运行，有时需要从外部设备输入信息。Linux 系统同其他操作系统一样，支持 I/O 设备与 CPU 之间的信息传递，对外部设备进行统一管理。本章介绍进程和设备的相关概念以及设备管理技术。

9.1 进程基础

进程是保证程序并发执行的基础，每个程序执行前都要为它创建一个进程。本节详细讲解进程的概念和进程的运行环境（进程上下文）。

9.1.1 进程的概念

Linux 是一个多用户多任务的操作系统，可以同时执行多个用户的多个程序。为了保证程序能够并发执行，需要对程序的执行过程进行动态控制。进程就是用来描述这一控制过程的，组织安排不同程序等待 CPU 的调度。进程是一个具有一定独立功能的程序或程序段在一组数据集合上的一次动态执行过程，同时也是程序能够并发执行的基础机制。各种资源的分配和管理都是以进程为单位。

进程的基本组成结构为：进程控制块（Processing Control Block，PCB）、程序段和数据结构集。PCB 是进程动态特征的反映，主要包括进程的描述信息、控制信息、进程使用资源情况等。程序段是该进程需要完成功能的程序代码。数据结构集是进程执行时需要访问的工作区和数据对象，即执行进程时需要的系统资源。总的来说，一个进程包括要运行的程序、程序所需的数据以及跟踪管理程序状态所需的各种信息。

进程在创建时，会被内核赋予一个 ID 作为进程唯一标识号，也称为 PID（Process Identification，进程标识符），它是一个非负整数。进程 ID 可以重用，当进程终止后，Linux 一般通过延迟重用算法，使得赋予新进程的 ID 不同于最近终止进程的 ID。在 Linux 系统中可以同时运行多个进程，为了方便跟踪管理系统中的所有进程，内核中存在一个进程表，以 PID 为索引，每个进程在进程表中都会存在一条记录，用于描述及管理进程所需的信息。

当系统启动之后，引导模块的自举程序（它是存储在 ROM 中的代码，能够定位内核，调入内存）开始工作，自举程序工作完成后，再转向系统的核心程序。核心程序工作时，首先要生成一个 0 号进程，它是系统中的第一个进程，是内核的一部分，因此也被称为系统进程。然后再由 0 号进程创建 1 号进程，也叫 init 进程，该进程负责读写系统有关的初始化操作，并为每个终端创建一个新的管理进程，在终端等待用户的登录请求。1 号进程不会终止，它虽然是普通进程，但是以超级用户的特权运行，负责收留孤儿进程，在自启动过程结束时由内核调用。用户正确登录后，系统再为每个用户启动一个 Shell 进程，用于接收用户输入的命令信息。可以说 1 号进程是所有用户进程的"祖先"，具体的进程创建结构如图 9-1 所示。

在 Linux 系统中根据进程的特点和属性，将进程分为 3 类：交互进程、批处理进程和守护进程。

（1）交互进程：由 Shell 启动的进程，既可以在前台运行，也可以在后台运行，且必须由用户给出某些参数或者信息进程才能继续执行。

（2）批处理进程：与终端没有联系，是一个进程序列，负责按照顺序启动其他进程。

（3）守护进程：执行系统特定功能或者执行系统相关任务的进程，并在后台运行。守护进程是一个特殊的进程，不是内核的组成部分。大部分守护进程在系统启动时启动，直到系统关闭时才停止运行。

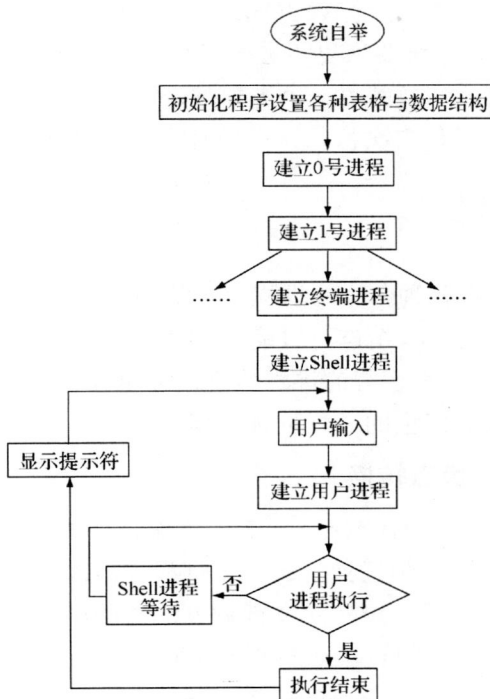

图9-1 进程创建结构

9.1.2 进程上下文

在 Linux 中，用户程序装入系统形成一个进程的实质是系统为用户程序提供一个完整的运行环境。进程的运行环境是由它的程序代码、程序运行所需的数据结构和硬件环境组成的。进程的运行环境主要包括以下几种。

（1）进程空间中的代码和数据、各种数据结构、进程堆栈和共享内存区等。

（2）环境变量：提供进程运行所需的环境信息。

（3）系统数据：进程空间中对进程进行管理和控制所需的信息，包括进程任务结构体以及内核堆栈等。

（4）进程访问设备或者文件时的权限。

（5）各种硬件寄存器。

（6）地址转换信息。

进程的运行环境是动态变化的，尤其是硬件寄存器的值以及进程控制信息是随着进程的运行而不断变化的。在 Linux 中把系统提供给进程的处于动态变化的运行环境总和称为进程上下文。

系统中的每一个进程都有自己的上下文。一个正在使用处理器运行的进程称为当前进程。当前进程因时间片用完或者因等待某个事件而阻塞时，进程调度需要把处理器的使用权从当前进程交给另一个进程，这个过程叫作进程切换。此时，被调用进程成为当前进程。在进程切换时，系统要把当前进程的上下文保存在指定的内存区域，然后把下一个使用处理器运行的进程的上下文设置成当前进程的上下文。当一个进程经过调度再次使用 CPU 进行运行时，系统要恢复该进程保存的上下文。所以，进程的切换也就是上下文的切换。当内核需要切换到另一个进程时，它需要保存当前进程的所有状态，即保存当前进程的上下文，以便再次执行该进程时，能够以切换前的状态继续执行。

9.2 进程管理

同一时刻，系统中存在各种各样的进程。进程在执行任务的不同阶段处于不同的状态，一个进程至少有运行态、就绪态、封锁态 3 种基本状态。在 Linux 系统中，可通过 ps、top 等命令查看系统中正在运行的进程信息，可通过 fork、exec、exit、wait 等函数的系统调用对进程从创建到终止的过程进行控制。

9.2.1 进程状态及状态转换

Linux 进程总体来说有 5 种状态：运行态、就绪态、睡眠状态、暂停状态、僵死状态。进程之间相互独立，一个进程不能改变另一个进程的状态，但是进程自己在通过事件触发被调度的过程中，可以在各状态之间切换，进程状态之间的转换如图 9-2 所示。

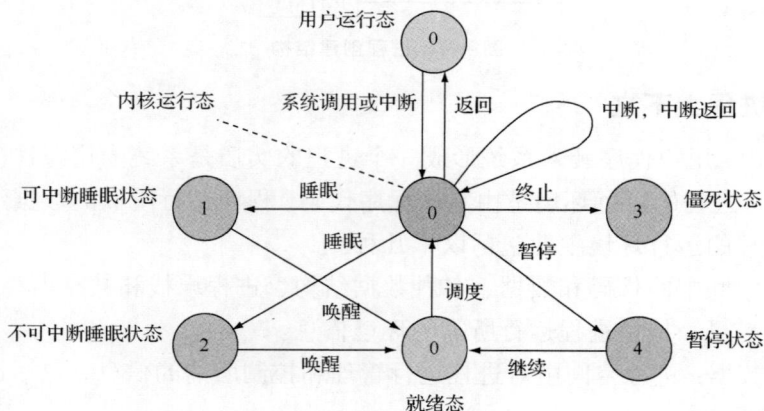

进程状态及状态转换

图9-2 进程状态之间的转换

（1）运行态。它是在 run_queue 队列里的状态，占用 CPU 处理进程任务，一个进程只能出现在一个 CPU 的可执行队列里。同一时刻允许有多个进程处于运行状态，但运行状态的进程总数应小于或等于处理器的个数。运行态分为用户运行态和内核运行态两种，在内核运行态下运行的进程不能被其他进程抢占。

（2）就绪态。该状态的进程已经拥有除 CPU 以外的所有请求资源，只等待被核心程序调度。只要被分配到 CPU 就可执行，在队列中按照进程优先级排队。

（3）睡眠状态。处于该状态的进程需要被某一事件触发才可继续执行，分为可中断睡眠状态和不可中断睡眠状态。处于可中断睡眠状态的进程是在等待资源被释放，一旦得到资源，进程就会被唤醒进入就绪态。由于 CPU 数量有限，而进程数量众多，所以很多请求无法及时得到响应，因此大部分进程都处于可中断睡眠状态。处于不可中断睡眠状态的进程只能通过 wake_up 函数唤醒。

（4）暂停状态。也被称为跟踪状态。在进程从内核运行态返回用户运行态时，核心程序抢先调度了另一个进程，该进程就处于暂停状态。处于暂停状态的进程只有下次调度时才能返回用户态。当进程收到信号 SIGSTOP 时会进入暂停状态，发送 SIGCONT 信号，进程可转换到运行态。

（5）僵死状态。处于该状态的进程已经终止运行，等待父进程询问其状态，收集它的进程控制块所占用的资源。

一般情况下，一个进程至少有 3 种基本状态：运行态、就绪态、封锁态（阻塞态）。其结构关系如图 9-3 所示。

（1）运行态：已经分配到 CPU，正在处理器上执行。

（2）就绪态：已经具备运行条件，但所需 CPU 资源被其他进程占用，需等待分配 CPU。

（3）阻塞态：尚不具备运行条件，需要等待某种事件的发生，即使 CPU 空闲，也无法使用。

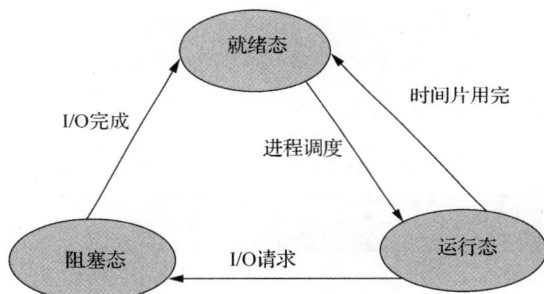

图9-3　进程基本状态转换

9.2.2　查看进程信息

在 Linux 系统中，存在一些 Shell 命令可以查看系统中正在运行的进程的信息。最常用的是 ps 命令和 top 命令。二者之间的区别为 top 命令可以动态地查看进程信息。

1．查看进程状态：ps 命令

ps 命令可以查看系统中正在运行的进程信息以及进程的状态。

ps 命令的格式为：ps [option]。

其中，option 选项可以省略，常用的 option 选项如表 9-1 所示。

表 9-1　ps 命令中常用的 option 选项

选项	功能描述
j	以任务格式显示进程
x	显示系统中的所有进程信息，包括没有控制终端的进程
u	按用户名和启动时间顺序显示进程
-u	显示指定用户的进程信息
U	显示指定用户的所有进程，且显示各个命令的详细路径

续表

选项	功能描述
a	显示所有用户终端的进程（包括其他用户）
e	显示所有进程（包括守护进程）
ax	显示所有进程
aux	显示所有用户的进程信息

（1）简单显示系统中当前用户正在运行的进程信息。

只需要在终端输入 ps 命令，就可以在终端显示当前用户正在运行的进程信息，但是此时的输出结果中不显示进程状态。

```
[user@localhost Desktop]$ ps
  PID TTY          TIME CMD
 3927 pts/0    00:00:00 bash
 4864 pts/0    00:00:00 ps
```

输出结果中含有 4 个数据列，分别为 PID、TTY、TIME、CMD，每列都代表一种具体类型的信息。4 个数据列的含义如表 9-2 所示。

表 9-2　ps 命令输出结果中 4 个数据列的含义

列名	含义
PID	进程 ID
TTY	控制终端的名称
TIME	消耗的 CPU 时间总和
CMD	正在被执行的命令的名称

（2）显示进程状态。

为了使输出结果显示进程状态，可以在 ps 命令后添加 j 选项，结果如下。

```
[user@localhost Desktop]$ ps j
 PPID   PID   PGID   SID TTY      TPGID   STAT  UID   TIME COMMAND
 3920  3927   3927  3927 pts/0     5400   Ss    1001  0:00 /bin/bash
 3927  5400   5400  3927 pts/0     5400   R+    1001  0:00 ps j
```

输出结果中包含很多数据列信息，最后一列 COMMAND 与上述的 CMD 列含义相同，但是列名不同。出现这种情况的原因是 ps 命令有两种选项：UNIX 选项和 BSD 选项。CMD 是 UNIX 选项的输出方式，COMMAND 是 BSD 选项的输出方式。在 Linux 系统中，这两种选项都是支持的，一般认为选项前带连字符"-"的是 UNIX 选项（如 -j），不带连字符的是 BSD 选项（如 j）。使用的选项不同，输出结果信息也会稍有差别。

在此只关心 STAT 数据列，STAT 数据列表示当前进程所处的状态。但结果中的 STAT 列不止一个字符，其中第一个字母（一般是大写，如 S）代表状态代码。具体的状态代码及含义如表 9-3 所示。

表 9-3 状态代码及含义

状态代码	含义
D	不可中断睡眠：等待事件结束
R	可运行：正在运行队列等待
S	正在睡眠：等待事件结束
T	停止或被追踪
Z	僵进程：终止后，父进程没有等待

（3）按用户名和启动时间的顺序显示进程。

当有多个用户同时登录时，使用 u 选项可控制输出结果按照用户名和启动时间的顺序显示进程。

```
[user@localhost Desktop]$ ps u
USER  PID %CPU %MEM  VSZ    RSS TTY  STAT START TIME COMMAND
user 3927 0.0  0.3  116676 3324 pts/0  Ss  19:59 0:00  /bin/bash
user 6065 0.0  0.1  139492 1628 pts/0  R+  21:19 0:00  ps u
```

其中，USER 表示该进程的所有者；%CPU 表示 CPU 使用百分比；%MEM 表示内存使用百分比；VSZ 表示虚拟耗用内存大小；RSS 表示实际使用的内存大小，以 KB 为单位；START 表示进程开启的时间戳，通常以日期和时刻的格式表示，如果数值超过24 个小时，将使用日期来表示；TIME 表示消耗的 CPU 时间总和；COMMAND 表示正在被执行的命令的名称。

2. 动态查看进程信息：top（监控进程）命令

top 命令按照进程的活动顺序持续更新当前系统进程的信息，即屏幕显示的进程信息是不断变化的。在终端输入 top 命令。

```
[user@localhost Desktop]$ top
```

输出结果中包含上下两个部分，顶部表示系统状态的总体信息，如下所示。

```
top - 17:57:22 up 1:54,  2 users,  load average: 0.06, 0.03, 0.05
Tasks: 424 total,   3 running, 420 sleeping,  1 stopped,  0 zombie
%Cpu(s): 12.3 us,  2.4 sy,  0.0 ni, 85.3 id,  0.0 wa,  0.0 hi,  0.0 si,  0.0 st
KiB Mem : 1001332 total,   76148 free,   671548 used,   253636 buff/cache
KiB Swap: 2097148 total, 2078720 free,   18428 used.  125404 avail Mem
```

输出结果共有 5 行内容，下面逐一解释每行中的数据字段。

第 1 行：top 表示命令名；17:57:22 表示一天中的当前时间；up 1:54 表示系统运行了1 小时 54 分钟；2 users 表示登录的用户有两个；load average 表示等待运行的进程总数。

第 2 行：Tasks 表示统计进程总数及各个进程的状态信息。

第 3 行：12.3 us 表示 12.3%的 CPU 时间被用户进程占用，指的是内核外的进程；2.4 sy 表示 2.4%的 CPU 时间被系统进程（内核进程）占用；0.0 ni 表示 0.0%的 CPU 时间被友好进程（又称低优先级进程）使用；85.3 id 表示 85.3%的 CPU 时间是空闲的；0.0 wa 表示 0.0%的 CPU 时间用来等待 I/O 操作。

第 4 行：Mem 表示物理 RAM（Random Access Memory，随机存储器）的使用情况。

第 5 行：Swap 表示交换空间（虚拟内存）的使用情况。

下半部分显示当前系统中正在运行的进程的详细信息，结果如下。

```
  PID USER      PR  NI    VIRT    RES    SHR S  %CPU %MEM     TIME+ COMMAND
 6143 user      20   0 1543300 249052  42712 S  12.3 24.9   1:45.63 gnome-shell
 5579 root      20   0  244152  52148   9436 R   3.3  5.2   0:34.36 Xorg
 7263 user      20   0  555052  19804  12720 S   0.7  2.0   0:06.75 gnome-term+
  899 root      20   0  317740   5624   4192 S   0.3  0.6   0:10.52 vmtoolsd
 9256 user      20   0  146408   2344   1428 R   0.3  0.2   0:00.32 top
    1 root      20   0  126548   6020   2128 S   0.0  0.6   0:04.06 systemd
    2 root      20   0       0      0      0 S   0.0  0.0   0:00.03 kthreadd
    3 root      20   0       0      0      0 S   0.0  0.0   0:00.16 ksoftirqd/0
    6 root      20   0       0      0      0 S   0.0  0.0   0:00.39 kworker/u2+
    7 root      rt   0       0      0      0 S   0.0  0.0   0:00.00 migration/0
    8 root      20   0       0      0      0 S   0.0  0.0   0:00.00 rcu_bh
    9 root      20   0       0      0      0 S   0.0  0.0   0:00.00 rcuob/0
   10 root      20   0       0      0      0 S   0.0  0.0   0:00.00 rcuob/1
   11 root      20   0       0      0      0 S   0.0  0.0   0:00.00 rcuob/2
   12 root      20   0       0      0      0 S   0.0  0.0   0:00.00 rcuob/3
```

9.2.3　进程控制

每个进程都有自己的生命周期，主要包括进程的创建、进程的执行和进程的终止。在 Linux 系统中，可通过调用 fork、exec、exit、wait 等函数控制进程从创建到终止的过程。fork 函数创建进程，exec 函数控制进程执行特定任务，exit 函数终止进程，wait 函数控制进程同步执行。

1．进程创建

当需要在系统中创建一个新的进程时，可以通过 fork 系统调用来完成，引用 fork 系统调用的进程是父进程，由 fork 创建的进程是子进程。

fork 系统调用的格式如下。

```
pid = fork()。
```

其中，pid 表示执行 fork 系统调用后的返回值，pid 的值有 3 种情况。

（1）pid=0，表示此进程是子进程。

（2）pid>0，表示此进程是父进程。

（3）pid<0，表示进程创建失败。子进程从 fork 系统调用后的语句开始与父进程并发执行。

在用户程序中可以使用 C 语言完成系统调用的引用，下面的例子描述父进程创建子进程的过程。

```c
#include<stdio.h>
#include<unistd.h>

int main()
{
  int pid;
  printf("create a new process \n");
  pid = fork();      //引用 fork 系统调用创建进程
  if(pid==0)         //判断进程是否为子进程
    printf("child process \n");
  else if(pid>0)     //判断进程是否为父进程
```

```
      printf("parent process \n");
    else
      printf("creation fail \n");
    printf("the end \n");  //父进程和子进程都要执行
    return 0;
}
```

程序运行结果如下。

```
create a new process
parent process
the end
child process
the end
```

从结果中可以看出，the end 输出了两次。产生这种情况的原因是，程序成功引用 fork 系统调用后，新创建的进程（子进程）与原进程（父进程）并发执行。子进程满足 pid=0 的条件，执行完 pid=0 的指定语句后，继续执行 printf("the end \n")语句。父进程满足 pid>0 的条件，执行完 pid>0 的指定语句后，继续执行 printf("the end \n")语句。

2．控制进程执行特定任务

引用 fork 系统调用创建的子进程与父进程执行相同的代码，如果需要子进程执行不同的任务，则需要在子进程中使用 exec 系统调用让子进程执行新的代码段。

exec 系统调用的一般格式如下。

```
execve(pathname, argv, envp)
```

pathname 表示要执行文件的路径名；argv 是字符指针数组，表示可执行函数的参数；envp 也是字符指针数组，表示执行程序的环境。

exec 有 6 种调用方式：execl、execv、execle、execve、execlp、execvp。这 6 种调用方式名称末尾的字母是不相同的（如 execl、execve），共存在 "l" "v" "e" "p" 4 种情况。4 个字母的含义如下。

（1）l：要求把参数指针数组的每个指针都作为独立的参数传递，并以空指针 NULL 结束。

（2）v：同 C 语言使用 argc、argv 传递参数一样，通过 argv 指针数组中的内容传递 exec 系统调用需要的参数。

（3）e：从 envp 指针数组传递环境参数，表示要执行的程序需要新的运行环境，否则用现有环境变量复制新程序环境。

（4）p：在搜索执行程序时，在环境变量 PATH 指定的目录中搜索指定的文件，否则在当前目录中进行搜索。

6 种调用方式传递的参数形式如下。

```
int execl(const char *path, const char *arg, ...)
int execv(const char *path, char *const argv[])
int execle(const char *path, const char *arg, ..., char *const envp[])
int execve(const char *path, char *const argv[], char *const envp[])
int execlp(const char *file, const char *arg, ...)
int execvp(const char *file, char *const argv[])
```

3. 进程终止

可以通过执行 exit 系统调用来终止正在运行的进程，进程终止后进入僵死状态，释放所占用的大部分资源。但是该进程在系统中仍然存在，等待父进程将其回收，父进程通过 exit 系统调用完成回收工作。

exit 系统调用的格式如下。

```
exit(status)
```

其中，status 是一个整数，作为进程结束时的状态传递给父进程。

4. 进程同步

为了让子进程的终止点和父进程同步，可以在父进程中引用 wait 系统调用，等待子进程完成其指定任务。

wait 系统调用的格式如下。

```
pid=wait(stat-addr)
```

其中，pid 表示要终止的子进程的 ID，参数 stat-addr 表示子进程结束时返回的状态信息存放的地址。

wait 系统调用最常用的方式是：wait(0)。使父进程暂停执行，处于等待状态，一旦子进程执行完毕，父进程就会重新进入执行状态，从而保证子进程与父进程的执行同步。下面的程序演示了父进程等待子进程，并使子进程执行与父进程不同的代码的过程。

```c
#include<stdio.h>
#include<unistd.h>
#include<stdlib.h>
#include<sys/wait.h>
int main()
{
  int pid;
  printf("create a new process \n");
  pid = fork();              //引用 fork 系统调用创建进程
  if(pid==0)                 //判断进程是否为子进程
  {
      printf("child process \n");
      execl("/bin/ls", "ls", "-l", "fork.c", 0);
                             //子进程执行指定代码：以长格式显示 fork.c 文件
      perror("exec fail"); //错误提示
      exit(1);               //终止子进程
  }
  else if(pid>0)             //判断进程是否为父进程
  {
      printf("I am waiting for you \n");
      wait(0);               //等待子进程终止
      printf("parent process \n");
  }
  else
      printf("creation fail \n");
  printf("the end \n");      //父进程、子进程都要执行
  return 0;
}
```

编译并运行程序，结果如下。

```
create a new process
I am waiting for you
child process
-rw-rw-r--. 1 user user 838 Feb 21 17:23 fork.c
parent process
the end
```

因为在子进程中引用了系统调用 exec，所以子进程将执行 exec 中指定的任务，而且从结果中可以看出，由于父进程在执行完输出语句 printf("I am waiting for you \n")后引用 wait 系统调用，从而执行子进程指定代码，因此父进程中的输出语句 printf("parent process \n")在完成子进程代码后执行。

9.3　进程间通信

每个进程都有自己的用户地址空间，任何一个进程的全局变量在另一个进程中是看不到的，因此进程间交换数据必须通过内核。在内核中开辟一块缓冲区，发送信息的进程把数据从用户空间复制到内核缓冲区，接收信息的进程从内核缓冲区读取数据。内核提供的这种进程交换数据的机制称为进程间通信（Interprocess Communication，IPC）。在 Linux 环境中，进程间通信主要有 6 种手段：管道及命名管道、信号、消息队列、信号量、共享内存、套接字。由于套接字主要用于网络间进程通信，因此本书不做介绍。

9.3.1　管道及命名管道

管道（pipe）可用于具有亲缘关系的进程间的通信，命名管道（named pipe 或 FIFO）克服了管道没有名字的限制，允许无亲缘关系进程间的通信。

1. 管道（无名管道）

管道是一种最基本的进程通信机制，使用内存实现进程通信，只适用于父子进程或父进程安排的各个子进程之间的通信。通过 pipe 系统调用可以在内核中创建管道，函数原型如下。

```
int pipe (int filedes[2])
```

调用 pipe 函数，会得到两个文件描述符（一个读端，一个写端），然后通过 filedes 参数将这两个文件描述符传给用户程序：filedes[0]为读端，filedes[1]为写端。然后用户程序通过系统调用 read(filedes[0])和 write(filedes[1])进行管道的读和写。

2. 命名管道

命名管道借助磁盘在任意进程间通信。命名管道与管道的不同之处在于它提供了一个路径名与之关联，以 FIFO 的文件形式存储在系统中，因此即使进程与创建 FIFO 的进程不存在亲缘关系，只要可以访问路径，就可以建立通信。遵循先进先出的原则，即第一个被写入的数据首先从管道中读出。可以通过 mknod 系统调用建立命名管道，函数原型如下。

```
int mknod(const char *path, mode_t mod, dev_t dev)
```

（1）参数 path 表示创建的命名管道的全路径名。

（2）参数 mod 表示创建的命名管道的模式，指明其存取权限。

（3）参数 dev 表示设备值，该值取决于文件创建的种类，只在创建设备文件时才会用到。

9.3.2　信号

信号（signal）用于通知接收进程有某种事件发生。除了用于进程间通信外，进程还可以发送信号给进程本身。进程通过 kill 系统调用发送信号，通过 signal 系统调用接收或捕获信号。进程通过 signal 接收信号后，一般有 3 种处理方法：指定处理函数，由函数来处理；忽略信号，不做任何处理；对该信号保留系统的默认值。

1.　kill 函数

kill 函数用于发送信号，进程通过调用 kill 函数可以向自身或其他进程发送信号，函数原型如下。

```
int kill(pid_t pid, int sig)
```

其中，参数 pid 表示进程标识符；参数 sig 表示信号标识符。

kill 函数的意义是把信号 sig 发送给进程号为 pid 的进程。函数调用成功时返回值为 0，调用失败时返回值为-1。调用失败一般有 3 种原因：指定的信号无效；发送权限不够，即目标进程由另一个用户拥有；目标进程不存在。

2.　signal 函数

signal 函数用于处理信号进程。函数原型如下。

```
void ( *signal(int sig, void (*handler)(int)) ) (int)
```

这个函数看起来很复杂，实际上该函数只带有 sig 和 handler 两个参数。

（1）参数 sig 表示准备接收或捕获的信号。

（2）参数 handler 是一个类型为 void (*)(int)的函数指针，它指向的函数会对 sig 信号做出处理操作。参数 handler 也可以是两个特殊值：SIG_IGN，忽略信号；SIG_DFL，使用默认的处理方式来处理该信号。对大多数信号来说，SIG_DFL 的默认处理方式通常是终止进程。这意味着当进程接收到该信号时，它会立即终止并退出。

9.3.3　消息队列

消息队列（message）是消息的链接表，包括 POSIX 消息队列和 System V 消息队列。消息队列的通信方式是一个进程向另一个进程发送一个数据块，且消息的发送可随时进行，不需要接收方准备好。有足够权限的进程可以向队列中添加消息，被赋予读权限的进程则可以读取队列中的消息，消息队列的读取不一定是先进先出。消息队列克服了信号承载信息量少、管道只能承载无格式字节流以及缓冲区大小受限等缺点。Linux 系统提供了一些系统调用对消息队列进行管理，常用函数有：msgget、msgsnd、msgrcv、msgctl。

1.　msgget 函数

msgget 函数用来创建和访问一个消息队列。函数原型如下。

```
int msgget(key_t key, int msgflg)
```

其中，参数 key 表示消息队列的标识符；参数 msgflg 是一个权限标志，表示消息队列的访问权限，它与文件的访问权限一样。

msgget 函数调用成功时会返回一个以 key 命名的消息队列的标识符（非零整数），失败时返回-1。

2. msgsnd 函数

msgsnd 函数用来把消息添加到消息队列中。函数原型如下。

```
int msgsnd(int msgid, const void *msgp, size_t msgsz, int msgflg)
```

（1）参数 msgid 是由 msgget 函数返回的消息队列标识符。

（2）参数 msgp 是一个指向准备发送的消息的指针，但是消息的数据结构有一定的要求，指针 msgp 指向的消息结构一定要是以一个长整型成员变量开始的结构体。

（3）参数 msgsz 是 msgp 指向的消息的长度，不包括长整型消息类型成员变量的长度。

（4）参数 msgflg 用于控制当前消息队列装满或队列消息达到系统范围的限制时将要发生的事情。

msgsnd 函数调用成功时，消息数据的一个副本将被放到消息队列中，并返回 0，失败时返回-1。

3. msgrcv 函数

msgrcv 函数用来从一个消息队列获取消息。函数原型如下。

```
ssize_t msgrcv(int msgid, void *msgp, size_t msgsz, long msgtyp, int msgflg)
```

（1）参数 msgid、msgp、msgsz 的含义同 msgsnd 函数的一样。

（2）msgtyp 确定接收消息的优先级。如果 msgtyp 为 0，就获取队列中的第一个消息。如果 msgtyp>0，将获取具有相同消息类型的第一个消息。如果 msgtyp<0，就获取类型等于或小于 msgtyp 绝对值的第一个消息。

（3）msgflg 用于控制当队列中没有相应类型的消息可以接收时发生的事件。

msgrcv 函数调用成功时，该函数返回被放到接收缓存区中的字节数，消息被复制到由 msgp 指向的用户分配的缓存区中，然后删除消息队列中的对应消息。失败时返回-1。

4. msgctl 函数

msgctl 函数用来控制消息队列，函数原型如下。

```
int msgctl(int msgid, int cmd, struct msgid_ds *buf)
```

（1）参数 msgid 是由 msgget 函数返回的消息队列标识符。

（2）参数 cmd 是将要采取的动作，它可以取 3 个值。

① IPC_STAT：把 msgid_ds 结构中的数据设置为消息队列的当前关联值，即用消息队列的当前关联值覆盖 msgid_ds 的值。

② IPC_SET：如果进程有足够的权限，就把消息列队的当前关联值设置为 msgid_ds 结构中给出的值。

③ IPC_RMID：删除消息队列。

（3）buf 是指向 msgid_ds 结构的指针，它指向消息队列模式和访问权限的结构。msgid_ds 结构至少包括以下成员。

```
struct msgid_ds
{
```

```
    uid_t shm_perm.uid;
    uid_t shm_perm.gid;
    mode_t shm_perm.mode;
};
```

msgctl 函数调用成功时返回 0，失败时返回-1。

9.3.4　信号量

信号量（semaphore）的主要作用是协调进程访问共享资源。信号量是一种外部资源标识，本身不具有数据交换的功能，通过控制其他的通信资源实现进程间的通信。当请求一个使用信号量表示的资源时，进程需要先读取信号量的值来判断资源是否可用。信号量的值大于 0 时，表示资源可以请求；信号量的值为 0 时，表示资源已经被占用，此时进程会进入睡眠状态等待资源可用。

Linux 提供了一些函数对信号量进行操作，常用函数为：semget、semop、semctl。

1．semget 函数

semget 函数用于创建一个新信号量或取得一个已有信号量，函数原型如下。

```
int semget(key_t key, int nsems, int semflg)
```

（1）参数 key 是整数值（唯一且非 0），不相关的进程可以通过它访问一个信号量，它代表程序可能要使用的某个资源。程序对所有信号量的访问都是间接的，程序先通过调用 semget 函数并提供一个键，再由系统生成一个相应的信号量标识符（semget 函数的返回值），只有 semget 函数才可直接使用信号量键，所有其他的信号量函数使用由 semget 函数返回的信号量标识符。如果多个程序使用相同的 key 值，key 将负责协调工作。

（2）参数 nsems 指定需要的信号量数目，它的值几乎总是 1。

（3）参数 semflg 是一组标志。

semget 函数调用成功时，返回一个相应信号量标识符（非 0），失败时返回-1。

2．semop 函数

semop 函数用于改变信号量的值，函数原型如下。

```
int semop(int semid, struct sembuf *sops, unsigned nsops)
```

其中，参数 semid 是由 semget 返回的信号量标识符。参数 sembuf 的结构定义如下。

```
struct sembuf
{
    short sem_num;
    short sem_op;
    short sem_flg;
};
```

3．semctl 函数

semctl 函数用于直接控制信号量信息，函数原型如下。

```
int semctl(int semid, int semnum, int cmd, ...)
```

（1）参数 semid 是由 semget 返回的信号量标识符。

（2）参数 semnum 指定需要的信号量数目。

（3）参数 cmd 表示要进行的操作，它的常用取值有两个。

① SETVAL：用来把信号量初始化为一个已知的值。

② IPC_RMID：用于删除一个已经不再继续使用的信号量标识符。

（4）如果有第 4 个参数，它通常是一个 union semun 结构，定义如下。

```
union semun
{
    int val;
    struct semid_ds *buf;
    unsigned short *arry;
};
```

9.3.5 共享内存

共享内存是 Linux 系统中底层的通信机制，也是最快速的通信机制。共享内存通过两个或多个进程共享同一块内存区域来实现进程间的通信。通常是由一个进程创建一块共享内存区域，然后多个进程可以对其进行访问。发送进程将要传出的数据存放到共享内存中，接收进程（一个或多个进程）则直接从共享内存中读取数据，避免了数据的复制过程，因此这种通信方式是最高效的进程间通信方式。一般情况下，当两个或多个进程使用共享内存进行通信时，使用信号量实现进程的同步，可避免因不同进程同时读写一块共享内存中的数据而发生混乱。

采用共享内存的进程通信有 3 个特点。

（1）当进程通信时，需要交互的数据或信息不发生存储移动。

（2）当需要交互时，通信进程双方通过一个共享内存完成信息交互。

（3）对共享内存，可以用虚拟映射方式将其作为交互过程中的一部分存储体使用。

当进程采用共享内存与另一进程通信时，常用函数为：shmget、shmat、shmdt 和 shmctl。

1. shmget 函数

shmget 函数用来创建或打开共享内存，函数原型如下。

```
int shmget(key_t key, size_t size, int shmflg)
```

（1）参数 key 是一个非 0 整数，表示共享内存标识符。若用户提供的 key 值不存在，则创建新的共享内存，根据参数 key 为共享内存段命名。若 key 值存在，则打开现有共享内存。

（2）参数 size 表示以字节为单位指定需要共享的内存容量。

（3）参数 shmflg 是权限标志，共享内存的权限标志与文件的读写权限一样。例如，0644 表示共享内存的创建者拥有的进程可以从共享内存读取数据和向共享内存写入数据，其他用户创建的进程只能读取共享内存中的数据。

shmget 函数调用成功时，返回一个与 key 相关的共享内存标识符（非负整数），用于后续的共享内存函数。调用失败时返回-1。

2. shmat 函数

shmat 函数用于连接共享内存。第一次创建完共享内存时，它还不能被任何进程访问，shmat 函数用来启动对该共享内存的访问，并把共享内存连接到当前进程的地址空间，父进程已连接的共享内存可被 fork 创建的子进程继承。函数原型如下。

```
void *shmat(int shmid, const void *shmaddr, int shmflg)
```

（1）参数 shmid 表示由 shmget 函数返回的共享内存标识符。

（2）参数 shmaddr 指定共享内存连接到当前进程中的地址位置，一般为空，表示让系统来选择共享内存的地址。

（3）参数 shmflg 是一组标志位，通常为 0。

shmat 函数调用成功时，返回一个指向共享内存第一字节的指针，即共享内存的首地址。如果调用失败，则返回-1。

3．shmdt 函数

shmdt 函数用于将共享内存从当前进程中分离。将共享内存分离并不是删除它，只是使该共享内存对当前进程不再可用，解除共享内存与本进程地址空间的连接。函数原型如下。

```
int shmdt(const void *shmaddr)
```

参数 shmaddr 是 shmdt 函数返回的地址指针，shmdt 函数调用成功时返回 0，失败时返回-1。

4．shmctl 函数

shmctl 函数用来控制共享内存，函数原型如下。

```
int shmctl(int shmid, int cmd, struct shmid_ds *buf)
```

（1）参数 shmid 表示 shmget 函数返回的共享内存标识符。

（2）参数 cmd 表示要在 shmid 指定的共享内存中采取的操作，它可以取 5 个值。

① IPC_STAT：把 shmid_ds 结构中的数据设置为共享内存的当前关联值，即用共享内存的当前关联值覆盖 shmid_ds 的值。

② IPC_SET：如果进程有足够的权限，就把共享内存的当前关联值设置为 shmid_ds 结构中给出的值。

③ IPC_RMID：删除共享内存段。

④ SHM_LOCK：锁定共享内存进程，只有超级用户才有该权限。

⑤ SHM_UNLOCK：解锁共享内存，只有超级用户才有该权限。

（3）参数 buf 是一个结构指针，它指向共享内存模式和访问权限的结构。

9.4　设备管理

现代技术发展迅速，设备多种多样。Linux 系统对设备进行统一管理，将设备信息保存在文件中，应用程序对设备的操作通过打开、关闭和读写设备文件来完成。

9.4.1　设备管理的基本概念

设备是指计算机系统中除 CPU、内存和系统控制台以外的所有设备。设备管理模块负责控制系统的 I/O 部件。在 Linux 中，设备管理模块完成的主要功能如下。

（1）为用户提供简捷、统一的设备使用接口方式，包括建立用户的命令接口和程序设计接口函数等。

（2）完成设备的分配、占用与释放管理。当用户请求使用某一外部设备时，设备管理模块负责分配设备通道或控制器；当设备使用完成后，负责回收和释放资源。

（3）帮助用户访问和控制设备。当有多个进程请求使用外部设备时，设备管理模块要进行并发访问控制和共享设备分配管理，还要处理出现的错误情况。

（4）完成对 I/O 缓冲区的管理和控制。通过对 I/O 缓冲区的管理，提高 CPU 的利用率及 I/O 的访问效率。

9.4.2　Linux设备类型

在 Linux 系统中，为了便于对设备进行管理和控制，按照信息的组织特征，设备可分为 3 类：字符设备、块设备、网络设备。

（1）字符设备（如键盘、打印机）：以字符为单位输入/输出数据，可直接对设备进行读、写，但是一般只允许顺序访问。

（2）块设备（如磁盘、光盘）：以一定大小的数据块为单位输入/输出数据，需要借助缓冲区技术对数据进行处理，允许随机访问。

（3）网络设备：通过网络传输数据的设备，一般是指硬件设备，如与通信网络连接的网络适配器（网卡）。

9.4.3　设备管理结构

Linux 系统的 I/O 管理模块与文件系统紧密相关，设备管理结构如图 9-4 所示。

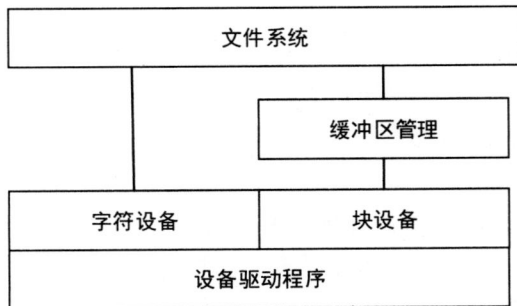

图9-4　设备管理结构

按照 I/O 设备性能的不同，可将设备管理分为两类。

（1）无缓存 I/O：无缓存 I/O 访问方式采用将用户访问进程与系统 I/O 管理模块直接进行数据交换的形式完成 I/O 操作。

（2）有缓存 I/O：使用有缓存 I/O 进行数据交换时，要经过系统的缓冲区 cache 或字符队列管理机构完成对 I/O 的访问。

各种设备以文件的形式存放在/dev 目录下，应用程序对设备的操作通过打开、关闭和读写设备文件来完成。通过 cd /dev 命令，进入该目录，使用 ls 命令查看目录下的文件信息。使用的命令和/dev 目录下的部分文件信息如下。

```
[user@localhost Desktop]$ cd /dev
[user@localhost dev]$ ls
```

```
agpgart          input           rtc0      tty20 tty45 ttyS3
autofs           kmsg            sda       tty21 tty46 uhid
block            log             sda1      tty22 tty47 uinput
bsg              loop-control    sda2      tty23 tty48 urandom
```

文件名由两部分组成。第一部分有 2～3 个字符，表示设备的种类，如 sd 表示 SCSI 硬盘，hd 表示 IDE 硬盘，tty 表示终端设备。第二部分一般为字母或数字，用于区分同种设备中的单个设备，如 hda、hdb 分别表示第一块、第二块 IDE 硬盘，hda1、hda2 分别表示第一块硬盘中的第一个、第二个磁盘分区。

一个设备一般有 3 个标志：设备类型、主设备号、次设备号。可通过这 3 个标志识别设备。主设备号与驱动程序对应，使用的驱动程序不同，设备的主设备号就不同。次设备号用来区分使用同一驱动程序的各个具体设备。例如，查看 SCSI 硬盘设备。

```
[user@localhost dev]$ ls -l /dev/sda*
brw-rw----. 1 root disk 8, 0 Feb 24  2017 /dev/sda
brw-rw----. 1 root disk 8, 1 Feb 24  2017 /dev/sda1
brw-rw----. 1 root disk 8, 2 Feb 24  2017 /dev/sda2
```

第一个字符 b 表示该设备的类型为块设备（c 表示字符设备）。8 表示主设备号，0、1、2 表示次设备号。

9.4.4　设备管理技术

Linux 对 I/O 传输的常用控制方式有 4 种：查询等待方式、中断控制方式、DMA 控制方式、通道控制方式。

1. 查询等待方式

查询等待方式又称为轮询方式，因为对于不支持中断方式的机器只能采用这种方式来控制 I/O 过程，所以 Linux 中也配备了查询等待方式。例如，并行接口的驱动程序中默认的控制方式就是查询等待方式。

2. 中断控制方式

中断处理中的 I/O 操作由系统控制程序发起，当 I/O 设备完成相应命令时（如读或写操作），外部设备控制部件向处理器发出中断请求，向系统控制程序通告本次 I/O 操作的执行结果，并等待下一次处理器发出的执行命令。在中断控制方式中，数据和信息的每次（或每批）读写操作都需要系统监管，所以采用这种控制方式时，处理器对 I/O 设备的管理任务比较繁重。如磁盘控制过程就是采取中断控制方式，其处理过程如下。

（1）处理器测试磁盘控制部件的状态字并向磁盘控制部件发送一条命令。

（2）磁盘控制部件接收此命令后，处理器立即与磁盘控制部件脱机并转向其他处理工作。

（3）由该磁盘控制部件独立完成要求动作的管理和操作。

（4）当命令执行完成后（或者在执行中发生故障时），该磁盘控制部件向处理器发出一个中断请求信号。

（5）处理器根据这个请求将系统控制转向对 I/O 控制部件的管理，即检查 I/O 命令的执行结果，确定下一步的操作步骤，继续完成或者中断下一步的控制工作。

3. DMA 控制方式

直接存储器访问（Direct Memory Access，DMA）控制方式是一种适用于块设备的批量数据传递方式。在 DMA 方式中，控制程序完成 DMA 控制寄存器的设置（如传送内存的起始地址、传送字节数等）。当 I/O 操作开始后，处理器可以转去执行其他的处理任务，直到这一批数据传送结束，DMA 控制器向处理器发出中断请求，并告知系统本次的数据传送结束后，处理器再对它进行下一步操作的控制。

4. 通道控制方式

通道控制方式是一种更加智能化的外部设备控制方式，现代通道控制部件中都有自己专用的通道处理器和缓冲存储器，这样在执行系统提出的由通道指令组成的通道程序时，可以用比较高的效率进行较复杂的 I/O 控制。采用通道控制时，通常执行一次通道程序可以完成多批通道数据的处理，因此通道方式的 I/O 访问效率更高。通道控制方式主要用于连接智能化较高的外部设备，如网卡上的信道访问控制。

习　题

1. 描述进程的3种基本状态并画出状态之间的转换图。
2. 编写一段C语言程序，创建子进程，子进程输出当前系统登录用户，而且保证子进程运行完父进程再运行。
3. 陈述进程间通信的6种主要手段。
4. Linux中按照信息的组织特征，设备分为哪几种？

附录 实验

经过本书前面内容的学习和实践，读者应该对 Linux 操作系统有了比较全面的认识和理解。培养分析问题和解决问题的能力是学习 Linux 的最终目的，读者应该将学到的知识灵活运用到各种具体问题的解决方案当中。为此，结合本书前面所讲内容，附录实验部分设置了几种常见的实战场景，包括磁盘分区与挂载、Linux 用户及权限机制、综合编程应用等，演示如何综合运用所学知识解决实际问题。

实验1　磁盘分区与挂载

一、实验目的

【知识点】

（1）加强对 Linux 磁盘分区的理解，熟悉磁盘分区的命名方式。

（2）学会使用 fdisk 命令进行磁盘分区，学会创建不同类型的文件系统。

（3）掌握挂载和卸载文件系统的方法。

【技能】

（1）了解在磁盘分区与挂载中应掌握的命令和方法。

（2）养成科学思维，通过对实验的研究和探索，发现新方法，掌握新知识与技能。

二、实验内容

1. 实验题目的要求

（1）在虚拟机中新建一块硬盘，供本实验所用。

（2）登录到 root 用户（因为磁盘分区要求具有超级用户权限），然后利用 fdisk 命令查看磁盘并进行分区。要求将新磁盘 sdb 分为一个大小为 2GB 的主分区 sdb1、一个大小为 3GB 的扩展分区 sdb2 以及一个大小为 2GB 的逻辑分区 sdb3。

（3）为分区创建文件系统，即格式化分区。将主分区 sdb1 格式化为 Ext4 文件系统，逻辑分区 sdb5 格式化为 Ext3 文件系统。

（4）将已格式化好的分区 sdb1 和 sdb5 挂载到 mnt 目录下。

（5）卸载已挂载好的分区 sdb1。

2. 实验题目分析

实验题目描述的要求包含 4 种功能，根据需求的不同使用不同的命令。4 种功能分别为：磁盘分区、格式化分区、挂载分区和卸载分区。这 4 种功能在第 3 章中都有介绍，其中磁盘分区是 3.6.2 小节中的第 2 个例子，格式化分区是 3.6.2 小节中第 3 个例子，挂载分区和卸载分区是 3.6.4 小节中的两个例子。但是需要注意的是，题目在第一个功能中要求创建指定分区类型、分区号和分区大小，在第 2 个功能中要求格式化指定的文件系统类型，并不能照搬 3.6.2 小节中的例子，而是需要在命令中使用参数来处理自定义内容。因此可以对上述 4 个功能设计如下。

（1）磁盘分区：使用 fdisk 命令创建磁盘分区。

（2）格式化分区：使用 mkfs 命令格式化分区。

（3）挂载分区：使用 mount 命令挂载分区。

（4）卸载分区：使用 umount 命令卸载分区。

设计好这些功能命令之后，我们还面临一个问题：用户如何更具体地使用他们需要的命令？更具体一点就是如何使用这些命令的选项？具体选项和方法在第 3 章中已讲解，在接下来的实验步骤中会讲解具体的操作。

三、实验步骤

步骤 1

在 VMware 虚拟机中新建一块虚拟硬盘，取名为 test。

（1）打开虚拟机，双击"硬盘"，如附图 1-1 所示。

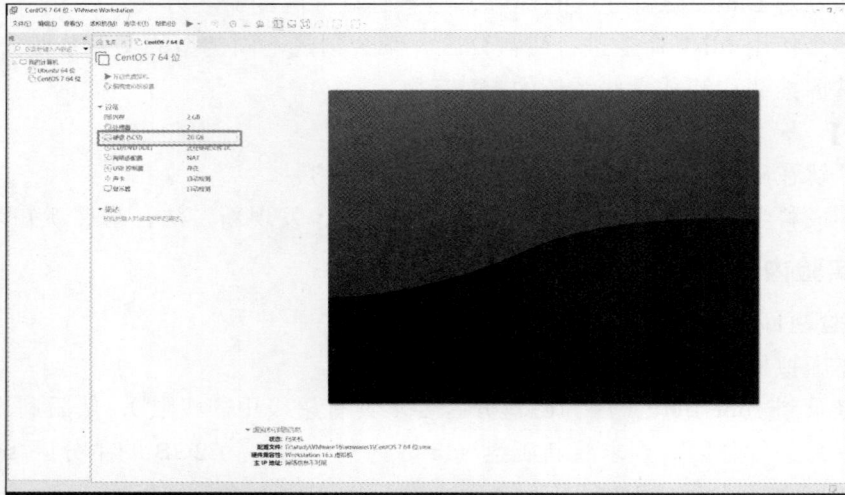

附图1-1

（2）单击左下角的"添加"按钮，如附图 1-2 所示。

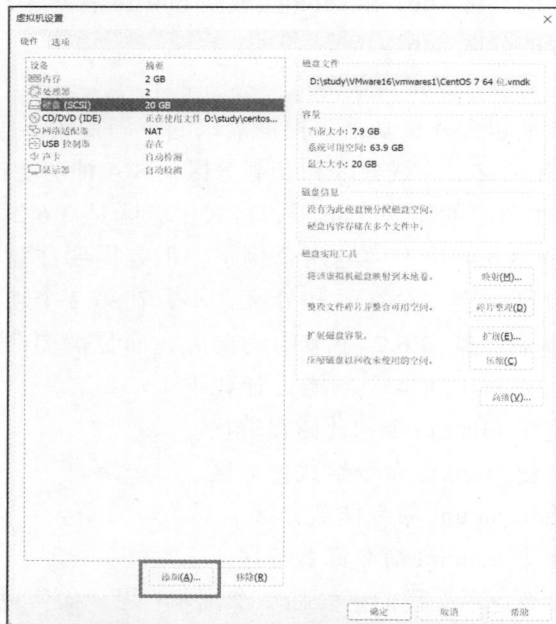

附图1-2

（3）单击"下一步"按钮，如附图 1-3 所示。

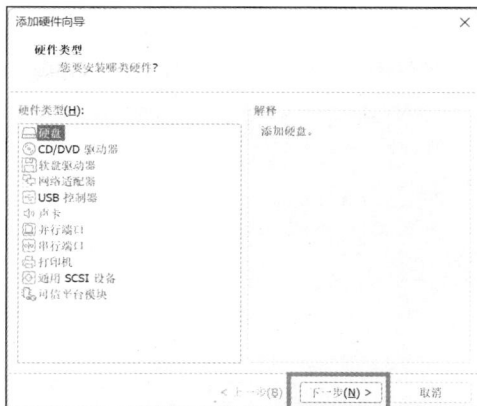

附图1-3

（4）单击"下一步"按钮直至出现下一个界面，将磁盘大小设为 5GB，选择"将虚拟磁盘存储为单个文件"，如附图 1-4 所示。

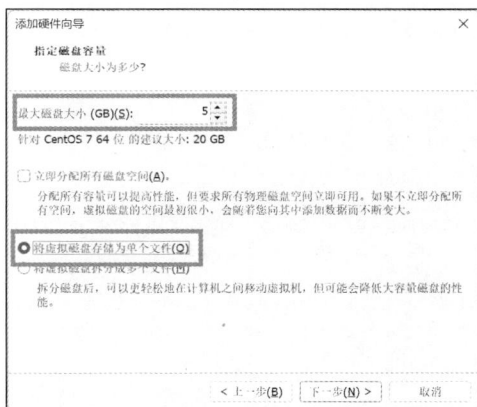

附图1-4

（5）将名称改为 test，单击"完成"按钮，完成磁盘的新建，如附图 1-5 所示。

附图1-5

步骤 2

使用 fdisk 命令的-l 选项查看硬盘分区。其中 sda 为原来的磁盘，并且有两个分区 sda1 和 sda2，而 sdb 为我们刚刚新建的磁盘，并没有进行磁盘分区。

```
[root@localhost ~]# fdisk -l

Disk /dev/sdb: 5368 MB, 5368709120 bytes, 10485760 sectors
Units = sectors of 1 * 512 = 512 bytes
Sector size (logical/physical): 512 bytes / 512 bytes
I/O size (minimum/optimal): 512 bytes / 512 bytes


Disk /dev/sda: 21.5 GB, 21474836480 bytes, 41943040 sectors
Units = sectors of 1 * 512 = 512 bytes
Sector size (logical/physical): 512 bytes / 512 bytes
I/O size (minimum/optimal): 512 bytes / 512 bytes
Disk label type: dos
Disk identifier: 0x00059d5a

   Device Boot      Start         End      Blocks   Id  System
/dev/sda1   *        2048     1026047      512000   83  Linux
/dev/sda2         1026048    41943039    20458496   8e  Linux LVM
```

步骤 3

对新建的磁盘 sdb 进行分区。

```
[root@localhost ~]# fdisk /dev/sdb
Welcome to fdisk (util-linux 2.23.2).

Changes will remain in memory only, until you decide to write them.
Be careful before using the write command.

Device does not contain a recognized partition table
Building a new DOS disklabel with disk identifier 0x451f28dd.

Command (m for help):
```

输入 m，查看帮助。

```
Command (m for help): m
Command action
   a   toggle a bootable flag
   b   edit bsd disklabel
   c   toggle the dos compatibility flag
   d   delete a partition
   g   create a new empty GPT partition table
   G   create an IRIX (SGI) partition table
   l   list known partition types
   m   print this menu
   n   add a new partition
   o   create a new empty DOS partition table
   p   print the partition table
   q   quit without saving changes
   s   create a new empty Sun disklabel
   t   change a partition's system id
   u   change display/entry units
   v   verify the partition table
   w   write table to disk and exit
   x   extra functionality (experts only)
```

输入 n，添加一个新的分区。

```
Command (m for help): n
Partition type:
   p   primary (0 primary, 0 extended, 4 free)
   e   extended
```

其中，p 代表主分区，e 代表扩展分区。先创建主分区 sdb1，大小为 2GB。

```
Select (default p): p                          //输入 p 创建主分区
Partition number (1-4, default 1): 1           //选择分区号，这里为分区 1
First sector (2048-10485759, default 2048):
Using default value 2048
Last sector, +sectors or +size{K,M,G} (2048-10485759, default 10485759): +2G
                                               //设定分区大小为 2GB
Partition 1 of type Linux and of size 2 GiB is set
```

主分区 sdb1 创建完成，接着创建一个扩展分区 sdb2。

```
Command (m for help): n
Partition type:
   p   primary (1 primary, 0 extended, 3 free)
   e   extended
Select (default p): e                          //输入 e 创建扩展分区
Partition number (2-4, default 2): 2           //选择分区号，这里为分区 2
First sector (4196352-10485759, default 4196352):
Using default value 4196352
Last sector, +sectors or +size{K,M,G} (4196352-10485759, default 10485759):
                          //这里没写大小，默认将剩下的内存全部分给 sdb2
Using default value 10485759
Partition 2 of type Extended and of size 3 GiB is set
```

扩展分区 sdb2 创建完成，因为扩展分区并不能使用，所以接着创建逻辑分区，大小为 2GB。

```
Command (m for help): n
Partition type:
   p   primary (1 primary, 1 extended, 2 free)
   l   logical (numbered from 5)
Select (default p): l            //输入 l 创建逻辑分区
Adding logical partition 5
First sector (4198400-10485759, default 4198400):
Using default value 4198400
Last sector, +sectors or +size{K,M,G} (4198400-10485759, default 10485759):
+2G                              //设定分区大小为 2GB
Partition 5 of type Linux and of size 2 GiB is set
```

逻辑分区 sdb5 创建完成，输入 p 输出分区表。

```
Command (m for help): p

Disk /dev/sdb: 5368 MB, 5368709120 bytes, 10485760 sectors
Units = sectors of 1 * 512 = 512 bytes
Sector size (logical/physical): 512 bytes / 512 bytes
I/O size (minimum/optimal): 512 bytes / 512 bytes
Disk label type: dos
Disk identifier: 0x8845436e

   Device Boot      Start         End      Blocks   Id  System
/dev/sdb1           2048     4196351     2097152   83  Linux
/dev/sdb2        4196352    10485759     3144704    5  Extended
/dev/sdb5        4198400     8392703     2097152   83  Linux
```

可以看到，3 个分区 sdb1、sdb2、sdb5 分别创建完毕。最后输入 w 保存并退出。

```
Command (m for help): w
The partition table has been altered!

Calling ioctl() to re-read partition table.
Syncing disks.
```

步骤 4

使用 mkfs 命令将主分区 sdb1 格式化为 Ext4 文件系统。

```
[root@localhost ~]# mkfs -t ext4 /dev/sdb1
mke2fs 1.42.9 (28-Dec-2013)
Filesystem label=
OS type: Linux
Block size=4096 (log=2)
Fragment size=4096 (log=2)
Stride=0 blocks, Stripe width=0 blocks
131072 inodes, 524288 blocks
26214 blocks (5.00%) reserved for the super user
First data block=0
Maximum filesystem blocks=536870912
16 block groups
32768 blocks per group, 32768 fragments per group
8192 inodes per group
Superblock backups stored on blocks:
    32768, 98304, 163840, 229376, 294912

Allocating group tables: done
Writing inode tables: done
Creating journal (16384 blocks): done
Writing superblocks and filesystem accounting information: done
```

将逻辑分区 sdb5 格式化为 Ext3 文件系统。

```
[root@localhost ~]# mkfs -t ext3 /dev/sdb5
mke2fs 1.42.9 (28-Dec-2013)
Filesystem label=
OS type: Linux
Block size=4096 (log=2)
Fragment size=4096 (log=2)
Stride=0 blocks, Stripe width=0 blocks
131072 inodes, 524288 blocks
26214 blocks (5.00%) reserved for the super user
First data block=0
Maximum filesystem blocks=536870912
16 block groups
32768 blocks per group, 32768 fragments per group
8192 inodes per group
Superblock backups stored on blocks:
    32768, 98304, 163840, 229376, 294912

Allocating group tables: done
Writing inode tables: done
Creating journal (16384 blocks): done
Writing superblocks and filesystem accounting information: done
```

格式化分区完成。

步骤 5

分别将已格式化好的分区 sdb1 和 sdb5 挂载到 mnt 目录下。

```
[root@localhost ~]# mount /dev/sdb1 /mnt/
[root@localhost ~]# mount /dev/sdb5 /mnt/
```

直接输入 mount 命令，查看挂载是否成功。

```
[root@localhost ~]# mount
sysfs on /sys type sysfs (rw,nosuid,nodev,noexec,relatime,seclabel)
proc on /proc type proc (rw,nosuid,nodev,noexec,relatime)
devtmpfs on /dev type devtmpfs (rw,nosuid,seclabel,size=485140k,
nr_inodes=121285,mode=755)
securityfs on /sys/kernel/security type securityfs (rw,nosuid,nodev,noexec,
relatime)
tmpfs on /dev/shm type tmpfs (rw,nosuid,nodev,seclabel)
devpts on /dev/pts type devpts (rw,nosuid,noexec,relatime,seclabel,
gid=5,mode=620,ptmxmode=000)
tmpfs on /run type tmpfs (rw,nosuid,nodev,seclabel,mode=755)
tmpfs on /sys/fs/cgroup type tmpfs (ro,nosuid,nodev,noexec,seclabel,
mode=755)
cgroup on /sys/fs/cgroup/systemd type cgroup (rw,nosuid,nodev,noexec,
relatime,xattr,release_agent=/usr/lib/systemd/systemd-cgroups-agent,name=syst
emd)
pstore on /sys/fs/pstore type pstore (rw,nosuid,nodev,noexec,relatime)
cgroup on /sys/fs/cgroup/hugetlb type cgroup (rw,nosuid,nodev,noexec,
relatime,hugetlb)
/dev/sdb1 on /mnt type ext4 (rw,relatime,seclabel,data=ordered)
/dev/sdb5 on /mnt type ext3 (rw,relatime,seclabel,data=ordered)
```

最后两行显示分区 sdb1 与 sdb5 已挂载成功。

步骤 6

使用 umount 命令卸载已挂载到 mnt 目录下的分区 sdb1。

```
[root@localhost ~]# umount /dev/sdb1
```

直接输入 mount 命令，查看卸载是否成功。

```
[root@localhost ~]# mount
sysfs on /sys type sysfs (rw,nosuid,nodev,noexec,relatime,seclabel)
proc on /proc type proc (rw,nosuid,nodev,noexec,relatime)
devtmpfs on /dev type devtmpfs (rw,nosuid,seclabel,size=485140k,nr_inodes
=121285,mode=755)
securityfs on /sys/kernel/security type securityfs (rw,nosuid,nodev,noexec,
relatime)
tmpfs on /dev/shm type tmpfs (rw,nosuid,nodev,seclabel)
devpts on /dev/pts type devpts (rw,nosuid,noexec,relatime,seclabel,gid=5,
mode=620,ptmxmode=000)
tmpfs on /run type tmpfs (rw,nosuid,nodev,seclabel,mode=755)
tmpfs on /sys/fs/cgroup type tmpfs (ro,nosuid,nodev,noexec,seclabel,
mode=755)
cgroup on /sys/fs/cgroup/systemd type cgroup (rw,nosuid,nodev,noexec,
relatime,xattr,release_agent=/usr/lib/systemd/systemd-cgroups-agent,name=systemd)
pstore on /sys/fs/pstore type pstore (rw,nosuid,nodev,noexec,relatime)
cgroup on /sys/fs/cgroup/hugetlb type cgroup (rw,nosuid,nodev,noexec,
relatime,hugetlb)
/dev/sdb5 on /mnt type ext3 (rw,relatime,seclabel,data=ordered)
```

发现没有出现 sdb1 分区的挂载信息，说明卸载成功。

四、问题讨论

1. 扩展分区能被格式化吗？

2. 磁盘分区如果损坏了该怎么办？（3.6.3 小节中详细介绍了检查和修复磁盘分区的方法。）

3. 完成第 3 章的习题，进一步了解磁盘分区与挂载的方法。

实验2　Linux用户及权限机制

Linux 用户及权限
机制

一、实验目的

1. 在 Linux 环境下添加用户和用户组。

2. 修改文件的所属用户和所属组。

3. 设置文件所属用户、所属组、其他用户对文件的访问权限。

二、实验要求

假设 testTwo 公司有培训部、市场部、管理部 3 个部门，每个部门有两个员工。部门及员工信息如附表 2-1 所示。

附表 2-1　部门及员工信息

部门	员工
培训部	Tom Mary
市场部	Sally Billy
管理部	Adson David

对应到 Linux 系统中，部门用组表示，员工也就是用户。即有 3 个用户组：train（培训部）、market（市场部）、manage（管理部），每个用户组包含两个用户。用户组和用户信息如附表 2-2 所示。

附表 2-2　用户组和用户信息

组	用户
train（培训部）	Tom Mary
market（市场部）	Sally Billy
manage（管理部）	Adson David

为各部门（用户组）、员工（用户）建立相应的工作文件夹，要求如下。

（1）所有目录、文件保存在统一的文件夹下。

（2）每个部门拥有一个独立的文件夹。

（3）不同部门之间不可访问其他部门的文件夹。

（4）每个员工在所在部门文件夹下拥有一个所属的文件夹（有自己存放数据的地方）。

（5）同部门不同员工之间可以查看对方文件夹的内容，但不可修改，员工仅能修改自己文件夹的内容。

三、实验步骤

首先添加实验所需的用户组和用户，在 root 用户下创建用户组 train、market、manage。

```
[root@localhost Desktop]# groupadd train
[root@localhost Desktop]# groupadd market
[root@localhost Desktop]# groupadd manage
```

创建 Tom、Mary、Sally、Billy、Adson、David 用户，并为各用户指定用户组。Tom、Mary 用户所在组为 train，Sally、Billy 用户所在组为 market，Adson、David 用户所在组为 manage。

```
[root@localhost Desktop]# useradd -g train Tom
[root@localhost Desktop]# useradd -g train Mary
[root@localhost Desktop]# useradd -g market Sally
[root@localhost Desktop]# useradd -g market Billy
[root@localhost Desktop]# useradd -g manage Adson
[root@localhost Desktop]# useradd -g manage David
```

准备好后，按照要求为各部门、员工建立相应的工作文件夹。

（1）所有目录、文件保存在统一的文件夹下。

切换到根目录下，创建文件夹 testTwo，保存所有目录和文件。

```
[root@localhost Desktop]# cd /
[root@localhost /]# mkdir testTwo
```

（2）每个部门拥有一个独立的文件夹。

为每个部门创建与之对应的文件夹，并修改文件夹的所属组为对应的部门。

进入 testTwo 文件夹下，创建目录 train、market、manage。

```
[root@localhost /]# cd testTwo
[root@localhosttestTwo]# ls
[root@localhosttestTwo]# mkdir train market manage  //创建文件夹
[root@localhosttestTwo]# ls -l        //查看文件夹的详细信息
total 0
drwxr-xr-x. 2 root root 6 May 11 20:47 manage
drwxr-xr-x. 2 root root 6 May 11 20:47 market
drwxr-xr-x. 2 root root 6 May 11 20:47 train
```

新创建好的文件夹的所属组为 root，将文件夹的所属组修改为各自对应的部门（组）。

```
[root@localhosttestTwo]# chgrp manage manage
[root@localhosttestTwo]# chgrp market market
[root@localhosttestTwo]# chgrp train train
```

```
[root@localhosttestTwo]# ls -l
total 0
drwxr-xr-x. 2 root manage 6 May 11 20:47 manage//文件所属组已发生改变
drwxr-xr-x. 2 root market 6 May 11 20:47 market
drwxr-xr-x. 2 root train  6 May 11 20:47 train
```

（3）不同部门之间不可访问其他部门的文件夹。

不同的部门，也就是不同的组之间不可以访问其他部门的文件夹，即其他用户对该文件没有访问权限，将其他用户对该文件的读、写、执行权限去掉。

```
[root@localhosttestTwo]# chmod o-rx manage
[root@localhosttestTwo]# chmod o-rx market
[root@localhosttestTwo]# chmod o-rx train
[root@localhosttestTwo]# ls -l
total 0
drwxr-x---. 2 root manage 6 May 11 20:47 manage
drwxr-x---. 2 root market 6 May 11 20:47 market
drwxr-x---. 2 root train  6 May 11 20:47 train
```

（4）每个员工在所在部门文件夹下拥有一个所属的文件夹。

进入部门文件夹下，创建用户的文件夹。

train 部门有两个员工 Tom、Mary。进入 train 目录下，创建 tom、mary 目录。

```
[root@localhosttestTwo]# cd train
[root@localhost train]# mkdir tom mary
[root@localhost train]# ls -l
total 0
drwxr-xr-x. 2 root root 6 May 11 21:08 mary
drwxr-xr-x. 2 root root 6 May 11 21:08 tom
```

修改 tom、mary 目录的所属用户为对应的用户，即 tom 目录的所有者为 Tom，mary 目录的所有者为 Mary。

```
[root@localhost train]# chown Mary mary
[root@localhost train]# chown Tom tom
[root@localhost train]# ls -l
total 0
drwxr-xr-x. 2 Mary root 6 May 11 21:08 mary
drwxr-xr-x. 2 Tom  root 6 May 11 21:08 tom
```

market 部门的两个员工为 Sally、Billy。进入 market 目录下，创建 sally、billy 目录。

```
[root@localhost train]# cd ..        //回到上级目录
[root@localhosttestTwo]# cd market
[root@localhost market]# mkdir sally billy
[root@localhost market]# ls -l
total 0
drwxr-xr-x. 2 root root 6 May 11 21:13 billy
drwxr-xr-x. 2 root root 6 May 11 21:13 sally
```

修改 sally、billy 目录的所属用户为对应的用户，即 sally 目录的所有者为 Sally，billy 目录的所有者为 Billy。

```
[root@localhost market]# chown Sally sally
[root@localhost market]# chown Billy billy
```

```
[root@localhost market]# ll
total 0
drwxr-xr-x. 2 Billy root 6 May 11 21:13 billy
drwxr-xr-x. 2 Sally root 6 May 11 21:13 sally
```

manage 部门的两个员工为 Adson、David。进入 market 目录下，创建 adson、david 目录。

```
[root@localhost market]# cd ..
[root@localhosttestTwo]# cd manage
[root@localhost manage]# mkdir adson david
[root@localhost manage]# ls -l
total 0
drwxr-xr-x. 2 root root 6 May 11 21:17 adson
drwxr-xr-x. 2 root root 6 May 11 21:17 david
```

修改 adson、david 目录的所属用户为对应的用户，即 adson 目录的所有者为 Adson，david 目录的所有者为 David。

```
[root@localhost manage]# chown Adson adson
[root@localhost manage]# chown David david
[root@localhost manage]# ll
total 0
drwxr-xr-x. 2 Adson root 6 May 11 21:17 adson
drwxr-xr-x. 2 David root 6 May 11 21:17 david
```

（5）同部门不同员工之间可以查看对方文件夹的内容，但不可修改，用户仅能修改自己的内容。

做完步骤（4），员工对应文件夹的所在组还是 root，将文件的所属组修改到对应的组。

tom、mary 目录的所在组为 train。为保证安全，控制其他用户不能访问该文件夹，即其他用户对该文件夹没有读、写、执行权限。

```
[root@localhost manage]# cd ..
[root@localhosttestTwo]# cd train
[root@localhost train]# chgrp train tom
[root@localhost train]# chgrp train mary
[root@localhost train]# chmod o-rx tom
[root@localhost train]# chmod o-rx mary
[root@localhost train]# ll
total 0
drwxr-x---. 2 Mary train 6 May 11 21:08 mary
drwxr-x---. 2 Tom  train 6 May 11 21:08 tom
```

sally、billy 目录的所在组为 market。为保证安全，控制其他用户不能访问该文件夹。

```
[root@localhost train]# cd ..
[root@localhosttestTwo]# cd market
[root@localhost market]# chgrp market sally
[root@localhost market]# chgrp market billy
[root@localhost market]# chmod o-rx sally
[root@localhost market]# chmod o-rx billy
[root@localhost market]# ll
total 0
drwxr-x---. 2 Billy market 6 May 11 21:13 billy
```

```
      drwxr-x---. 2 Sally market 6 May 11 21:13 sally
```

adson、david 目录的所在组为 manage。为保证安全，控制其他用户不能访问该文件夹。

```
[root@localhost market]# cd ..
[root@localhosttestTwo]# cd manage
[root@localhost manage]# chgrp manage adson
[root@localhost manage]# chgrp manage david
[root@localhost manage]# chmod o-rx adson
[root@localhost manage]# chmod o-rx david
[root@localhost manage]# ll
total 0
drwxr-x---. 2 Adson manage 6 May 11 21:17 adson
drwxr-x---. 2 David manage 6 May 11 21:17 david
```

同部门不同员工之间可以查看对方文件夹的内容，但不可修改，员工仅能修改自己文件夹的内容。即同组用户对文件夹没有修改权限，也就是没有写（w）权限。此时同组用户对文件夹的访问权限为"r-x"，不用再修改。

实验3　综合编程应用

一、实验目的

【知识点】
（1）了解 Linux 编程的概念，了解脚本的基础知识。

（2）掌握 Shell 编程的要素（变量、输入和输出、语句、参数等）。

（3）掌握函数的定义和使用方法。

（4）综合第 7 章中介绍的 Shell 编程小例子，形成宏观的认识。

【技能】
（1）了解在 Shell 编程中应掌握的编程思路和技巧。

（2）养成科学思维，通过研究探索实验，发现新知识，掌握新技能。

二、实验内容

1．实验题目的要求

将第 7 章的例子整合到一个 Shell 脚本中。假设现在需要以下功能。

（1）读取文件：将用户指定的文件内容显示在计算机屏幕上。

（2）备份文件：将用户指定目录下的所有文件备份到 backup 目录下。

（3）查看系统基本信息：包括查看登录用户的名称、当前系统时间和磁盘信息。

（4）检查字符串格式：可以选择检查指定字符串是否满足特定的格式，这些格式有 E-mail（email）、URL（url）和身份证号（id）。

编写工具脚本 MyTool.sh 实现上述 4 种功能。

2．实验题目分析

实验题目描述的工具包含 4 种功能，在一个脚本中实现 4 种功能最直接的办法是将各个功能封装成函数，根据需求的不同调用不同的函数。在这里就可以将这 4 种功能分别封装为 4 个函数，函数名分别为：readFile、backupFile、showSysInfo 和 checkFormat。这 4 种功能在第 7 章中都有介绍，其中 readFile 是 7.6.1 小节中的最后一个例子、backupFile 是 7.6.2 小节中的最后一个例子。但是需要注意的是，题目在前两个功能中要求处理用户指定的文件和目录，所以并不能照搬 7.6.1 小节和 7.6.2 小节中的例子，而是需要在函数中使用参数来处理用户自定义内容。因此可以设计上述 4 个函数的原型如下。

（1）读取文件：readFile(file)，file 为待读取的文件路径。

（2）备份文件：backupFile(path)，path 为待备份的路径。

（3）查看系统基本信息：showSysInfo(option)，option 用于指定查询的信息类型。

（4）字符串格式检查：checkFormat(option, string)，option 用于指定检查的格式类型，string 用于指定待检查的字符串。

设计好这些函数之后，我们还面临一个问题：用户如何选择他们需要的功能？更具体一点就是如何调用这 4 个函数？办法有两种，一种是使用菜单，循环输出菜单选项让用户选择对应的功能，然后在函数调用结束后继续等待用户输入下一个选项；另一种办法是使用脚本位置参数，在执行脚本时就由位置参数确定要调用的函数。这两种办法都在第 7 章中实现过，读者可以根据喜好自行选择。

三、实验步骤

步骤 1

创建脚本 MyTool.sh，使用文本编辑器对其进行编辑。

参考命令如下。

```
[user@localhost ~]$ touch MyTool.sh
[user@localhost ~]$ vim MyTool.sh
```

步骤 2

编写函数 readFile，实现读取文件功能。可参考 7.6.1 小节中的例子，对其进行函数封装，并处理参数。readFile 函数实现如下。

```
readFile(){
    # check the argument number
    if [ $# -ne 1 ];then
        echo "Invalid argument number,expected 1 received $#"
        return
    fi

    file=$1
    while read line;do
        echo $line
done < $file
}
```

步骤 3

编写函数 backupFile，实现备份文件功能。可参考 7.6.2 小节中的例子，对其进行函数封装，并处理参数。backupFile 函数实现如下。

```
backupFile(){
    # check the argument number
    if [ $# -ne 1 ];then
        echo "Invalid argument number,expected 1 received $#"
        return
    fi

    dir=$1
# Create the backup directory
if [ ! \( -d $dir/backup \) ];then
        mkdir $dir/backup
    fi

    for file in $dir/*;do
        # if the file have a backup already ,skip to next file
        if [ -f $file ]&&[ ! \( -f $dir/backup/${file##*/} \) ]; then
            # copy the file to a backup directory
            cp $file $dir/backup/${file##*/}
            echo "$file has been backed up."
        fi
    done
}
```

步骤 4

编写函数 showSysInfo，实现查看系统基本信息功能。可参考 7.7.2 小节中的例子，对其进行函数封装，并处理参数。showSysInfo 函数实现如下。

```
showSysInfo(){
    # check the argument number
    if [ $# -ne 1 ];then
        echo "Invalid argument number,expected 1 received $#"
        return
    fi

    case $1 in
        -n|-N)  echo "Your user name is $USER."
        ;;
        -t|-T)  echo -n "It's ";date +%H:%M
        ;;
        -d|-D)  df -h
        ;;
        -h|-H)  echo "Available option:"
            echo "-n or -N:Show user name."
            echo "-t or -T:Show current time."
            echo "-d or -D:Show disk info."
            echo "-h or -H:Get help."
        ;;
        *)  echo -e "Invalid option:'$1'\nTry 'show_info.sh -h' for help."
        ;;
    esac
}
```

步骤 5

编写函数 checkFormat，实现字符串格式检查功能。可参考 7.7.2 小节中的例子，对其进行函数封装，并处理参数。checkFormat 函数实现如下。

```
checkFormat(){
    # show help
    if [ $# -eq 1 ]&&[ $1 == "-h" ]||[ $1 == "-H" ];then
        echo "usage:check_info -option string"
        echo "Available option:"
        echo "-e or --email:check email format."
        echo "-u or --url:check url format."
        echo "-i or --id:check id card format."
        echo "-h or -H:Get help."
        return
    fi

    # check the argument number
    if [ $# -ne 2 ];then
        echo "Invalid argument number,expected 2 received $#"
        return
    fi

    # check the argument
    if [ -z $2 ];then
        echo "The parameter is empty!"
        return
    fi

    case $1 in
        -e|--email)
            if [[ "$2" =~ ^[0-9a-zA-Z_]+@[0-9a-zA-Z]+.[a-zA-Z]+$ ]];then
                echo "Email format match!"
            else
                echo "Email format mismatch!"
            fi
        ;;
        -u|--url)
            if [[ "$2" =~ ^(https|http|ftp|rtsp|mms):// ]];then
                echo "URL format match!"
            else
                echo "URL format mismatch!"
            fi
        ;;
        -i|--id)
            if [[ "$2" =~ [0-9]{17}([0-9]|x) ]];then
                echo "ID card format match!"
            else
                "ID card format mismatch!"
            fi
        ;;
        -h|-H) echo "usage:check_info -option string"
            echo "Available option:"
            echo "-e or --email:check email format."
            echo "-u or --url:check url format."
            echo "-i or --id:check id card format."
            echo "-h or -H:Get help."
```

```
            ;;
        *)  echo -e "Invalid option:'$1'\nTry 'check_info.sh -h' for help."
            ;;
    esac
}
```

步骤 6

实现选择不同的功能，即函数调用。

方案一

循环显示菜单，参考代码如下。

```
selection=100
while [ $selection -ne 0 ];do
    echo "Tool Menu:
        1.Read file.
        2.Backup files.
        3.Show system info.
        4.Check format.
        0.Exit"
    read -p "Select the function(0-4):" selection
    case $selection in
        0)  echo "bye!"
        ;;
        1)  read -p "Entry the file you want to read:" arg1
            readFile $arg1
        ;;
        2)  read -p "Entry the diractory you want to backup:" arg1
            backupFile $arg1
        ;;
        3)  read -p "Entry the info option:" arg1
            showSysInfo $arg1
        ;;
        4)  read -p "Entry the format option and check content:" arg1 arg2
            checkFormat $arg1 $arg2
        ;;
        *)  echo "Invalid entry!"
        ;;
    esac
done
```

方案二

脚本位置参数，参考代码如下。

```
# check the argument number
if [ $# -eq 0 ]||[ $# -gt 3 ];then
    echo "Invalid argument number,expected 1 to 3, received $#"
    exit 1
fi

if [ $# -eq 2 ];then
    case $1 in
        -r|-R)
            readFile $2
        ;;
        -b|-B)
```

```
                backupFile $2
        ;;
        -i|-I)
            showSysInfo $2
        ;;
        *)  echo "Invalid argument!try -h for help."
        ;;
    esac
elif [ $# -eq 3 ];then
    case $1 in
        -c|-C)
            checkFormat $2 $3
        ;;
        *)  echo "Invalid argument!try -h for help."
        ;;
    esac
elif [ $# -eq 1 ];then
    case $1 in
        -h|-H)
            echo "usage:MyTool -function option"
            echo "Available function:"
            echo "-r or -R:read file."
            echo "  option:file for read"
            echo "-b or -B:backup file."
            echo "  option:path for backup"
            echo "-i or -I:show system info."
            echo "  option:"
            echo "        -n or -N:show user name."
            echo "        -t or -T:show current time."
            echo "        -d or -D:show disk info."
            echo "        -h or -H:get help."
            echo "-c str or -C str :check format."
            echo "  option:"
            echo "        -e or --email:check email format."
            echo "        -u or --url:check url format."
            echo "        -i or --id:check id card format."
            echo "        -h or -H:get help."
            echo "  str:check content."
        ;;
        *)  echo "Invalid argument!try -h for help."
        ;;
    esac
fi
```

步骤 7

给 MyTool.sh 脚本添加可执行权限，并执行脚本以测试程序。

参考命令如下。

```
[user@localhost ~]$ chmod +x MyTool.sh
[user@localhost ~]$ ./MyTool.sh
```

227

四、问题讨论

1. 完成第 7 章的习题，进一步了解 Shell 编程方法。
2. 总结 Shell 脚本编写原则。

实验4　在虚拟机中创建多节点Linux环境

一、实验目的

（1）熟悉在虚拟机中如何快速创建 Linux 节点。

（2）学会基础的 Linux 节点网络环境的配置方法。

二、实验内容

（1）在虚拟机中分别创建 host、node1、node2 这 3 个节点，供本实验使用。

（2）3 个节点之间能够通过 ping 指令相互传递信息。

（3）虚拟机节点重启后，IP 地址不发生变化。

三、实验步骤

步骤 1

在 VMware 虚拟机中新建虚拟机节点。

（1）打开虚拟机，右击一个已有的虚拟机节点，选择"管理"→"克隆"选项，如附图 4-1 所示。

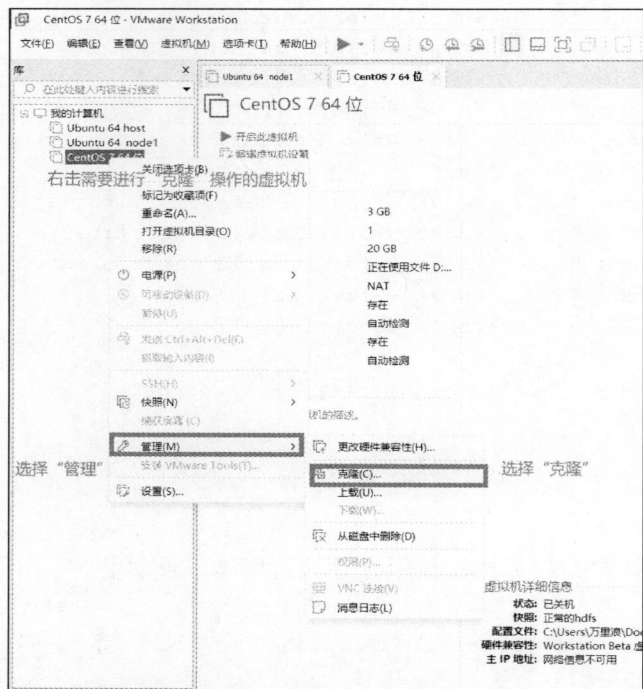

附图4-1

（2）在弹出的"克隆虚拟机向导"对话框中单击"下一页"按钮，如附图 4-2 所示。

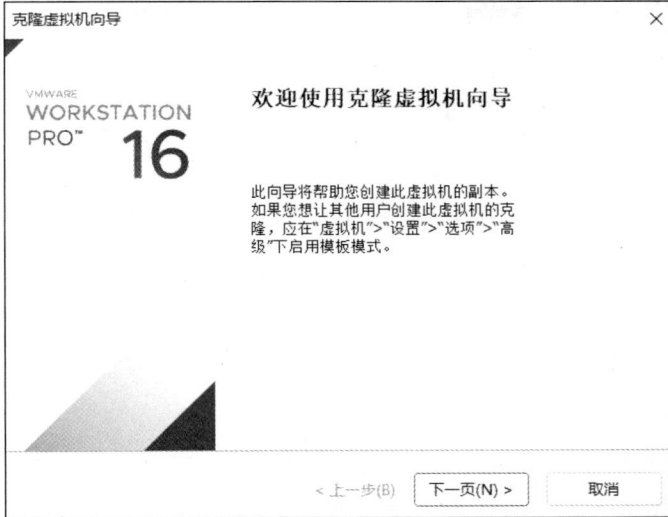

附图4-2

（3）勾选"创建完整克隆"，单击"下一步"按钮。

（4）将虚拟机名称改为 node1，并修改克隆虚拟机的位置，单击"完成"按钮，如附图 4-3 所示。

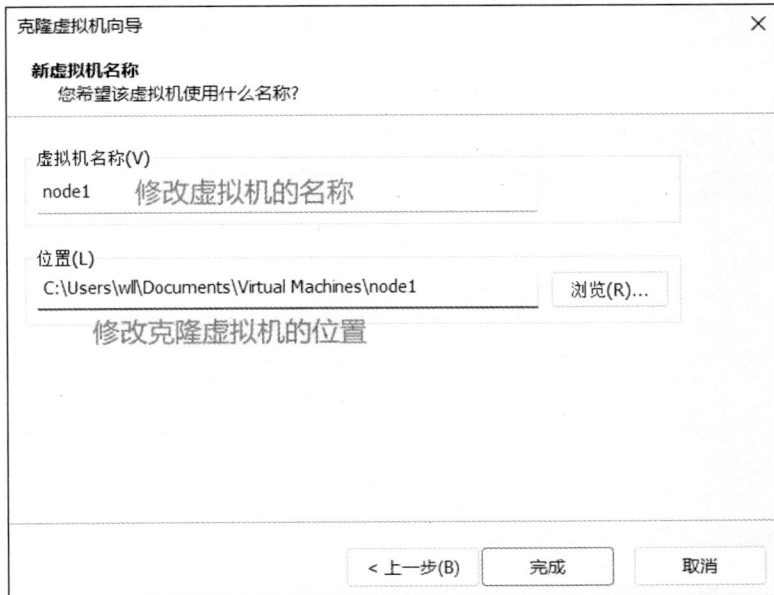

附图4-3

（5）等待虚拟机完成克隆，成功界面如附图 4-4 所示，然后重复上述操作，创建虚拟机节点 node2。

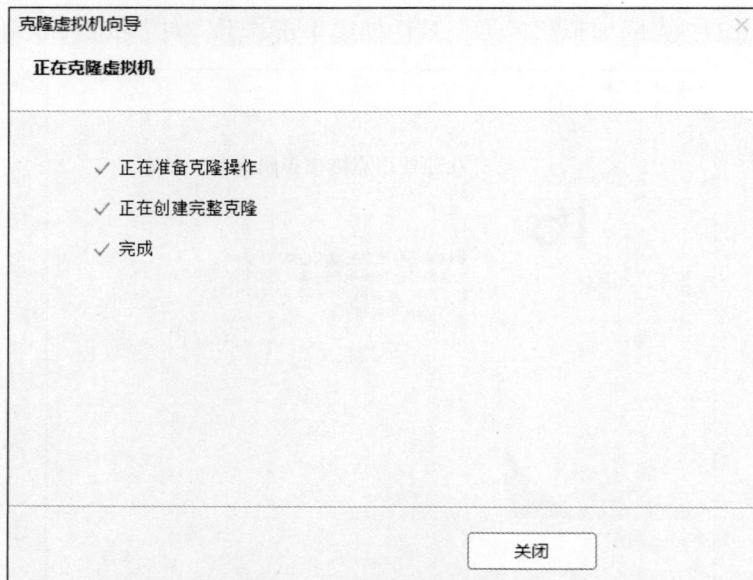

附图4-4

步骤2

（1）依次打开虚拟机节点 host、node1、node2，打开控制台，通过 ping 百度网址，检查当前节点的网络环境是否正常，如附图 4-5 所示。

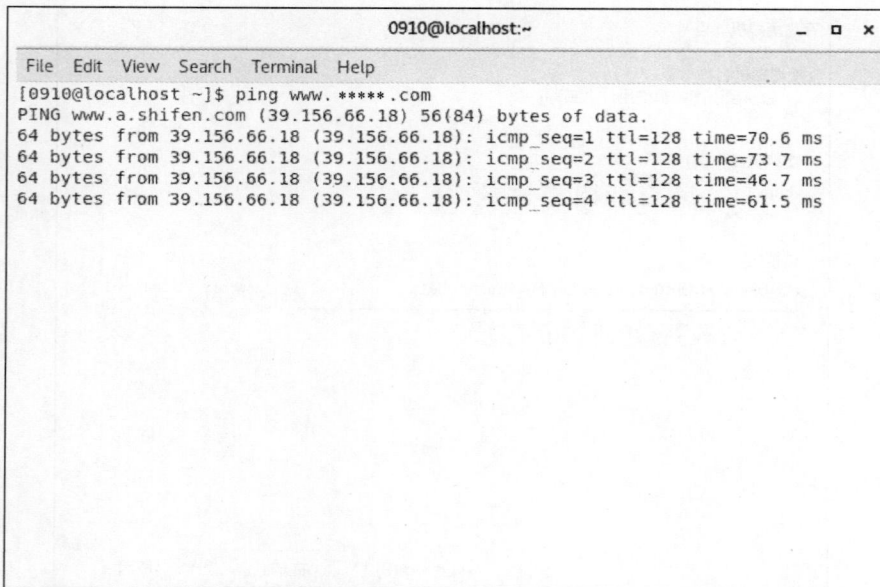

附图4-5

（2）若无法 ping 通，则选择"虚拟机"→"设置"选项，如附图 4-6 所示。在虚拟机设置界面中将虚拟机的网络适配器设置为"桥接模式"，如附图 4-7 所示。

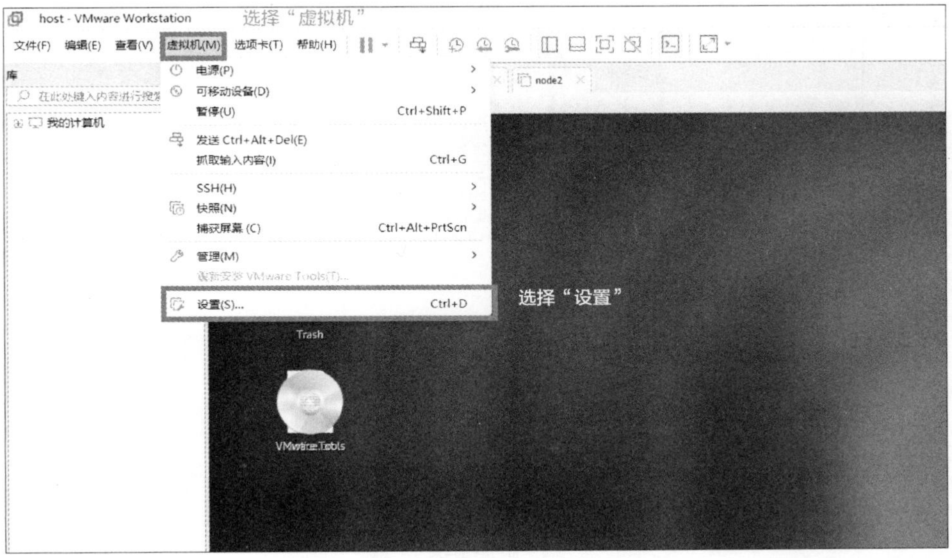

附图4-6

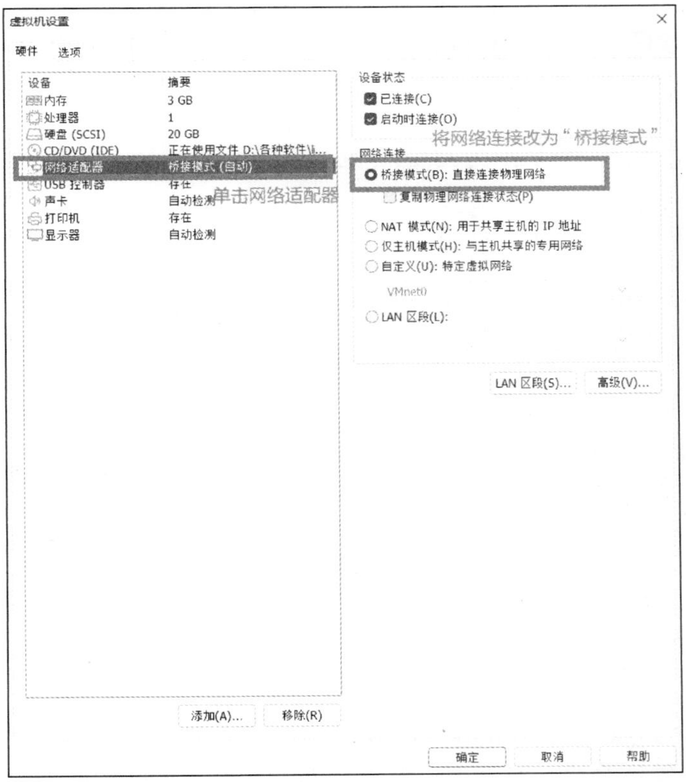

附图4-7

（3）验证网络环境正常后，在控制台中输入指令"dhclient"，为节点分配 IP 地址，并通过指令"ipconfig"查看节点的 IP 地址，如附图 4-8 所示。

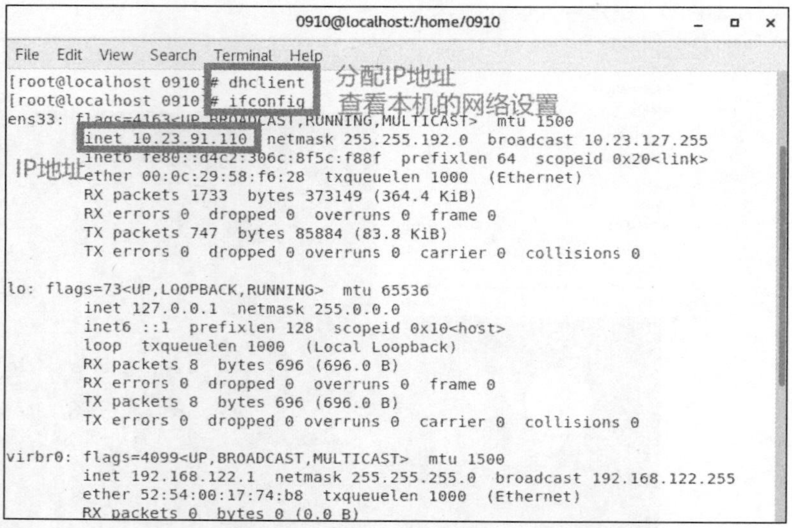

附图4-8

（4）输入指令"vim /etc/sysconfig/network-scripts/ifcfg-ens33"，进入网卡 ens33 的配置页面，输入"i"进入文件修改模式，将"BOOTPROTO"参数修改为"static"，并配置 IP 地址、网关等内容，配置完毕后按 Esc 键，输入":wq"保存并退出文件，如附图 4-9 所示。

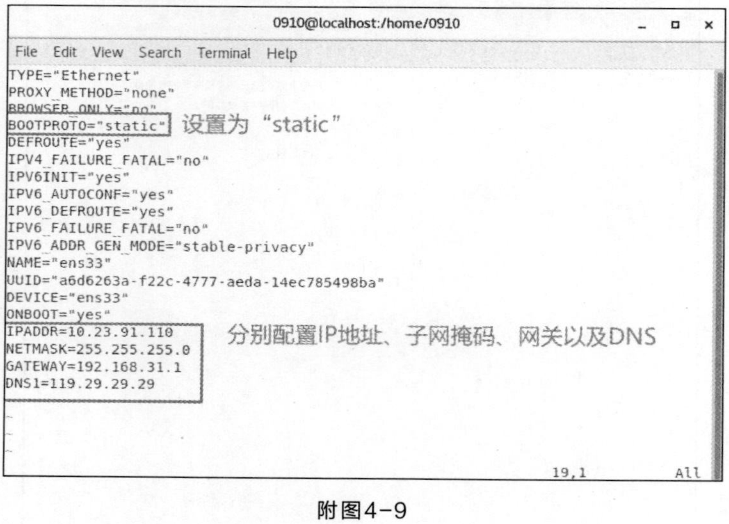

附图4-9

（5）输入指令"systemctl restart network.service"重启网络服务，重新输入"ipconfig"检查 IP 地址是否发生改变。对虚拟机节点 node1 和 node2 也重复上述配置操作。

步骤 3

对于每个节点，分别验证虚拟机节点重启后 IP 地址是否发生变化，以及能否成功发送消息给其他节点。

（1）输入指令"ping www.*****.com"验证虚拟机节点能否与该网站连通，如附图 4-10 所示。

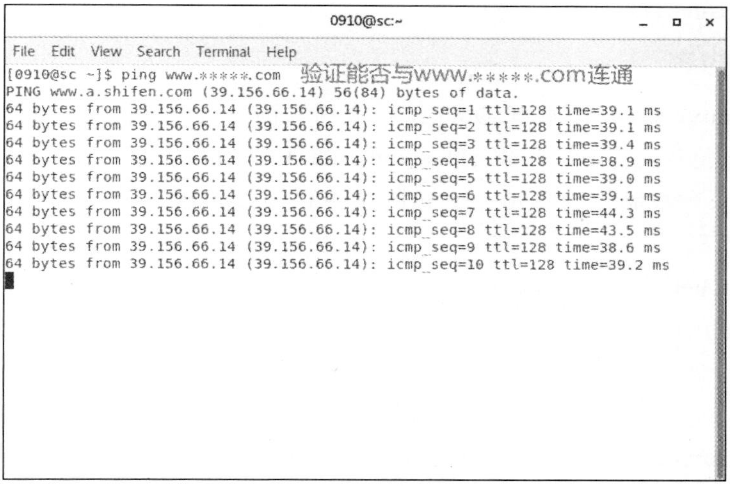

附图4-10

（2）输入指令"ping 10.23.91.110（需要根据节点的 IP 地址进行更改）"，验证虚拟机节点能否与其他虚拟机节点连通，如附图 4-11 所示。

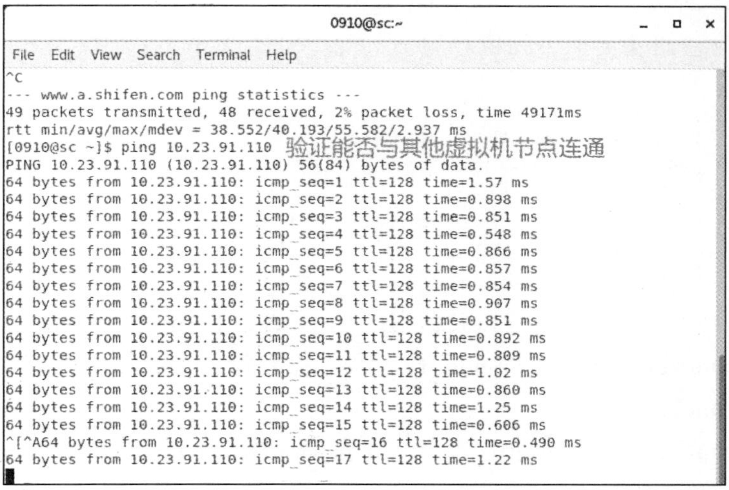

附图4-11

剩余验证部分省略。

实验5　Linux下Docker的安装及使用

一、实验目的

（1）在 Linux 环境下安装 Docker。

（2）配置镜像加速器。

（3）配置数据卷。

（4）部署 Tomcat。

二、实验内容

（1）在 Linux 环境中下载好 Docker 镜像后去阿里云中配置好镜像加速器，然后通过修改 daemon 配置文件/etc/docker/daemon.json 来使用加速器。加速器获取步骤为：阿里云官网→登录→控制台→单击左上角的菜单栏→搜索容器镜像服务→镜像工具→镜像加速器。

（2）在 Docker 中下载 Ubuntu 镜像，创建名为 c1 的容器，然后在 c1 容器中创建/root/data_container 目录，并和主机中的/root/data 目录进行挂载。挂载完毕后在主机 data 目录下创建一个名为 test.txt 的文件夹，并写入"this is a test"，然后在容器目录中查看内容是否同步。

（3）下载 Tomcat 镜像，并在/root/tomcat 中创建名为 c_tomcat 的容器，并且主机映射到 8080 端口，接着在 tomcat 目录下创建 test 目录，在 test 目录下创建 index.html 文件，并在 index.html 里写入<h1> hello tomcat docker </h1>，最后用浏览器访问 Tomcat。

三、实验步骤

较旧的 Docker 版本或称为 Docker-Engine。如果已安装下面这些程序而又要安装新 Docker，请卸载它们以及相关的依赖项。

```
$ sudo yum remove docker \
              docker-client \
              docker-client-latest \
              docker-common \
              docker-latest \
              docker-latest-logrotate \
              docker-logrotate \
              docker-engine
```

Docker 有 3 个版本，这里仅以社区版，即 Docker Engine-Community 为例。在新主机上首次安装 Docker Engine-Community 之前，需要设置 Docker 仓库。之后，可以从仓库安装和更新 Docker。

安装所需的软件包。yum-utils 提供了 yum-config-manager，并且 device mapper 存储驱动程序需要 device-mapper-persistent-data 和 lvm2。

```
$ sudo yum install -y yum-utils \
  device-mapper-persistent-data \
  lvm2
```

使用以下命令来设置稳定的仓库（推荐使用国内的源地址，速度更快）。

官方源地址下载命令如下。

```
$ sudo yum-config-manager \
    --add-repo \
    https://download.******.com/linux/centos/docker-ce.repo
```

阿里云源地址下载命令如下。

```
$ sudo yum-config-manager \
   --add-repo \
   http://mirrors.******.com/docker-ce/linux/centos/docker-ce.repo
```

安装最新版本的 Docker Engine-Community 和 containerd，或者转到下一步安装特定版本。

```
$ sudo yum install docker-ce docker-ce-cli containerd.io docker-compose-
plugin
```

如果要安装特定版本的 Docker Engine-Community，请在存储库中列出可用版本，然后选择并安装。

```
$ yum list docker-ce --showduplicates | sort -r

docker-ce.x86_64          3:24.0.6-1.el7              docker-ce-stable
docker-ce.x86_64          3:24.0.5-1.el7              docker-ce-stable
docker-ce.x86_64          3:24.0.4-1.el7              docker-ce-stable
docker-ce.x86_64          3:24.0.3-1.el7              docker-ce-stable
```

可以通过完整的软件包名称安装特定版本，以"docker-ce.x86_64 3:24.0.6-1.el7"为例，软件包名称是"docker-ce.x86_64"，代表了 Docker 社区版的 64 位 x86 架构软件包。"3:24.0.6-1.el7"是软件包的版本号。在输入命令时，只需要关注第一个冒号到第一个"-"分隔符之间的内容。例如，可以输入"sudo yum install docker-ce-24.0.6"进行特定版本的安装，通用格式如下。

```
$ sudo yum install docker-ce-<VERSION_STRING>
```

启动 Docker。

```
$ sudo systemctl start docker
```

通过运行 hello-world 镜像来验证是否正确安装了 Docker Engine-Community。

```
$ sudo docker run hello-world
```

配置阿里镜像加速器，直接复制阿里云上的代码并执行即可。

```
[root@centos tmy]# sudo mkdir -p /etc/docker
[root@centos tmy]# sudo tee /etc/docker/daemon.json <<-'EOF'
> {
>   "registry-mirrors": ["https://ywc2ji6k.mirror.********.com"]
> }
> EOF
{
  "registry-mirrors": ["https://ywc2ji6k.mirror.********.com"]
}
[root@centos tmy]# sudo systemctl daemon-reload
[root@centos tmy]# sudo systemctl restart docker
```

查看是否配置成功。

```
[root@centos tmy]# cat /etc/docker/daemon.json
{
  "registry-mirrors": ["https://ywc2ji6k.mirror.********.com"]
}
```

下载 Ubuntu 镜像，并查看。

```
[root@centos tmy]# docker pull ubuntu
```

```
Using default tag: latest
latest: Pulling from library/ubuntu
7b1a6ab2e44d: Pull complete
Digest:
sha256:626ffe58f6e7566e00254b638eb7e0f3b11d4da9675088f4781a50ae288f3322
Status: Downloaded newer image for ubuntu:latest

[root@centos tmy]# docker images
REPOSITORY          TAG             IMAGE ID        CREATED          SIZE
ubuntu              latest          ba6acccedd29    17 months ago    72.8MB
```

创建容器并进行挂载，如果命令中的目录不存在则会自动创建。-i 选项指示 Docker 要在容器上打开一个标准的输入接口，-t 选项指示 Docker 创建一个伪 tty 终端，以连接容器的标准输入接口，之后用户就可以通过终端进行输入。-v 选项表示进行挂载，格式为-v 数据卷目录:容器目录。

```
[root@centos         tmy]#        docker       run        -it       --name=c1        -v
/root/data:/root/data_container ubuntu /bin/bash
```

输入指令后会自动进入容器，查看容器目录是否创建成功。

```
root@521cfcbc4daa:/# cd ~
root@521cfcbc4daa:~# ll
total 8
drwx------. 1 root root   28 Mar 29 10:54 ./
drwxr-xr-x. 1 root root   18 Mar 29 10:54 ../
-rw-r--r--. 1 root root 3106 Dec  5 2019 .bashrc
-rw-r--r--. 1 root root  161 Dec  5 2019 .profile
drwxr-xr-x. 2 root root    6 Mar 29 10:54 data_container/
```

打开另一个终端，查看容器卷目录是否创建成功。

```
[root@centos tmy]# cd ~
[root@centos ~]# ll
总用量 8
-rw-------. 1 root root 2056 11月  8 15:11 anaconda-ks.cfg
drwxr-xr-x. 2 root root    6 3月  29 18:54 data
-rw-r--r--. 1 root root 2087 11月  8 15:12 initial-setup-ks.cfg
```

在主机/root/data 目录下创建一个 test.txt 文件，并写入 "this is a test"，再查看其内容。

```
[root@centos ~]# cd data
[root@centos data]# ll
总用量 0
[root@centos data]# touch test.txt
[root@centos data]# echo this is a test > test.txt
[root@centos data]# cat test.txt
this is a test
```

在容器目录中查看内容是否已经同步过来了。

```
root@521cfcbc4daa:~# cd data_container/
root@521cfcbc4daa:~/data_container# ls
test.txt
root@521cfcbc4daa:~/data_container# cat test.txt
this is a test
```

搜索 Tomcat 镜像并下载。

```
[root@centos data]# docker search tomcat

NAME       DESCRIPTION STARS                              OFFICIAL   AUTOMATED
tomcat     Apache Tomcat is an open source implementati… 3513       [OK]
tome       Apache TomEE is an all-Apache Java EE certif… 105        [OK]
bitnami/tomcat  Bitnami Tomcat Docker Image               48         [OK]
arm64v8/tomcat  Apache Tomcat is an open source implementati… 8
rightctrl/tomcat  CentOS , Oracle Java, tomcat application ssl… 7 [OK]
eclipse/rdf4j-workbench            Dockerfile for Eclipse RDF4J Server and
Work…   6
amd64/tomcat     Apache Tomcat is an open source implementati…  6
jelastic/tomcat An image of the Tomcat Java application serv… 4
cfje/tomcat-resource    Tomcat Concourse Resource            2
oobsri/tomcat8  Testing CI Jobs with different names.        2
appsvc/tomcat    1
eclipse/alpine_jdk8 Based on Alpine 3.3. JDK 1.8, Maven 3.3.9, T…1  [OK]
dhis2/base  Images in this repository contains DHIS2 WAR…  0
misolims/miso-base  MySQL 5.7 Database and Tomcat 8 Server neede…  0
dhis2/base-dev  Images in this repository contains DHIS2 WAR… 0
eclipse/hadoop-dev  Ubuntu 14.04, Maven 3.3.9, JDK8, Tomcat 8  0  [OK]
semoss/docker-tomcat Tomcat, Java, Maven, and Git on top of debian 0 [OK]
wnprcehr/tomcat     0
tomcat0823/auto1    0


[root@centos data]# docker pull tomcat
Using default tag: latest
latest: Pulling from library/tomcat
0e29546d541c: Pull complete
9b829c73b52b: Pull complete
cb5b7ae36172: Pull complete
6494e4811622: Pull complete
668f6fcc5fa5: Pull complete
dc120c3e0290: Pull complete
8f7c0eebb7b1: Pull complete
77b694f83996: Pull complete
0f611256ec3a: Pull complete
4f25def12f23: Pull complete
Digest:
sha256:9dee185c3b161cdfede1f5e35e8b56ebc9de88ed3a79526939701f3537a52324
Status: Downloaded newer image for tomcat:latest


[root@centos data]# docker images
REPOSITORY         TAG         IMAGE ID        CREATED         SIZE
tomcat             latest      fb5657adc892    15 months ago   680MB
```

创建 Tomcat 容器，映射到 8080 端口。

```
[root@centos tmy]# cd ~
[root@centos ~]# mkdir tomcat
[root@centos ~]# ls
anaconda-ks.cfg  data  initial-setup-ks.cfg  tomcat
[root@centos ~]# cd tomcat
[root@centos tomcat]# docker run -id --name=c_tomcat \
> -p 8080:8080 \
```

```
> -v $PWD:/usr/local/tomcat/webapps \
> tomcat

8789ef356f918a089418489027ca9f16b3cf1686bab9460f65f039f3f01611b9
```

在另一个终端输入 ifconfig 指令查看 IP 地址。可以在 ens33 看到虚拟机的 IP 地址为 192.168.88.88。

```
[tmy@centos ~]$ ifconfig
br-e31f01965bf9: flags=4099<UP,BROADCAST,MULTICAST>  mtu 1500
        inet 172.18.0.1  netmask 255.255.0.0  broadcast 172.18.255.255
        ether 02:42:45:40:54:d2  txqueuelen 0  (Ethernet)
        RX packets 0  bytes 0 (0.0 B)
        RX errors 0  dropped 0  overruns 0  frame 0
        TX packets 0  bytes 0 (0.0 B)
        TX errors 0  dropped 0 overruns 0  carrier 0  collisions 0

docker0: flags=4163<UP,BROADCAST,RUNNING,MULTICAST>  mtu 1500
        inet 172.17.0.1  netmask 255.255.0.0  broadcast 172.17.255.255
        inet6 fe80::42:d3ff:fe53:84cf  prefixlen 64  scopeid 0x20<link>
        ether 02:42:d3:53:84:cf  txqueuelen 0  (Ethernet)
        RX packets 0  bytes 0 (0.0 B)
        RX errors 0  dropped 0  overruns 0  frame 0
        TX packets 3  bytes 266 (266.0 B)
        TX errors 0  dropped 0 overruns 0  carrier 0  collisions 0

ens33: flags=4163<UP,BROADCAST,RUNNING,MULTICAST>  mtu 1500
        inet 192.168.88.88  netmask 255.255.255.0  broadcast 192.168.88.255
        inet6 fe80::6c3e:b43b:50ee:6dc7  prefixlen 64  scopeid 0x20<link>
        ether 00:0c:29:80:54:93  txqueuelen 1000  (Ethernet)
        RX packets 326315  bytes 474528428 (452.5 MiB)
        RX errors 0  dropped 0  overruns 0  frame 0
        TX packets 43249  bytes 2953957 (2.8 MiB)
        TX errors 0  dropped 0 overruns 0  carrier 0  collisions 0

lo: flags=73<UP,LOOPBACK,RUNNING>  mtu 65536
        inet 127.0.0.1  netmask 255.0.0.0
        inet6 ::1  prefixlen 128  scopeid 0x10<host>
        loop  txqueuelen 1000  (Local Loopback)
        RX packets 32  bytes 2592 (2.5 KiB)
        RX errors 0  dropped 0  overruns 0  frame 0
        TX packets 32  bytes 2592 (2.5 KiB)
        TX errors 0  dropped 0 overruns 0  carrier 0  collisions 0

veth5699079: flags=4163<UP,BROADCAST,RUNNING,MULTICAST>  mtu 1500
        inet6 fe80::34ac:7ff:fe63:2d5  prefixlen 64  scopeid 0x20<link>
        ether 36:ac:07:63:02:d5  txqueuelen 0  (Ethernet)
        RX packets 0  bytes 0 (0.0 B)
        RX errors 0  dropped 0  overruns 0  frame 0
        TX packets 8  bytes 656 (656.0 B)
        TX errors 0  dropped 0 overruns 0  carrier 0  collisions 0

virbr0: flags=4099<UP,BROADCAST,MULTICAST>  mtu 1500
        inet 192.168.122.1  netmask 255.255.255.0  broadcast 192.168.122.255
        ether 52:54:00:72:e3:15  txqueuelen 1000  (Ethernet)
```

```
        RX packets 0  bytes 0 (0.0 B)
        RX errors 0  dropped 0  overruns 0  frame 0
        TX packets 0  bytes 0 (0.0 B)
        TX errors 0  dropped 0 overruns 0  carrier 0  collisions 0
```

在浏览器中输入 192.168.88.88:8080，会发现页面处于 404 状态（正常情况下会出现一只猫），这是因为 Tomcat 更新版本以后，对首页的访问发生了一些改变，webapps 里面没有东西了。但是这并不影响我们接下来的操作。

在/root/tomcat/路径下创建 test 文件，在 test 文件下创建 index.html 文件。

```
[root@centos tomcat]# mkdir test
[root@centos test]# vim index.html
```

在 index.html 中写入以下内容，然后关闭并退出。

```
<h1> hello tomcat docker </h1>
```

在浏览器中输入 http://192.168.88.88:8080/test/index.html，可以看到 hello tomcat docker 字样，Tomcat 部署完成。

参考文献

[1] 刘丽霞，杨宇．Linux 操作系统[M]．2 版．北京：人民邮电出版社，2012.

[2] 张红光，李福才．UNIX 操作系统教程[M]．北京：机械工业出版社，2006.

[3] 威廉·E．肖特威．Linux 命令行大全[M]．郭光伟，郝记生，译．北京：人民邮电出版社，2013.

[4] 安德鲁·S．塔嫩鲍姆．现代操作系统[M]．2 版．陈向群，马洪兵，等译．北京：机械工业出版社，2002.

[5] Keith Haviland, Dina Gray, Ben Salama，等．UNIX 系统编程[M]．2 版．舒明，熊战波，等译．北京：电子工业出版社，2003.

[6] 罗伯特·拉弗．Linux 内核设计与实现[M]．3 版．陈莉君，康华，译．北京：机械工业出版社，2011.

[7] 骆耀祖，刘远东，骆珍仪．Linux 网络服务器管理教程[M]．北京：电子工业出版社，2007.

[8] 李洋，汪虎松．Red Hat Linux 9 系统与网络管理教程[M]．北京：电子工业出版社，2006.

[9] 李成大．操作系统——Linux 篇[M]．北京：人民邮电出版社，2005.

[10] 邱世华．Linux 操作系统之奥秘[M]．北京：电子工业出版社，2008.

[11] 柳青．Linux 应用基础教程[M]．北京：清华大学出版社，2008.

[12] 林慧琛．Red hat Linux 服务器配置与应用[M]．北京：人民邮电出版社，2006.